职业技术教育课程改革规划教材
光机电专业国家级教学资源库系列教材

先进激光加工技能实训

XIANJIN JIGUANG JIAGONG JINENG SHIXUN

主　编　肖海兵
主　审　唐霞辉

华中科技大学出版社
http://www.hustp.com
中国·武汉

内容简介

本书根据全国高职高专激光加工技术专业人才培养目标和教学特点，遵循"实用，够用"的原则编写而成的，强调可操作性和实用性，注重培养学生的动手能力和解决实际问题能力。本书内容涵盖了激光打标实训、激光切割实训、激光雕刻加工实训、激光焊接实训、超短脉冲皮秒激光加工实训、UG 三维造型设计及3D 打印实训、激光内雕实训、激光抛光实训等项目。

本书可作为高职高专激光加工技术专业实训课程教材，也可供独立院校、成人院校和社会工作者使用，还可做激光装调工考证培训教材。

图书在版编目(CIP)数据

先进激光加工技能实训/肖海兵主编. —武汉：华中科技大学出版社，2019.3（2020.1重印）
职业技术教育课程改革规划教材. 光机电专业国家级教学资源库系列教材
ISBN 978-7-5680-4941-2

Ⅰ.①先… Ⅱ.①肖… Ⅲ.①激光加工-高等职业教育-教材 Ⅳ.①TG665

中国版本图书馆 CIP 数据核字(2019)第 040061 号

先进激光加工技能实训
Xianjin Jiguang Jiagong Jineng Shixun

肖海兵　主编

策划编辑：王红梅
责任编辑：李　昊
封面设计：秦　茹
责任校对：曾　婷
责任监印：徐　露
出版发行：华中科技大学出版社(中国·武汉)　　电话：(027)81321913
　　　　　武汉市东湖新技术开发区华工科技园　　邮编：430223
录　　排：武汉市洪山区佳年华文印部
印　　刷：武汉华工鑫宏印务有限公司
开　　本：787mm×1092mm　1/16
印　　张：12.25
字　　数：291 千字
版　　次：2020 年 1 月第 1 版第 2 次印刷
定　　价：28.80 元

职业技术教育课程改革规划教材

光机电专业国家级教学资源库系列教材

编审委员会

前言

激光行业属于朝阳行业，在未来十年内将继续蓬勃发展，良好的行业大环境，造成了职业院校光电制造与应用、激光加工技术等专业的毕业生供不应求，许多激光企业上门预定毕业生的局面。光电制造与应用、激光加工技术等专业的学生毕业后主要从事激光行业中的加工设备的研发、调试、工艺设计、售后服务等工作。

《先进激光加工技能实训》面向从事激光应用领域研究的科研人员、高职院校相关专业的大学生，作为激光加工技术、机械设计、光机电等相关专业的教学指导教材，本书强调可操作性、实用性，以项目方式展开教学内容，注重培养学生的动手能力和解决实际问题的能力。

《先进激光加工技能实训》共 9 个项目，分别是：项目 1，激光打标加工实训；项目 2，激光切割实训；项目 3，紫外激光切割实训；项目 4，激光雕刻加工实训；项目 5，激光焊接实训；项目 6，皮秒激光加工实训；项目 7，UG 三维造型及 3D 打印实训；项目 8，激光内雕加工实训；项目 9，激光抛光实训。附录包括激光加工实训考核评分。

本书在编写过程中参考了有关的专著、论文和激光实训室激光加工设备使用说明书等资料，在此向有关单位及相关人员表示感谢！本书编写分工为：深圳信息职业技术学院的肖海兵高级工程师负责编写项目 1、项目 2、项目 3、项目 4、项目 5、项目 6、项目 7、项目 8、项目 9，徐晓梅讲师参与编写项目 3，陈吉祥参与编写项目 7，龚华益工程师参与编写项目 9，全书由肖海兵统稿。华中科技大学激光加工国家工程研究中心副主任唐霞辉教授作为主审对本书的编写提出了很多宝贵意见，本书的编写得到了中国光学学会激光加工专业委员会职业教育工作小组的大力支持，在此表示感谢！

由于编者写作水平有限，书中难免有不妥或错误之处，敬请读者批评指正。

编　者

2018 年 10 月

目　录

项目 1

激光打标加工实训

1.1 项目任务要求与目标

(1) 熟练掌握光纤激光打标设备的操作。
(2) 熟练掌握 CO_2 激光打标设备的操作。
(3) 熟练掌握紫外激光打标设备的操作。
(4) 掌握激光打标工艺。

1.2 振镜式光纤激光打标机

1.2.1 振镜式光纤激光打标机介绍

激光打标是利用高能量密度的激光对工件进行局部照射，使表层材料汽化或发生颜色变化的化学反应，从而留下永久性标记的一种打标方法。激光打标可以打出各种文字、符号和图案等，其字符大小可以从毫米量级到微米量级，这对于产品的防伪有特殊的意义。

振镜式激光打标技术是较早出现的一种激光打标方式。近年来，随着振镜质量的提高和技术的改进，这种方式变得更加成熟，在多种激光打标机中，振镜式激光打标机占有半数以上。国内外也出现了很多家专门研制激光打标用振镜部件的公司，如德国的施肯拉(Scanlab)公司，美国的 Cambridge Technology Inc、Nutfield Technology，中国的上海通用扫描公司、汉华科技公司和世纪桑尼公司等许多公司都专门研制、生产激光打标用振镜头和其他相关部件。其中，德国施肯拉公司生产的振镜头品种最多。

光纤激光打标机外的固体激光打标机和常用的玻璃管封离式激光打标机的冷却系统都采用水冷系统。光纤激光打标机的构造如图 1-1 所示。考虑到激光加工系统的光学效率，激光打标机的冷却介质一般为去离子水或蒸馏水。激光打标机的冷却系统可分为外循环冷却系统和内循环冷却系统两个部分，外循环冷却系统的主要部件有压缩机、蒸发器、毛细管、冷凝器和散热风扇等；内循环冷却系统的主要部件有水泵、水箱、过滤器、放水阀等。普通用途的激光打标机的功率一般较小，通常使用一体式水冷机，其冷却系统采用空气-循环水冷却方式。内循环采用去离子水冷却激光器和开关，其系统中包括流量保护、水位保护、温度控制及超温报警等一系列装置，以确保激光器的稳定工作。外循环采用压缩机制冷，以确保温度的稳定。

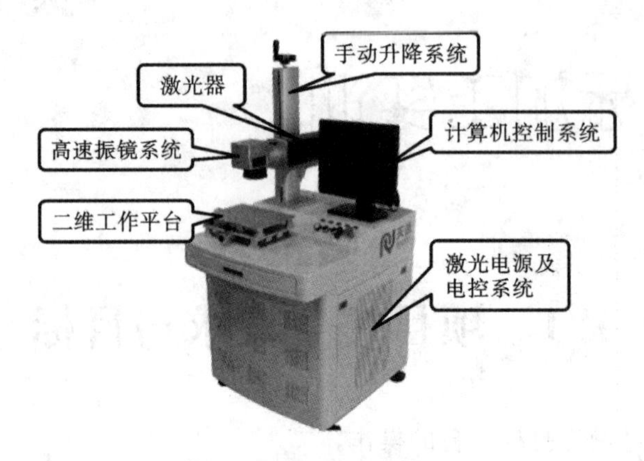

图 1-1　光纤激光打标机 1

EzCad 激光打标控制软件支持 TrueType 字体、单线字体(JSF)、点阵字体(DMF)、一维条形码和 DataMatrix 等二维条形码，兼容常用的图像格式(BMP、JPG、GIF、TGA、PNG、TIF 等)，兼容常用的矢量图形(AI、DXF、DST、PLT 等)。CorelDRAW、AutoCAD 等图形处理软件可以提供一组用来构成图形的实体，即对于以直线、图形、字符串为基础的图形元素，用户可以通过这两种软件很方便地对它们进行绘制和修改，它们也可以对图形进行点阵和矢量处理，且具有作图效率高、图形精度高等特点。但是，以点阵方式处理后的图形在打标的时候不宜过度放大，否则就有可能失真。在图形生成的过程中，要根据所需打标的大小合理确定位图的分辨率，分辨率过大会降低打标速度，而分辨率过小图形文字边缘就会出现明显的锯齿形状。CorelDRAW、AutoCAD 对图形的处理方式主要是基于矢量来表示图形。用 AutoCAD 做出的图形在打标时不是顺序输出的，打标出来的图形上有接缝，而用 CorelDRAW 做出的图形在打标时是顺序输出的，打标出来的图形和文字的品质较好。

1.2.2　激光打标机的开机顺序

各种打标机的开机顺序分别如下。

1. 光纤打标机的开机顺序

(1) 打开总电源空气开关；

(2) 开启电脑；

(3) 打开控制电源钥匙；

(4) 打开红光；

(5) 启动软件，导入打标图形。

2. 半导体激光打标机开机顺序

(1) 打开总电源空气开关；

(2) 打开急停按钮；

(3) 打开控制电源钥匙开关(水箱运行)；

(4) 等待水箱启动后，开启电脑；

(5) 打开 Q 驱动电源；

(6) 打开激光电源开关，按“START”呈“WORKING”状态，调节电流大小；

(7) 打开振镜开关，红光开关；

(8) 启动软件，导入打标图形。

3. CO_2 打标机开机顺序

(1) 打开总电源空气开关；

(2) 开启电脑；

(3) 打开控制电源钥匙；

(4) 打开使能按钮；

(5) 启动软件，导入打标图形。

各种打标机的关机顺序与开机顺序相反。

1.2.3 金属材料名片的标刻加工

FM-20 型光纤激光打标实训系统是集激光、计算机、机械、检测及自动控制技术于一体的高科技产品。该激光标刻机采用振镜扫描方式，其速度快、精度高，可长时间工作，能在大多数金属材料及部分非金属材料上进行刻写，也可用于制作难以仿制的永久性防伪标记，由激光器、高速振镜系统、工作平台、手动升降系统、计算机控制系统、激光电源及电控系统等组成，如图 1-2 所示。

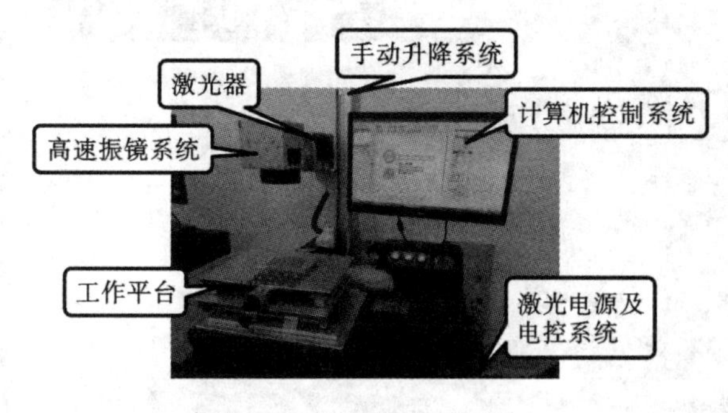

图 1-2 光纤激光打标机 2

1. 开机步骤

开机步骤如下：

(1) 打开中控箱总电源空气开关，使整机设备通电；

(2) 打开激光电源开关，此时电源处于待机状态；

(3) 打开计算机控制系统;

(4) 进入 EzCad2.0 专用的标刻软件系统;

(5) 在软件界面中调节激光功率输出并编辑标刻文本;

(6) 开启红光和振镜控制按钮,进行激光打标。

2. EzCad2.0 软件功能

本软件具有以下主要功能:

(1) 自由设计所要加工的图形图案;

(2) 支持 TrueType 字体、单线字体(JSF)、点阵字体(DMF)、一维条形码和 DataMatrix 等二维条形码;

(3) 灵活处理变量文本,在加工过程中实时改变文字;

(4) 具有强大的节点编辑功能和图形编辑功能,可进行曲线焊接、裁减和求交运算;

(5) 支持多达 256 支笔,可以为不同对象设置不同的加工参数;

(6) 兼容常用的图像格式(BMP、JPG、GIF、TGA、PNG、TIF 等);

(7) 兼容常用的矢量图形(AI、DXF、DST、PLT 等);

(8) 具有常用的图像处理功能(灰度转换、黑白图转换、网点处理等),可以进行 256 级的灰度图片加工;

(9) 具有强大的填充功能,支持环形填充;

(10) 具有多种控制对象,用户可以自由控制系统与外部设备进行交互;

(11) 具有开放的多语言支持功能,可以轻松支持世界各国的语言。

3. EzCad2.0 软件主界面

1) *启动界面*

开始运行程序时,显示启动界面(见图 1-3),程序在后台进行初始化操作。

图 1-3 软件启动界面

2) *主界面*

软件主界面如图 1-4 所示。

图 1-4　EzCad2.0 主界面

4. 部分软件功能介绍

1）对象列表

EzCad2.0 的左边是对象列表，如图 1-5 所示。在加工时，系统会按顺序执行列表中的对象。用户可以在列表中直接选择并拖动对象来排列顺序。

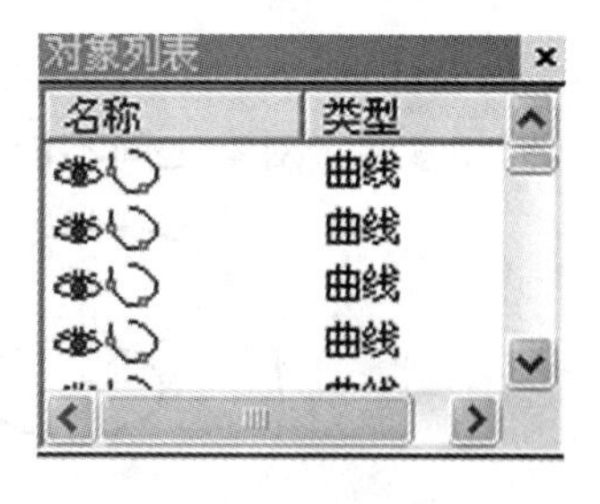

图 1-5　对象列表

2）对象属性栏

EzCad2.0 的右边是对象属性栏，如图 1-6 所示。

- 类型：表示当前被选择对象的类型。
- 名称：表示当前被选择对象的名称。
- 笔号：表示当前被选择对象所对应的笔号。
- 位置 X：表示当前被选择对象的左下角 X 坐标。
- 位置 Y：表示当前被选择对象的左下角 Y 坐标。
- 位置 Z：表示当前被选择对象的 Z 坐标。
- 尺寸 X：表示当前被选择对象的宽度。
- 尺寸 Y：表示当前被选择对象的高度。
- 🔒：表示锁定当前长宽比。如果用户更改 XY 尺寸，则系统需保证新尺寸的长宽比不变。

3）组合/分离组合

“组合”是指去除选择对象的所有曲线的原有属性，并将这些曲线组合在一起成为一个新的曲线组合，这个组合的图形对象与其他图形对象一样可以被选择、复制、粘贴，也可以设置对象属性。

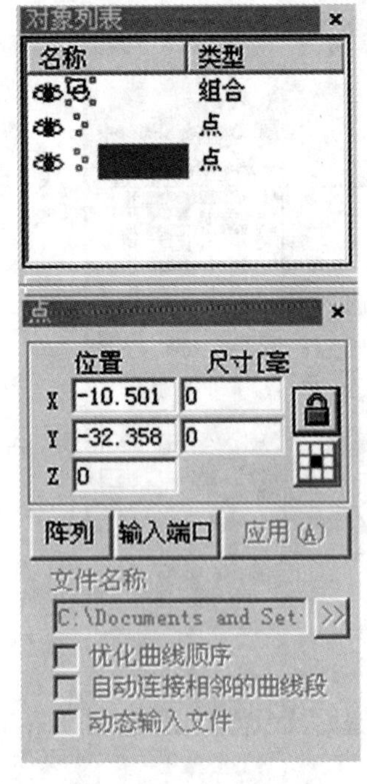

图 1-6 对象属性栏

“分离组合”是指将组合对象还原成一条条单独的曲线对象。

“组合”菜单对应的工具栏图标为，“分离组合”菜单对应的工具栏图标为。

“组合”、“分离组合”对应的快捷键分别为 Ctrl＋L、Ctrl＋K。

4）群组/分离群组

“群组”是指将选择的图形对象保留原有属性，组合在一起成为一个新的图形对象，这个组合的图形对象与其他图形对象一样可以被选择、复制、粘贴，也可以设置对象属性。

“分离群组”是指将群组对象还原成集合之前的状态。

“群组”菜单对应的工具栏图标为，“分离群组”菜单对应的工具栏图标为。

“群组”、“分离群组”对应的快捷键分别为 Ctrl＋G、Ctrl＋U。

5）填充

填充可以对指定的图形进行填充操作。被填充的图形必须是闭合的曲线。如果选择了多个对象进行填充，那么这些对象可以互相嵌套，或者互不相干，但任意两个对象之间不能有相交部分。如图 1-7 所示。

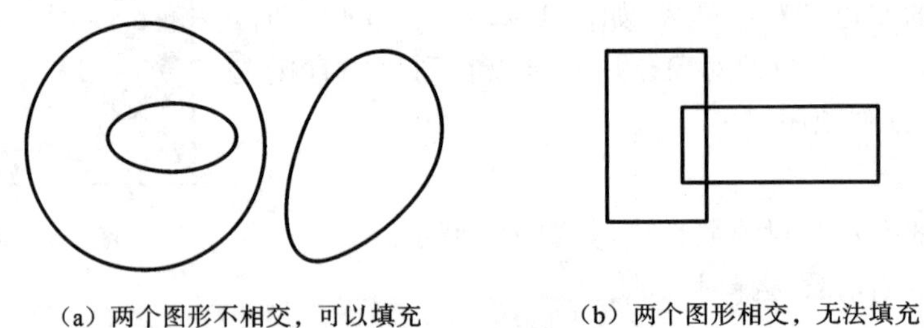

（a）两个图形不相交，可以填充　　（b）两个图形相交，无法填充

图 1-7 填充对象

“填充”菜单对应的工具栏图标为，选择填充后将弹出填充对话框，如图 1-8 所示。

- 使能轮廓：表示是否显示原有图形的轮廓。
- 填充 1、填充 2 和填充 3：是指可以同时有两套互不相关的填充参数进行填充运算。
- 使能：表示是否允许当前填充参数有效。
- 保留填充对象的独立：是一个优化的选项，如果勾选了该选项，那么在进行填充计算时将把所有不互相包含的对象作为一个整体进行计算，这样在某些情况下会提高加工的速度（如果选择了该选项，可能会造成电脑运算速度降低），否则每个独立的区域会分开来计算。
- 填充类型：分为两种填充类型，如图 1-9 所示。
- 单向填充：填充线总是从左向右进行填充。
- 双向填充：填充线先是从左向右进行填充，然后从右向左进行填充，其余部分循环

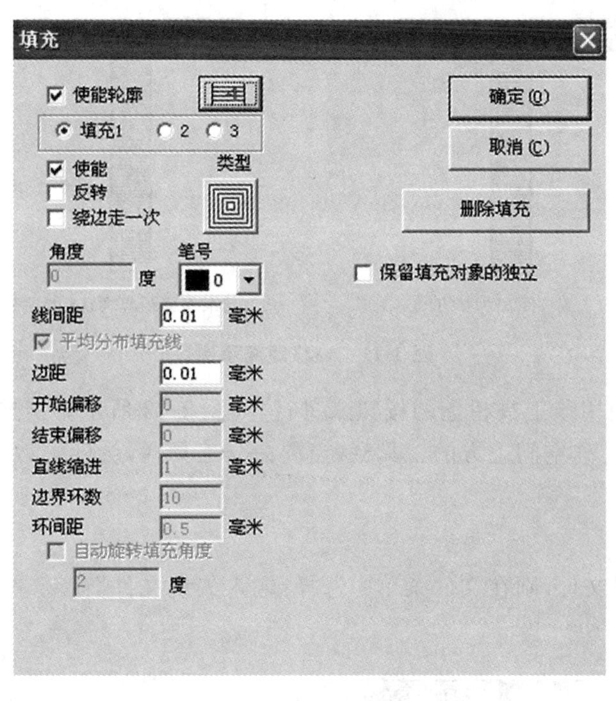

图 1-8 填充对话框

填充。

● 环形填充：填充线是对象轮廓通过由外向里循环偏移填充。

● 填充角度：指填充线与 X 轴的夹角，如图 1-10 所示为填充角度为 45°时的填充图形。

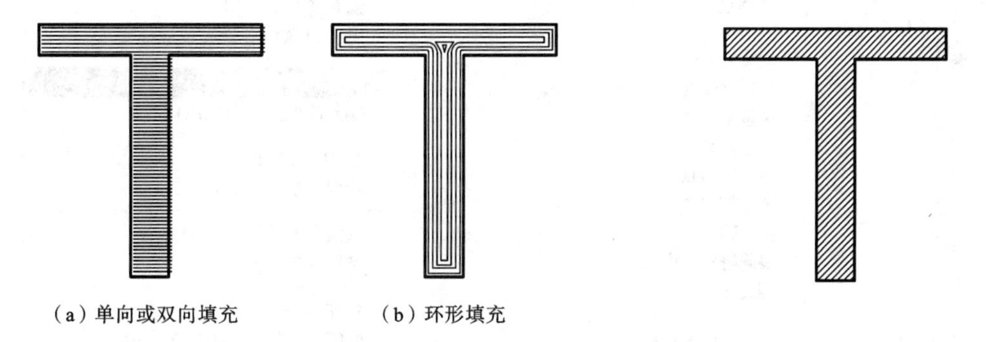

(a) 单向或双向填充　(b) 环形填充

图 1-9 填充类型　图 1-10 填充角度为 45°的填充图形

● 填充线间距：指相邻填充线之间的距离。

● 填充线边距：指所有填充计算时，填充线与轮廓对象间的距离。

● 绕边走一次：指在填充计算完后，绕填充线外围增加一个轮廓图形。

● 开始偏移距离：指第一条填充线与边界的距离。

● 结束偏移距离：指最后一条填充线与边界的距离，如图 1-11 所示为偏移距离的示例填充图形。

6) 绘制菜单

绘制菜单用来绘制常用的图形，包括点、直线、曲线、多边形等。该菜单对应有工具栏，

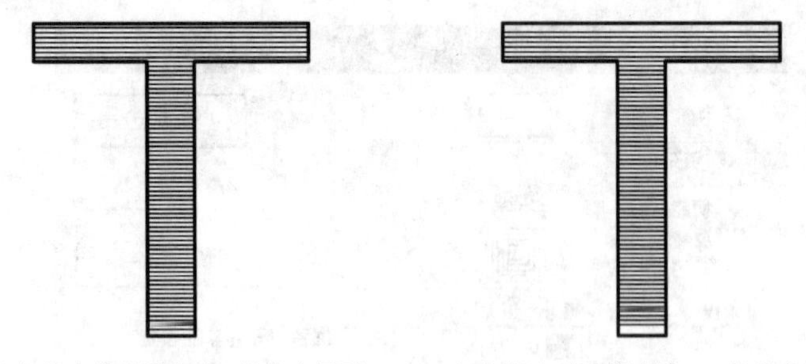

(a) 起末偏移距离为0的填充图形　　(b) 起末偏移距离为0.5的填充图形

图 1-11　偏移距离示例

所有的操作都可以使用该工具栏上的按钮来进行，如图 1-12 所示。当选择了相应的绘制命令或工具栏按钮后，工作空间上方的工具栏（当前命令工具栏）会随之改变，以显示当前命令对应的一些选项。

7）输入矢量

如果要输入矢量文件，则在文件菜单中选择“输入矢量文件”命令或者点击图标，如图 1-13 所示。

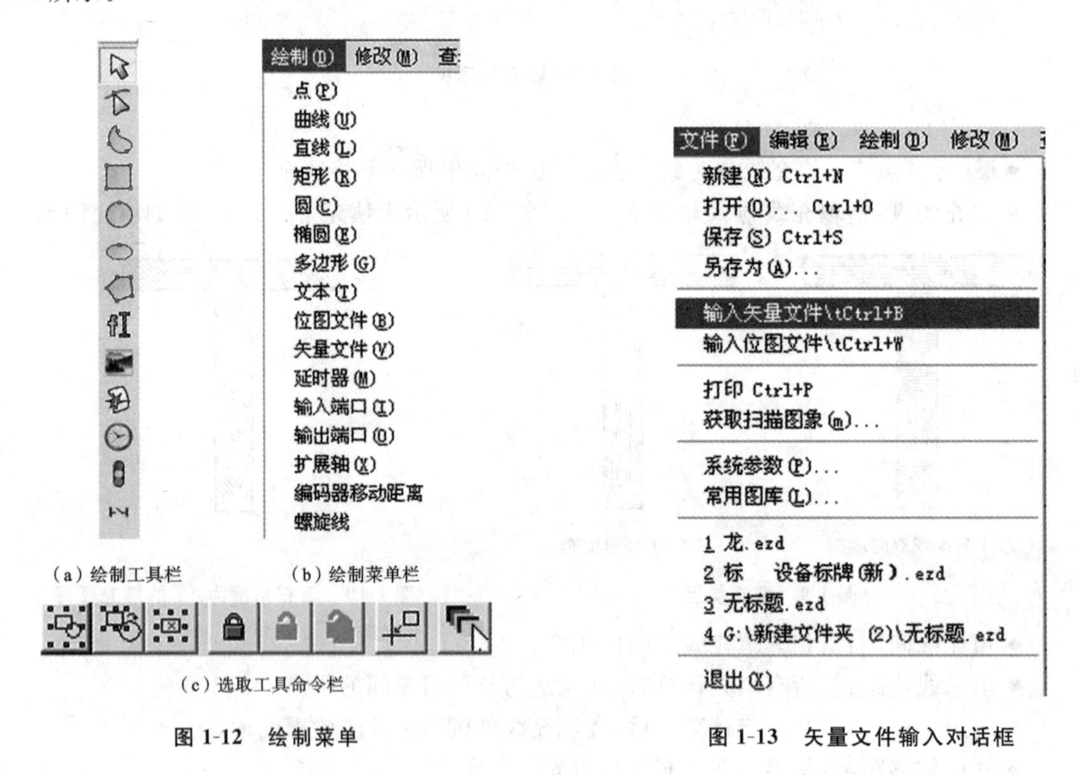

(a) 绘制工具栏　　(b) 绘制菜单栏

(c) 选取工具命令栏

图 1-12　绘制菜单

图 1-13　矢量文件输入对话框

8）输入位图

如果要输入位图，则在绘制菜单中选择“位图”命令或者点击图标。

此时系统弹出如图 1-14 所示的输入对话框，要求用户选择要输入的位图。

当前系统支持的位图格式有 BMP、JPEG、JPG、GIF、PNG、TIFF、TIF 等。

图 1-14　位图输入对话框

- 显示预览图片：当用户更改当前文件时会自动在预览框里显示当前文件的图片。
- 放置到中心：把当前图片的中心放到坐标原点上。

用户输入位图后，属性工具栏显示如图 1-15 所示的位图参数。

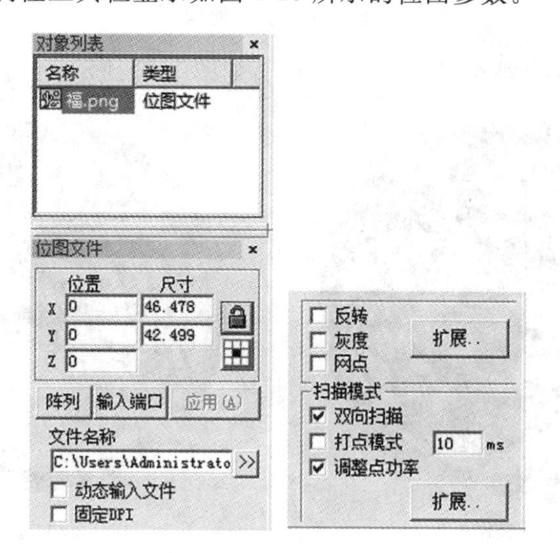

图 1-15　位图参数

- 动态输入文件：指在加工过程中是否重新读取文件。
- 固定 DPI：指由于输入的原始位图文件的 DPI 值不固定，因此可以强制设置固定的 DPI 值。DPI 值越大，点越密，图像精度越高，加工时间就越长。

● DPI:是指每英寸有多少个点,1 in≈25.4 mm。

● 固定X方向尺寸:输入的位图的宽度固定为指定尺寸,如果不是则自动拉伸到指定尺寸。

● 固定Y方向尺寸:输入的位图的高度固定为指定尺寸,如果不是则自动拉伸到指定尺寸。

● 固定位置:在动态输入文件时,如果改变位图大小则以某个位置为基准不变。

● 打点模式:指加工位图的每个像素点时激光是一直开着的,还是由每个像素点指定开启时间。

● 调整点功率:指加工位图的每个像素点时激光是否根据像素点的灰度调节功率。

● 反转:将当前图像的每个点的颜色值取反,如图1-16所示。

(a) 原图

(b) 反转图

图1-16 反转处理

● 灰度:将彩色图形转变为256级的灰度图,如图1-17所示。

(a) 原图

(b) 灰度图

图1-17 灰度处理

● 网点:类似于Adobe PhotoShop中的"半调图案"功能,使用黑白二色图像模拟灰度图像,借助黑白两色,通过调整点的疏密程度来模拟出不同的灰度效果,如图1-18所示(图中竖白条为显示问题,加工时不会出现)。

（a）原图

（b）网点图

图 1-18 网点处理

点击图像处理的扩展按钮会弹出如图 1-19 所示的位图处理对话框。

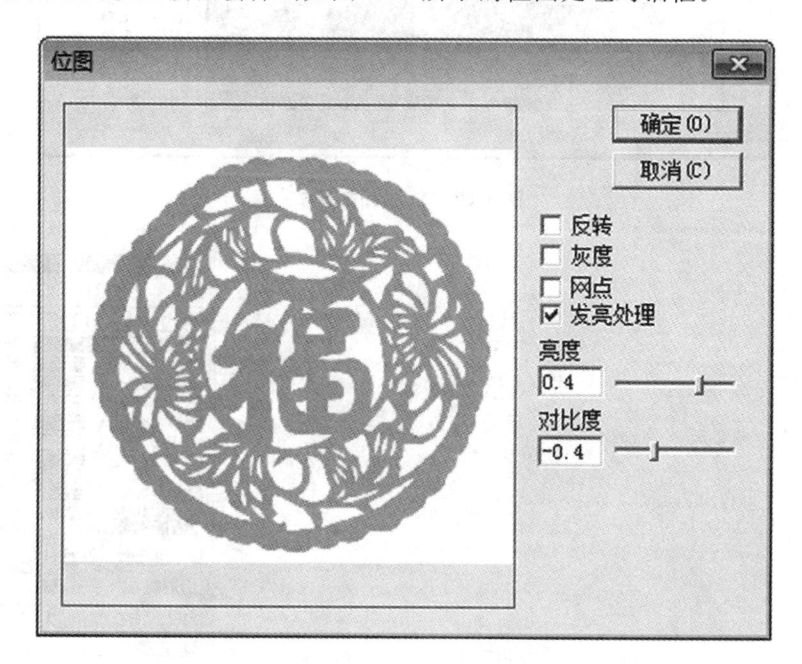

图 1-19 位图处理对话框

● 发亮处理：勾选后可更改当前图像的亮度和对比度。

● Y 向扫描：指加工时位图的扫描模式是双向来回扫描，如图 1-20 所示。设置位图扫描扩展参数，如图 1-21 所示。

勾选"Y 向扫描"时，加工位图按 Y 方向逐行扫描。勾选"位图扫描行增量"时，加工位图是逐行扫描还是每扫描一行后隔几行数据再扫描，这样可以在对精度要求不高的时候加快加工速度。

● 加工：如图 1-22 所示是加工属性栏。在 EzCad2.0 中，每个文件都有 256 支笔，对应在加工属性栏中最上面的 256 支笔，笔号为 0～255。

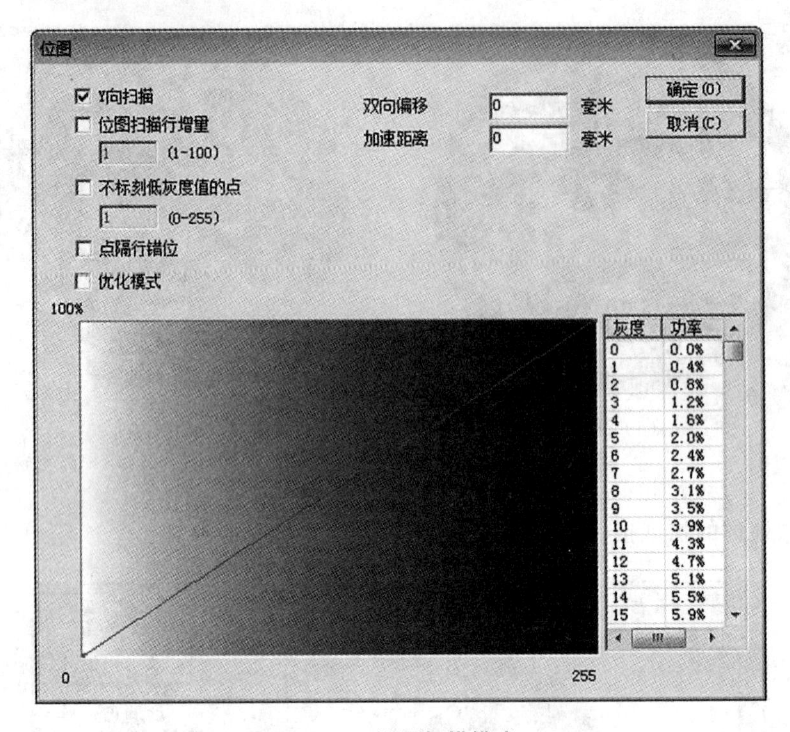

图 1-20 位图扫描模式

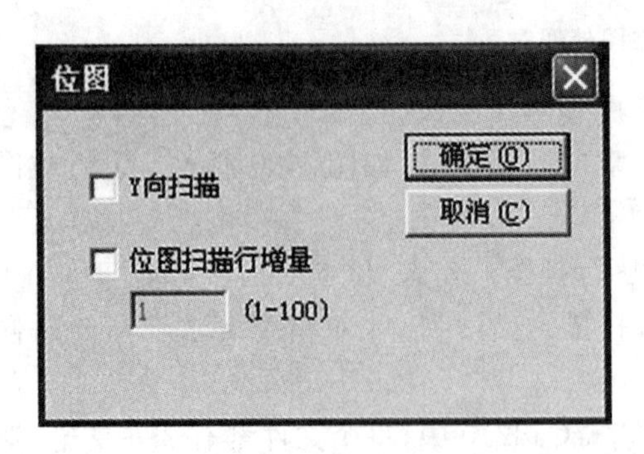

图 1-21 设置位图扫描扩展参数

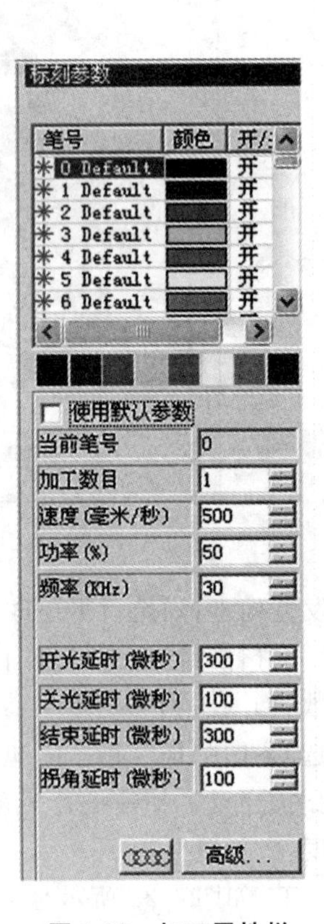

图 1-22 加工属性栏

- :表示当前笔要加工,即当前加工对象对应为当前笔号时要加工,双击此图标可以对其进行更改。
- :表示当前笔不加工,即当前加工对象对应为当前笔号时不加工。
- 颜色:表示当前笔的颜色,当对象对应的为当前笔号时显示此颜色,双击颜色条可以更改颜色。
- 参数:表示当前笔对应的参数名称,其中参数名称对应于参数库中的参数。
- 加工对话框:加工对话框在 EzCad2.0 界面的正下方,如图 1-23 所示。

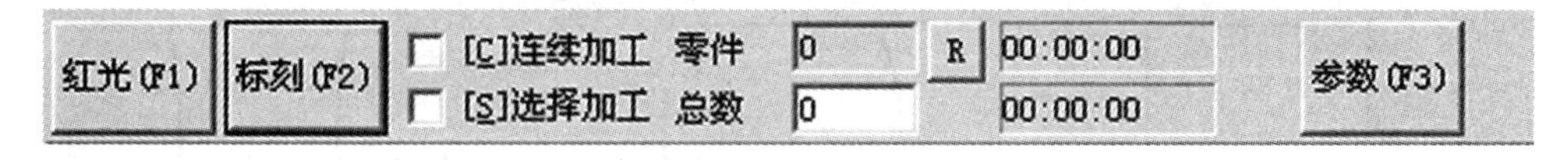

图 1-23　加工对话框

- 红光:标示要被标刻的图形的外框,但不出激光,用来指示加工区域,此功能用于有红光的标刻机。直接按键盘上的 F1 键即可执行此命令。
- 标刻:开始加工。直接按键盘上的 F2 键即可执行此命令。
- 连续加工:勾选此项表示一直重复加工当前文件,中间不停顿。
- 选择加工:勾选此项表示只加工被选择的对象。
- 零件:表示当前被加工完的零件总数。
- 总数:表示当前要加工的零件总数,在连续加工模式下无效。不在连续加工模式时,如果此零件总数大于 1,则会重复不停地加工,直到加工的零件数等于总数时才停止。
- 参数:用于设置当前设备的参数。直接按键盘上的 F3 键即可执行此命令。设备区域参数如图 1-24 所示。

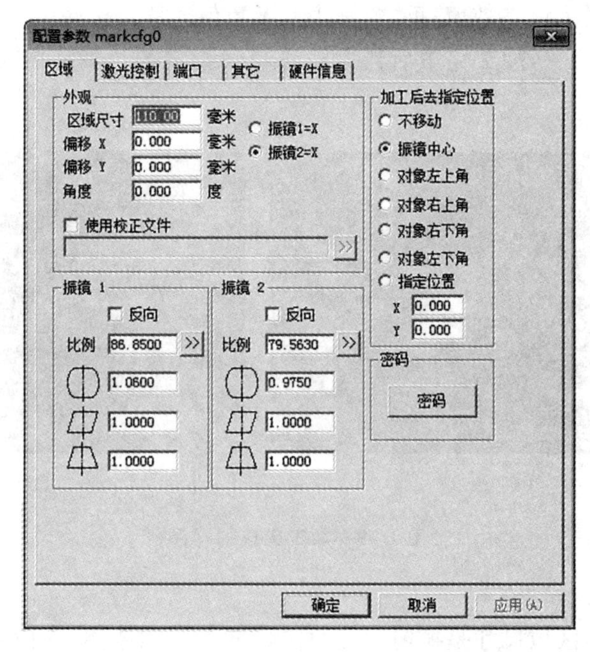

图 1-24　设备区域参数

- 区域尺寸:表示振镜对应的实际最大标刻范围。
- 振镜 1=X:表示控制卡的振镜输出信号 1 作为用户坐标系的 X 轴。
- 振镜 2=X:表示控制卡的振镜输出信号 2 作为用户坐标系的 X 轴。
- 反向：表示当前振镜的输出反向。

表示桶形或枕形失真校正系数,默认系数为 1.0(参数范围为 0.875～1.125)。假如预期设计的图形如图 1-25 所示,而加工出的图形如图 1-26 或图 1-27 所示,则对于图 1-26 所示的情况,应增大 X 轴变形系数;对于图 1-27 所示的情况,应减小 X 轴变形系数。

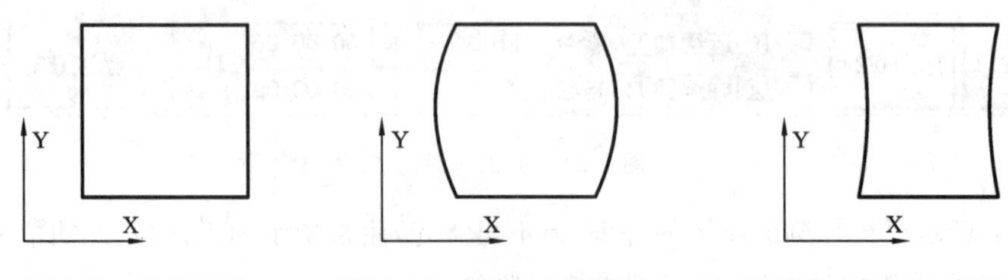

图 1-25 设计图形　　图 1-26 实际加工图形 1　　图 1-27 实际加工图形 2

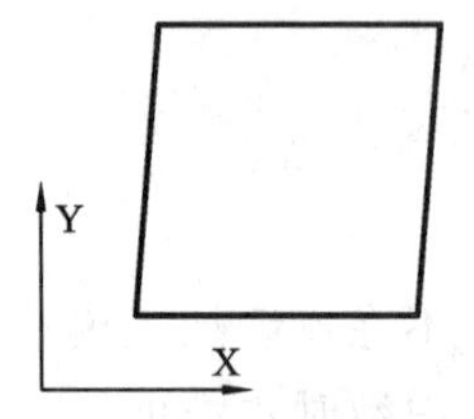

图 1-28 实际加工图形 3

注意:如果激光振镜有变形,则必须先调整完变形后再调整伸缩比例。

表示平行四边形校正系数,默认系数为 1.0(参数范围为 0.875～1.125)。假如预期设计的图形如图 1-25 所示,而加工出的图形如图 1-28 所示,则需要通过调整此参数来进行校正。

- 比例:指伸缩比例,默认值为 100%。如果标刻出的实际尺寸和软件图示尺寸不同,则需要修改此参数。当标刻出的实际尺寸比设计尺寸小时,增大此参数值;反之,减小此参数值。
- 加工后去指定位置:加工完毕后让振镜移动到指定的位置。图 1-29 所示为加工完成的样品。

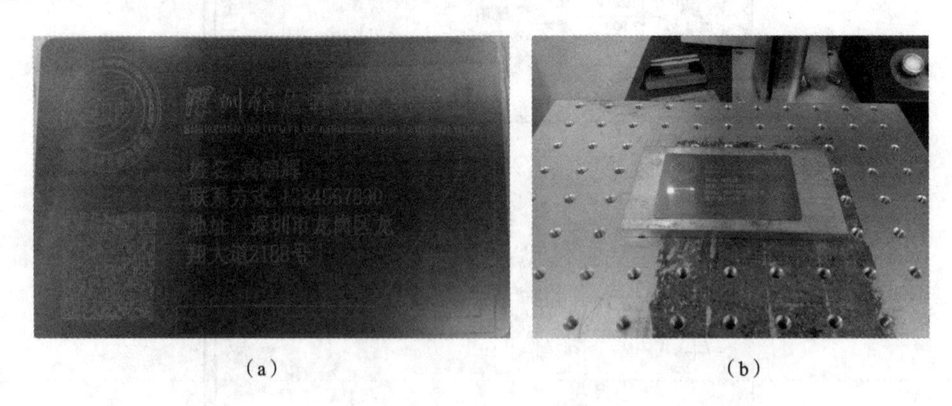

(a)　　(b)

图 1-29 加工完成的样品

9) 软件的校正

- 设置区域尺寸:区域尺寸是振镜对应的实际最大标刻范围。直接按键盘上的 F3 键可设置软件参数,根据平场镜焦距 f 的大小更改参数表中的区域尺寸。

f=100 mm时,区域尺寸为60×60;

f=160 mm时,区域尺寸为110×110;

f=254 mm时,区域尺寸为175×175;

f=330 mm时,区域尺寸为220×220;

f=420 mm时,区域尺寸为330×330。

● 振镜选取:在工作区域内画长方形,红光指示后观察长方形的摆放情况,若与长方形摆放的方向相同,选择振镜1=X,表示控制卡的振镜输出信号1作为坐标系的X轴;反之,选择振镜2=X。

● 初步尺寸校正:在处于焦点的钢板上标刻与区域尺寸相等的正方形,并测量其尺寸。当标刻出的实际尺寸比设计尺寸小时,增大比例参数值;反之,减小比例参数值。设置参数时,可直接点开比例后面的对话框,输入软件设置尺寸和实际标刻尺寸,软件将自行进行比例缩放。

● 桶形校正:在工作区域内画与区域尺寸相等的正方形,打开红光指示,查看正方形的凸凹情况。若为凸,增大表中比例参数;反之,减小。然后调整数值大小(根据具体形变调整X、Y系数),直至曲线转为直线为止。其中,该数值的调整范围为0.875～1.125。

● 梯形校正:在正方形标刻过程中会出现对边平行但长度不等的情况,则需要更改表中的梯形比例参数。在水平方向为X的前提下,若正方形上长下短,应增大其比例系数;反之,减小。有时,在不清楚方向的情况下,可以先将某处的比例参数加大,然后根据红光指示判断正确的变化方向。其中,该数值的调整范围为0.875～1.125。

● 平行四边形校正:在标刻过程中,正方形会出现四边长度相等而四角不垂直的现象,也就是出现所谓的平行四边形。可用直角尺及高精度卡尺进行测量,更改其比例参数直至变为直角。其中,该数值的调整范围为0.875～1.125(测试对角线长度)。

● 尺寸校正:由于软件设置的尺寸与打标出来的实际尺寸有误差,因此需要校正尺寸,减少误差。将该正方形标刻在处于焦点位置的钢板上,用高精度卡尺测量其各边长及对角线的尺寸。当标刻出的实际尺寸和软件图示尺寸不同时,则需要修改比例参数,修改方法与初步尺寸校正的方法相同。

10) 打样

一般在打样之前,样品的加工面必须处在焦点上,即光斑直径最小,能量最高的点。找焦点时可先降低电流,减小光电频率,使激光能连续出光,调整工作台的位置到光的最亮点,该最亮点处为焦点。

在打样之前,最好先在与样品材质类似的材料上打,打出需要的效果后再在样品上打。若没有类似的材料,则用小的字母在样品上测试效果。

● 速度的选择:在加工过程中,若要求快速加工,或用于流水线加工,可先调节速度大小,填充密度等参数,使其能在客户满意的时间范围内完成,然后调节电流、频率等参数(以先打出样品效果为前提)。

● 频率的选择:一般先画一个小的正方形,并采用不同的频率段,同时观察在哪个频率段的效果比较好,然后再在这个频率段进行微调。

● 深度的选择：若需要增大深度，应采用慢速、低频、大功率打标。注意：在确定打标深度时，往往不是速度越慢打标深度越深，因为速度太慢时堆积物比较多，激光的能量不足以使其完全汽化，堆积物就会堆在工件表面使激光无法进入，这样不但标记不出需要的深度，反而会使工件表面非常毛糙，同时会浪费激光的加工时间。

● 离焦的选择：一般只需在焦点处打标即可。如果需要的打标深度(0.1 mm 以上)较大，应该采用正离焦。而对于打黑或呈彩色的不锈钢等材料，则采用负离焦。

● 毛边的处理：在打完有深度样品后要先看是否有毛边，有毛边则功率过大，可适当减少功率，或在打了数次大功率后，用高频小功率快速扫几次，可减少毛边。

● 填充的选择：若样品需要填充，可在打标之前在金属名片上试打一下，看填充效果是否良好，并根据不同的要求调节线间距，观察是否有使能轮廓等。当需要打一定深度的填充时，还可以通过调节边距来减少毛刺。如果填充底纹出现条纹现象，则可能是由内部点排列不整齐及能量不稳定造成的，一般可将填充方式改为单向填充，那么点的排列会相对整齐一些。在离焦打标的过程中，会碰到边缘的颜色和内部填充颜色不一致的现象。这是因为离焦后光斑的大小一般会大于设置的边距，使得边缘泛亮边。可在填充的时候选择不要勾选使能轮廓来避免此现象。

● 小孔光阑的选择：在标刻比较精密的样品时，可在光路中加小孔光阑。因为小孔光阑可以过滤掉不均匀的区域，改善光斑质量，不过激光能量会相应减小。

当打正样时，将打标图形放在工作区域的中央，然后将样品固定好，使红光指示与所打样面的某边平行，最后调节工作台，将红光移动到指定打标位置，从而避免文字或图形打偏。

11) 注意事项

注意不要直视激光及打标样品。对于高反的材料，打标时要注意带护目镜(对于不同波长的激光，应使用不同的护目镜)，防止眼睛、皮肤受到伤害，引发工伤事故。

CO_2 激光束照射到皮肤，将会造成皮肤的烧伤。工作人员在操作此设备时请切记不要将手伸入激光可照射范围内。

半导体打标机的水箱要定时换水、清洗，且在高温天气中，应将水箱的温度设置得略高些(设为 26～28 ℃)，以免水管内外温差过大使其表面结露，影响出光。

打标机的镜片要定时擦拭干净，如果有灰尘附在镜片上，则容易挡住激光，从而烧伤镜片。可采用无水乙醇或专用镜片清洁液，用脱脂棉小心擦净镜片。

在打类似铜、铝等高反材料时，注意不能将加工图形放在工作区域中心，以免加工图形反射激光，从而烧伤镜片。

在更改半导体打标机的电流大小时，应慢速调节，以免电压没及时反应，导致打标达不到预想的功率值。

注意不要接反激光电源的正负极，在搬运半导体激光器的过程中，要将正负极短接以免静电将模块击穿，更换电器元件时要断电，不要带电插拔器件，以免将电子元件击穿(振镜、打标卡等)。振镜电源接好后要测试电压，以免电压不匹配或者正负极接反将振镜烧坏。

1.3 CO_2 三维动态打标机

1.3.1 CO_2 打标机操作流程

1. 软件介绍

3DLaser1.0 界面如图 1-30 所示。

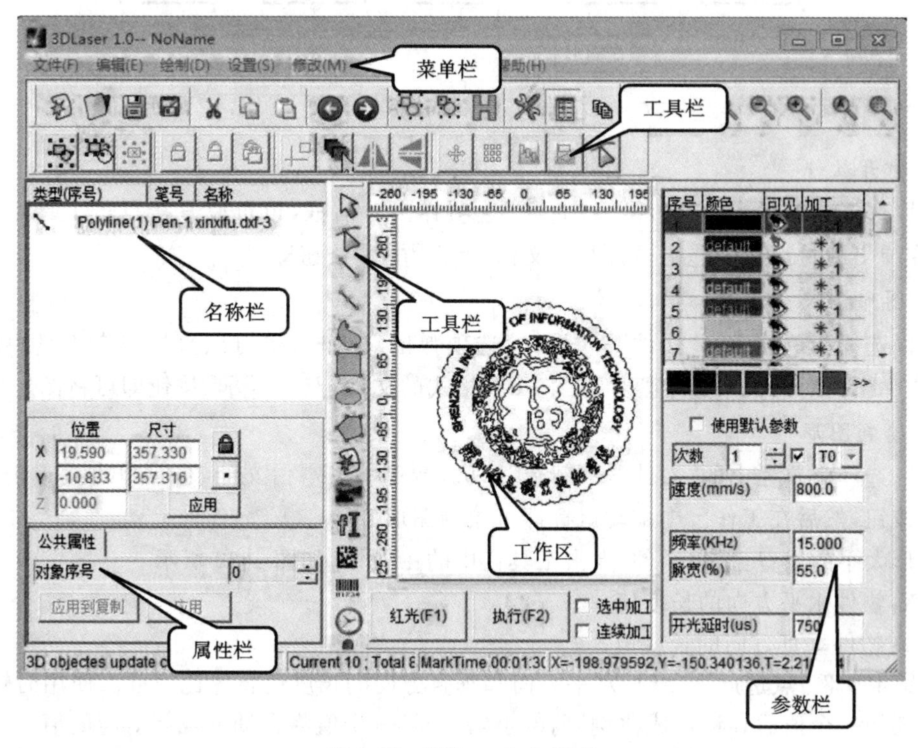

图 1-30 3DLaser1.0 界面

界面介绍如表 1-1 所示。

表 1-1 3DLaser1.0 界面介绍

菜单栏	显示主要功能的名称，点选各功能，会弹出该功能对应的所有选项，点击选项中的一个，即执行该项功能
工具栏	辅助绘制、编辑物件，使图形能按照使用者想要的方式工作
工作区	使用者绘制、编辑物件的区域，即激光打标的工作区域
名称栏	显示所做编辑图形的名称
参数栏	主要用来设置雕刻参数
属性栏	显示所选中的图的基本属性

2. 操作介绍

在 3DLaser1.0 中，除了可以自己绘制一些简单的图形外，还可以支持一些其他格式的文件，如 PLT、DXF、DWG、AI、WMF 等，这些格式的文件由 CorelDRAW、AutoCAD、AI 等软件转换而成。

这些格式的文件在 3DLaser1.0 中可以通过“导入”命令直接调用，而且能够保持正确的大小比例，无须修改。打标流程如图 1-31 所示。

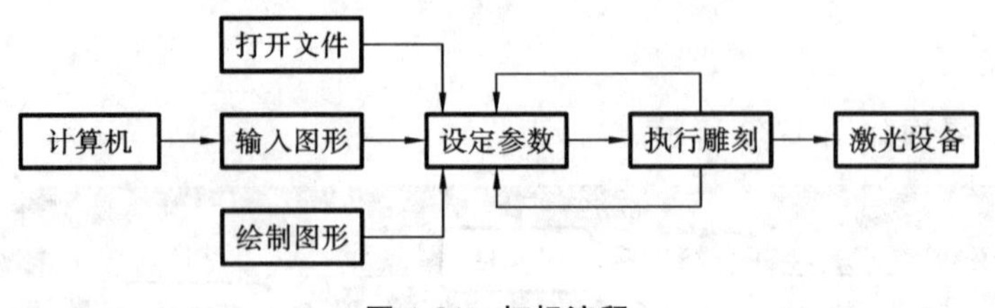

图 1-31 打标流程

1）打开软件

可以选择菜单栏中的“文件”→“打开”选项弹出对话框，也可以直接点击工具栏中的按钮，在弹出的对话框中选中要打开的文档，点击打开(O)按钮即可。

2）图形输入

可以选择菜单栏中的“文件”→“导入”选项弹出对话框，也可以直接点击工具栏中的按钮，在弹出的对话框中选中要导入的 PLT 格式的文件，点击打开(O)按钮即可将图形导入。

3）绘制图形

可以选择菜单栏中的“文件”→“新建”选项，新建一个空白文档，也可以直接点击工具栏中的按钮，然后在工作区中拖动鼠标即可绘制图形。

图形大小的设置：选中物件，点击工具栏中的按钮，如图 1-32 所示。

- X：物件水平方向的长度值。
- Y：物件垂直方向的长度值。
- 锁定比例：点选此选项时，水平方向和垂直方向的长度值将等比缩放。使用时输入 X、Y 中的任何一个值后，点击“成比例”前的小勾，则另一个值将自动变成相对应的值。

完成后按“应用”按钮即可改变物件的外形尺寸。

4）设定参数

笔号参数设置：通过笔号参数对不同的物件设置不同的雕刻参数。使用时选中需设置的物件，点击“笔号选用”，弹出的对话框如图 1-33 所示。

- 设置物件颜色：选中要修改的物件，点击色盘颜色框。左键修改填充颜色，右键修改外框颜色。
- 使用默认参数：勾选此项将使用所保存的默认值。
- 次数：用于确定加工的次数。
- 速度：表示激光打标时一秒钟所走的路径长度，该值越大，速度越快。
- 频率：表示激光在单位时间内出光的次数。频率越高，激光点越密；频率越低，激光点越稀。

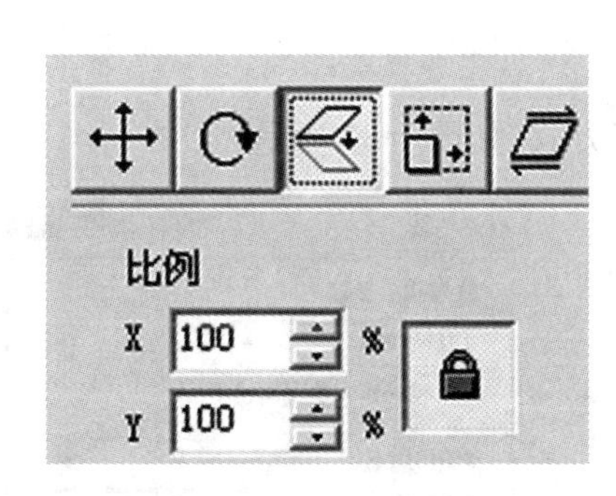

图 1-32 图形大小的设置

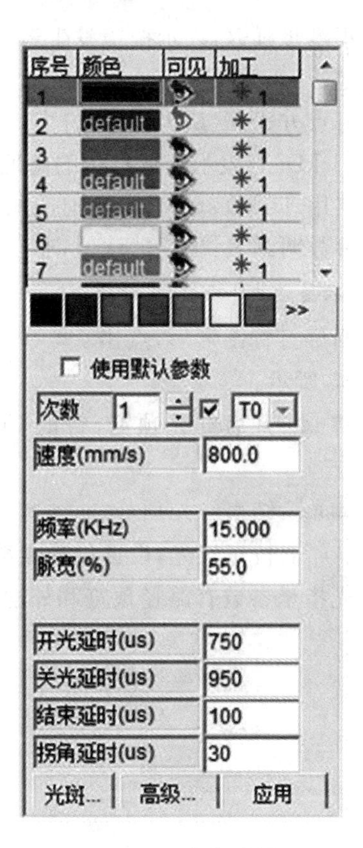

图 1-33 参数设置

● 脉宽:表示激光器驱动时的占空比(只对 $RFCO_2$ 管起作用)。该值越大,激光器能量输出越大;该值越小,激光器能量输出越小(用于 CO_2 非金属打标机输出功率的设定。10W、30W、55W、60W 设备取值范围为 1%~100%;100W、150W 设备取值范围为 1%~60%;275W 设备取值范围为 1%~50%)。

● 能量:激光输出功率控制。该值越大,能量越强;该值越小,能量越弱(适用于光纤、端泵打标机输出功率的设定)。

● 开光延时:表示激光开光所等待的时间,开光延时过小,起始点会形成重点。

● 关光延时:表示激光关光所等待的时间,关光延时过大,结束点会形成重点。

● 结束延时:表示打标完成后延迟关光时间。

● 拐角延时:表示打标图形在拐角处的延时。

● 光斑:表示激光器发出光的大小(这里光斑不可用)。

高级参数设置如图 1-34 所示。

● 空步速度:表示激光空步时的速度(建议值为 8000 mm/s)。

● 大跳步延迟:表示振镜发生最大跳步所等待的时间(一般是最大工作幅面)。

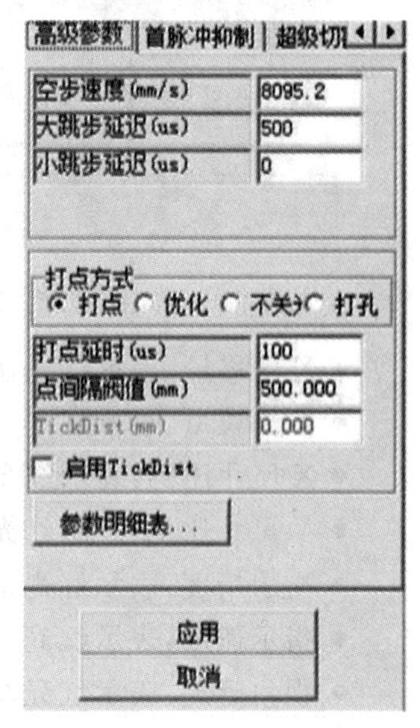

图 1-34 高级参数设置

● 小跳步延迟:表示振镜发生最小跳步所等待的时间(一般是 4 mm,4 mm 以内的跳步不需要延迟)。

● 打点方式:默认为打点,打点延时和点间隔阈值均为默认值。

● TickDist:表示高低打标的高低差值。

● 启用 TickDist:勾选/不勾选此项用于启用/关闭高低打标。

● 参数明细表:出厂默认值,非专业人员不能修改。

5) *准备打标*

编辑好打标图形后,点击 红光(F1) | 执行(F2) 按钮进行预览/标记,其红光执行的操作按钮如图 1-35 所示。

● 红光:开启红光预览(目前 CO_2 打标机只有在功率为 150 W 的机器上可用红光预览)。

● 停止:结束红光预览。

● 参数...:校正红光,设置红光参数。

红光指示参数有路径预览和外框预览两种预览方式,如图 1-36 所示。

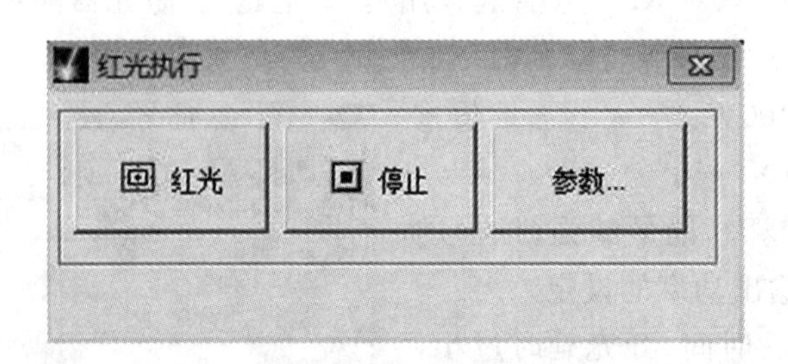

图 1-35 准备打标

图 1-36 红光参数

● X 偏移量:表示红光在 X 轴方向的偏移。

● Y 偏移量:表示红光在 Y 轴方向的偏移。

● X 尺寸比例:表示红光在 X 轴方向的比例缩放。

● Y 尺寸比例:表示红光在 Y 轴方向的比例缩放。

● 指示精度:表示红光指示的精确度。

● 指示速度:表示红光的移动速度。

● 拐角延迟:表示红光在拐角处的延时。

注意:CO_2 打标机只有在功率为 150 W 的机器上配置有红光;每次修改后按确定才会生效。

加工设置如图 1-37 所示。

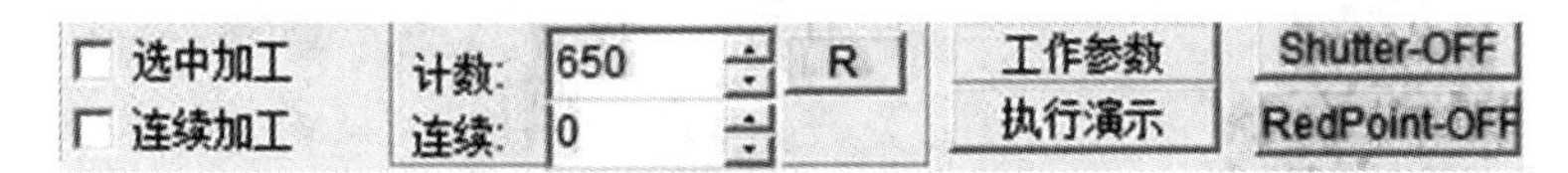

图 1-37　加工设置

- 选中加工:选择性加工的选取和切换,勾选为启用,反之为不启用。
- 连续加工:连续性加工的选取和切换,勾选为启用,反之为不启用。
- 计数:记录当前打标的次数,点击 R 可以清零。
- 连续:设置连续打标的次数。
- 工作参数:加工参数(详见后文)。
- 执行演示:模拟加工。

打标设置如图 1-38 所示。

图 1-38　打标设置

- 预览:点击按钮预览打标位置。
- 标记:点击按钮即可进行标记。
- 停止:点击按钮即可停止标记。
- 暂停:点击按钮即暂停工作。

脚踏配置在这里不用设置。

3. 部分功能介绍

1) 编辑栏

编辑栏如图 1-39 所示。

- 撤销:返回上一次操作(最多可执行 50 次,按保存后失效)。
- 重复:复原上一次操作(最多可执行 50 次,按保存后失效)。
- 剪切:删除工作区中的图形物件并将其移动到剪贴板中。
- 复制:复制图形物件至剪贴板中。
- 粘贴:将剪贴板中的图形物件移动到工作区中。
- 删除:将选中的图形物件删除。
- 全选:选取工作区中的物件。
- 取消选择:取消选择选中的物件。
- 全选当前类型对象:选取工作区中同种类型的物件。
- 组合:将两个或两个以上的物件结合在一起,组合成一个物件,且不改变它们的属性。
- 分离组合:将一个物件打散成多个物件。

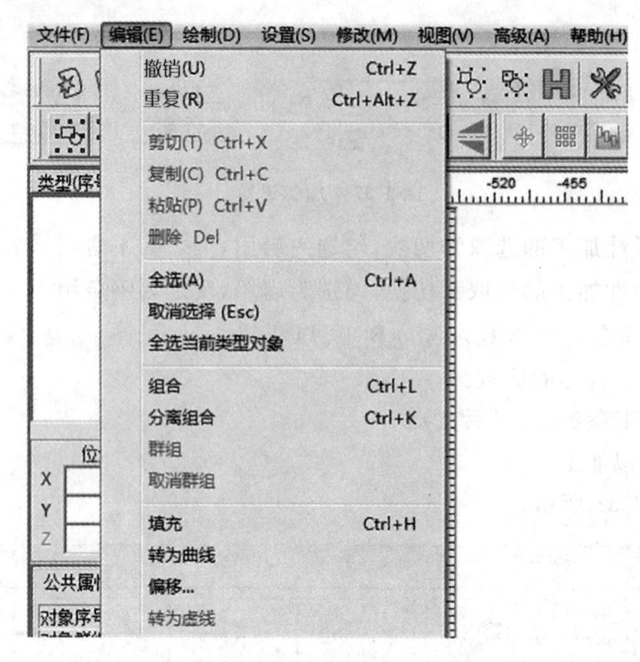

图 1-39 编辑栏

- 群组：将多个物件打包在一起，且不改变其属性，可通过框选对其中一个物件进行编辑。
- 取消群组：将选中的群组物件解散。
- 填充：给选中的物件填充线条。
- 转为曲线：把面转换成曲线。
- 偏移：图形在单位偏移量内的偏移复制。
- 转为虚线：把直线转化为虚线。

2）绘制栏

绘图工具栏如图 1-40 所示。

- 点：绘制点工具。
- Bezier 曲线：绘制平滑曲线。
- 直线：绘制直线，按“Ctrl”键可绘水平或垂直线条。
- 折线：绘制带角度的直线。
- 矩形：绘制四边形，按“Ctrl”键可绘正四边形。
- 椭圆：绘制椭圆，按“Ctrl”键可绘正圆。
- 圆：绘制正圆，三点可绘制一个圆形。
- 圆弧：绘制弧形，三点可绘制一个弧形。
- 手绘曲线：绘制随机线条。
- 螺旋线：绘制螺旋状线条。
- 2D 条码：绘制二维条码。
- 1D 条码：绘制一维条码。

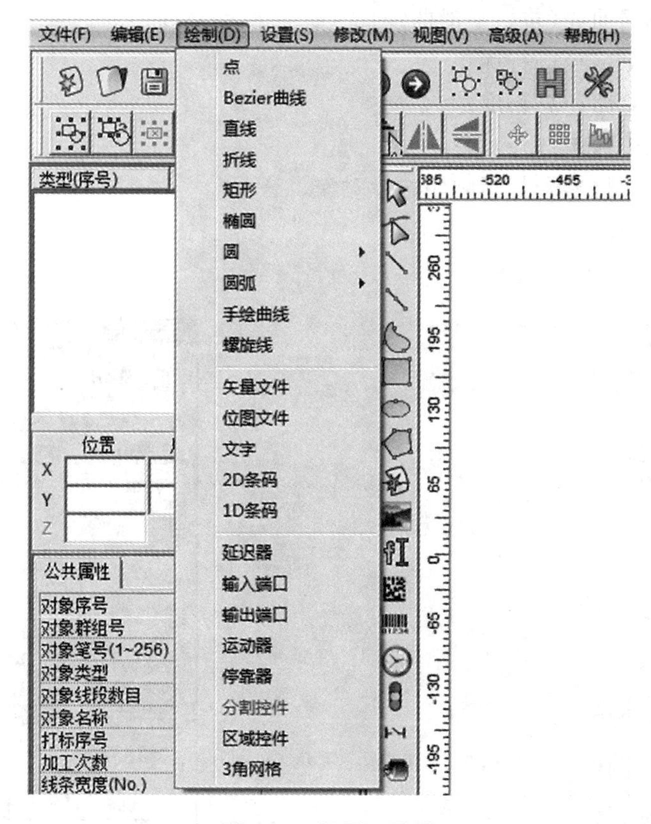

图 1-40 绘图工具栏

- 延迟器:用于延时控制。
- 输入端口:用于与外部同步控制输入。
- 输出端口:用于与外部同步控制输出。
- 运动器:用于设置外部控制器运动。
- 停靠器:用于设置外部控制器停靠。
- 分割控件:暂时未启用。
- 区域控件:暂时未启用。

3）修改栏

修改工具栏如图 1-41 所示。

- 变换:改变图形的方向(倾斜、比例、大小、旋转)等变形。
- 镜像:镜面复制图形。
- 阵列:绘制多个具有相同分布的图形。
- 造形:修改绘制图形的造形。
- 分布:多个图形按照某个基准进行排列。
- 修剪:修剪绘制图形。
- 对齐:对两个物件及两个物件的图进行有规律的分布。
- 平移:可使物件图形按选择的距离移动。

- 曲线编辑:编辑曲线(包括平滑曲线)。
- 路径优化:雕刻路径进行优化。
- 路径评估:估算路径总长度。
- 笔号分离:按笔号来选择对象。
- 笔号打标顺序:按笔号打标顺序选择对象。

4)填充、系统参数工具

填充工具栏如图 1-42 所示。

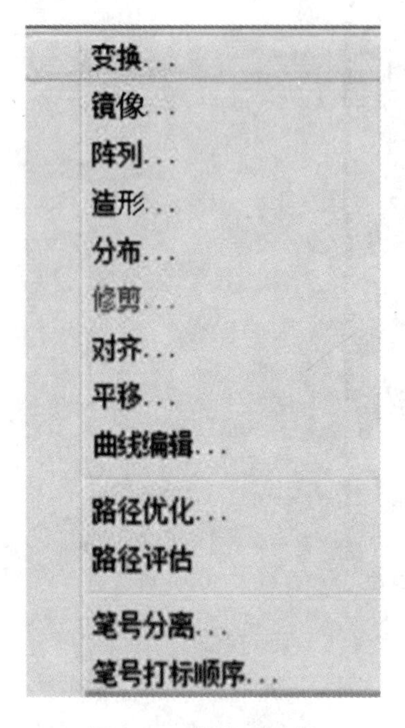

图 1-41 修改工具栏

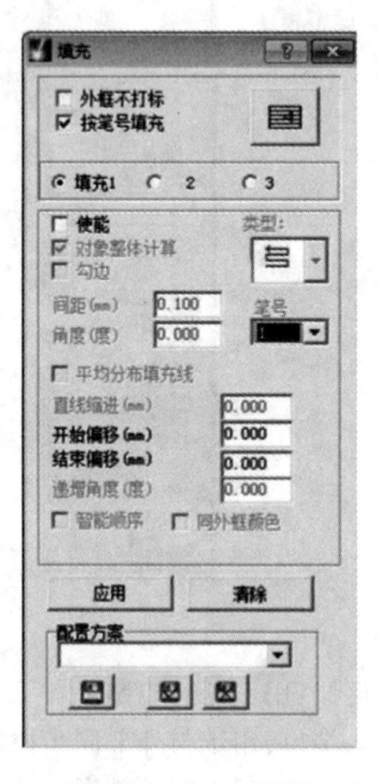

图 1-42 填充工具栏

- 外框不打标:可选择是否对填充图的外框进行雕刻(勾选为不打标)。
- 按笔号填充:勾选后按填充笔号打标。
- 填充:为填充列表分别为 1、2、3 的三层填充。
- 使能:选择是否使用填充,勾选为启用。
- 对象整体计算:对填充对象进行整体计算打标,使两边分布均匀。
- 勾边:雕刻外边框。
- 类型:填充打标的类型选择。
- 间距:填充线条的间距。
- 角度:填充线条的角度。
- 笔号:不同笔号的填充选择。
- 平均分布填充线:使填充线条均匀分布。
- 直线缩进:填充线两端同时向内缩进。
- 开始偏移:开始端偏移。
- 结束偏移:结束端偏移。

● 递增角度：每次打标都旋转一定的角度。

● 智能顺序：智能顺序打标。

● 同外框颜色：只能选用一种笔号进行填充。

● 应用：所有步骤操作后都必须点应用进行确认方才起效。

● 清除：清除填充。

5）参数栏

（1）笔号参数如图1-33所示。

● 序号 1 2：在笔号对应的颜色层双击可选中当前颜色。

● ：当前层所有对象可见，双击它成灰色时为不可见。

● ：当前层加工打标，双击它成灰色时为不加工打标。

● 次数：使用者在修改雕刻参数时，可直接点击白色框输入数字，也可点击后面的上下调动按钮进行调节。

按“全部”按钮可将该参数应用到所有层（注意：修改好参数后需点击右下角“应用”按钮方可生效）。

（2）图像属性栏如图1-43所示，显示当前所有图像物件及其属性。

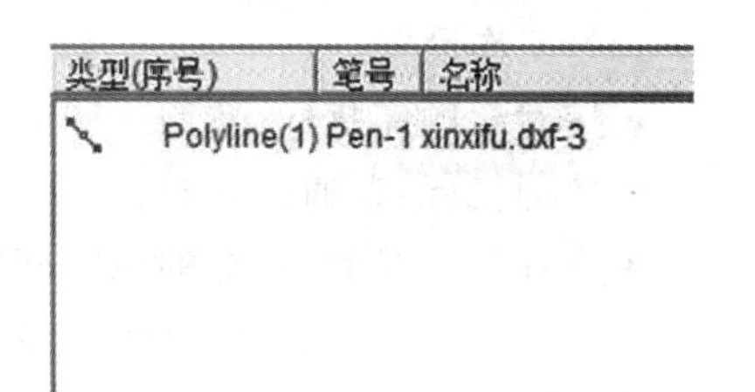

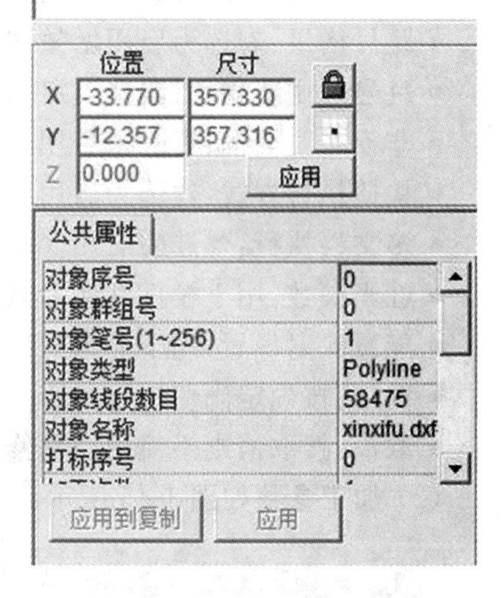

图1-43　图像属性栏

6）工作参数

打开“设置”→“工作参数”或按 工作参数 按钮，弹出对话框如图1-44所示。

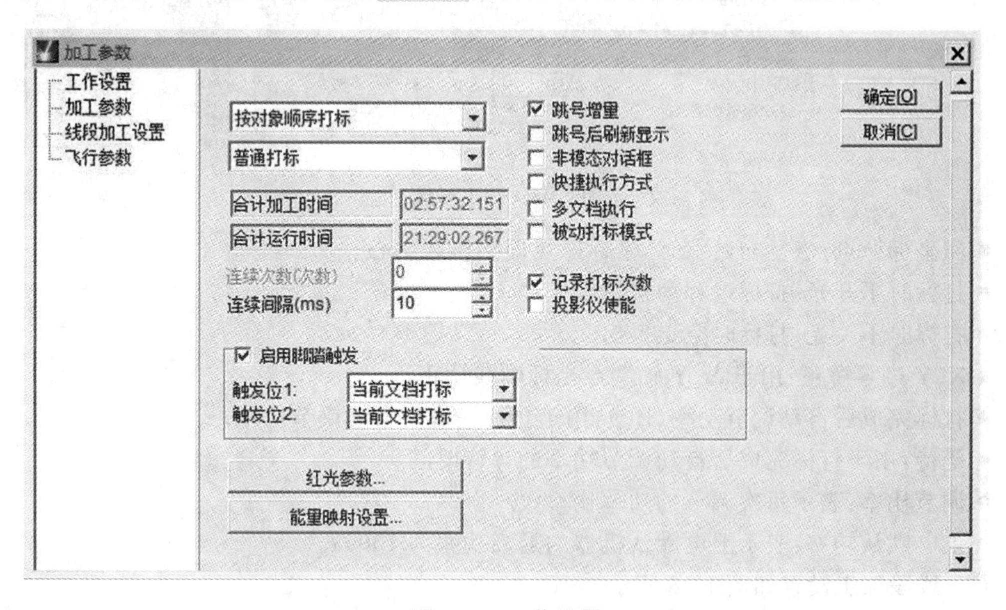

图1-44　工作设置

(1) 工作设置。

- 按对象顺序打标:按照作图顺序打标(可切换为按笔号顺序打标)。
- 普通打标:普通模式打标。
- 合计加工时间:打标的总时间。
- 合计运行时间:开机进入准备和打标的总时间。
- 连续次数:连续打标的上限次数。
- 连续间隔:连续打标时两次打标之间的间隔时间。
- 跳号增量:勾选为启用增量文字打标。
- 跳号后刷新显示:勾选为启用打标后进行刷新。
- 非模态对话框:暂时未启用。
- 快捷执行方式:勾选为启用直接跳过打标准备对话框,进行打标操作。
- 多文档执行:勾选为启用多文档打标选择。
- 红光参数:用于校正红光参数。
- 能量映射设置:用于能量梯度参数设置。
- 确定:按确定则使用当前修改参数并退出对话框。
- 取消:按取消则不使用当前修改参数并退出对话框。

(2) 加工参数如图 1-45 所示。

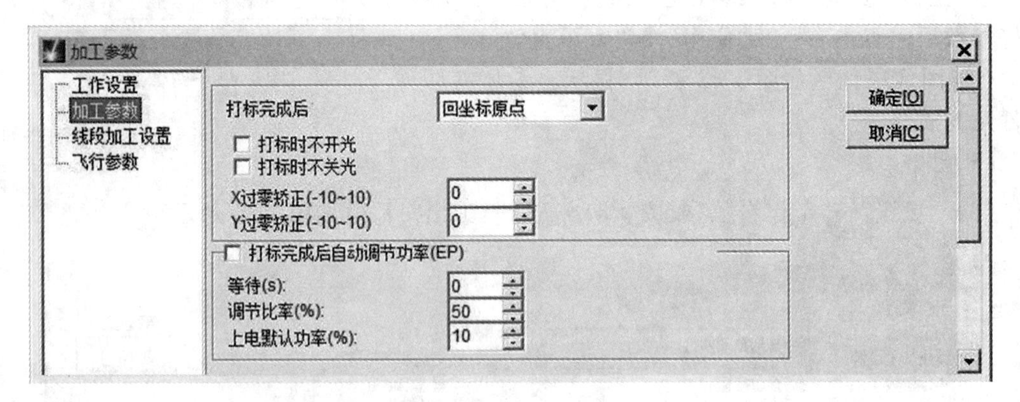

图 1-45　加工参数

- 回坐标原点:恢复初始状态,坐标原点即工作区中心。
- 打标时不开光:打标过程为空走。
- 打标时不关光:打标时空走也出光。
- X、Y 过零矫正:用于 X、Y 轴零点坐标轴线矫正。
- 打标完成后自动调节功率(EP):用于打标完成后自动调节功率。
- 等待:用于打标完成后自动调节功率的等待时间。
- 调节比率:表示每次调节的功率比率大小。
- 上电默认功率:表示上电默认机器的最高功率为 100%。

(3) 线段加工设置如图 1-46 所示。

此参数为默认参数,禁止使用者修改。

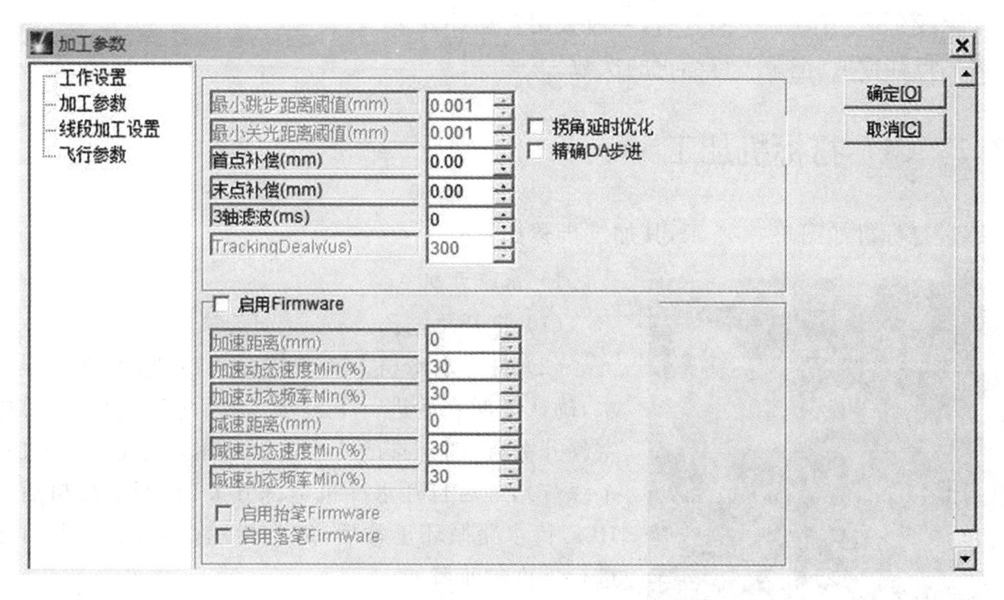

图 1-46 线段加工设置

● 拐角延时优化：当图形过大时不勾选。

(4) 飞行参数如图 1-47 所示。

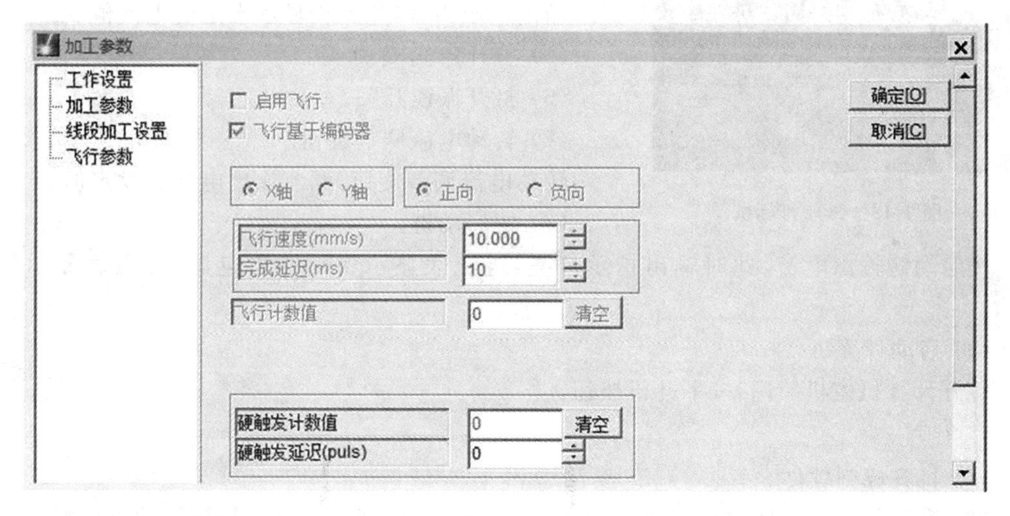

图 1-47 飞行参数

● 启用飞行：勾选时使用飞行打标模式。
● 飞行基于编码器：勾选时使用编码器。
● X 轴：X 轴方向飞行。
● Y 轴：Y 轴方向飞行。
● 正向：与流水线方向一致。
● 负向：与流水线方向相反。
● 飞行速度：根据外部硬件来设置，一般采用自动计算。

- 完成延迟:开始标记的延时,一般采用自动计算。
- 飞行计数值:记录飞行标记的次数。

1.3.2 CO_2 打标机加工

CO_2 打标机如图 1-48 所示,其加工步骤如下。

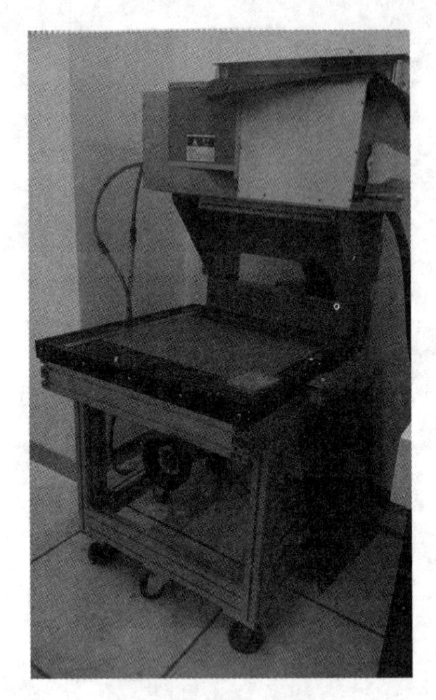

图 1-48 CO_2 打标机

1) 系统开机

(1) 打开总电源。

(2) 打开水冷机。首先接好水冷机,检查无误后通水,确认无漏水后进行下一步。然后打开中控箱总电源空气开关,此时上排的 4 个电源指示灯亮起(1 个红灯,3 个绿灯),最后打开水冷机电源开关(打开水冷机后等待 10 s,待水路循环正常后,红色指示灯会熄灭,此时方可进行下面的步骤)。

(3) 打开激光电源及声光 Q 开关的总开关。

(4) 打开激光电源开关。

此时电源处于待机状态,输出指示灯不亮,电压表显示输出电压为零,电流表显示设定的电流值。

(5) 打开声光 Q 开关。

(6) 打开振镜开关。

(7) 转动电流调节旋钮。

转动电流调节旋钮,调节输出电流到设定值。

(8) 按启动键。

按启动键输出电流,此时输出指示灯亮,电流表显示实际输出电流,电压表显示输出电压。

(9) 启动计算机。

打开计算机主机箱门,按下开机按钮。

2) 标刻

(1) 打开标刻软件。

(2) 安放好加工工件,在软件中绘制好需要标刻的图案或打开已绘制好的标刻图案。

(3) 勾选“选择加工”。

(4) 按下“红光”按钮,扫出加工范围。

(5) 按下“标刻”按钮,打标机开始标刻。

3) 系统关机

(1) 关闭计算机。

(2) 断开电压表输出。

按启动键断开输出,此时输出指示灯灭,电源回到待机设定状态,电流表显示设定值,电压表显示为零。

(3) 转动电流调节旋钮。

转动电流调节旋钮，使电流表的显示数值为0。

(4) 关闭振镜开关。

(5) 关闭声光Q开关。

(6) 关闭激光电源开关。

(7) 关闭激光电源及声光Q开关的总开关。

(8) 关闭水冷机。

(9) 关闭中控箱总电源空气开关。

根据设备开关机步骤，完成工件加工并关闭计算机，加工成品图（绒布材料 CO_2 打标）如图1-49所示。

图1-49 绒布材料 CO_2 打标

1.4 紫外激光打标机实训

紫外激光打标机属于激光打标机的系列产品，其采用了355 nm的紫外激光器。该机采用三阶腔内倍频技术，同红外激光相比，355 nm的紫外光的聚焦光斑极小，能在很大程度上降低材料的机械变形且加工时热影响较小，主要用于超精细打标。紫外激光打标机总体外观如图1-50所示。

1. 开机操作

紫外激光打标机电源开关的位置如图1-51所示。

① 图1-52所示的是总电开关，它是所有电路输入的总开关。

② 电脑电源开关如图1-53所示。

③ 紫外激光及振镜电源开关如图1-54所示。

④ 开关钥匙如图1-55所示。

⑤ 紫外出光锁如图1-56所示。

紫外激光打标机的开机步骤如图1-57所示。

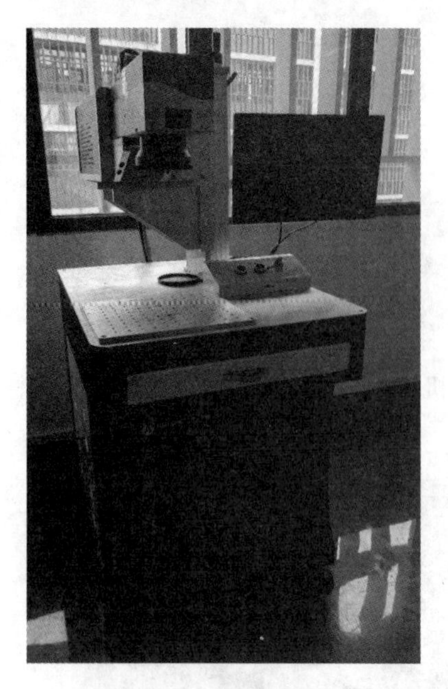

图 1-50　紫外激光打标机总体外观

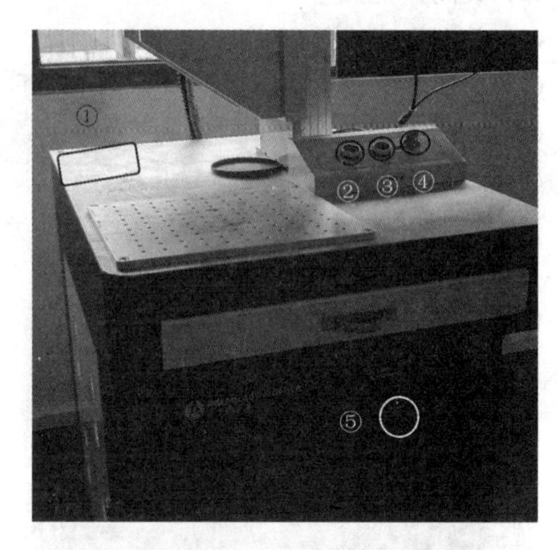

图 1-51　紫外激光打标机电源开关的位置

图 1-52　总电开关

图 1-53　电脑电源开关

图 1-54　紫外激光及振镜电源开关

图 1-55　开关钥匙

图 1-56 紫外出光锁

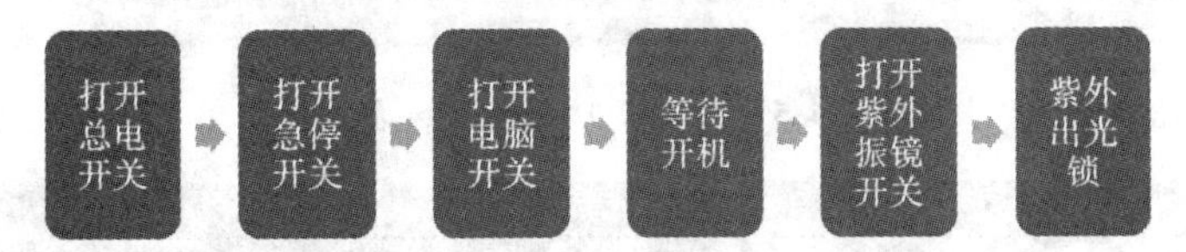

图 1-57 紫外激光打标机的开机步骤

至此，开机操作完成。

2. 软件控制

软件控制分为两套控制系统，一套为紫外激光打标机出光控制系统 NANO Controller，如图1-58(a)所示；另一套为打标控制系统 MM3D，如图 1-58(b)所示。

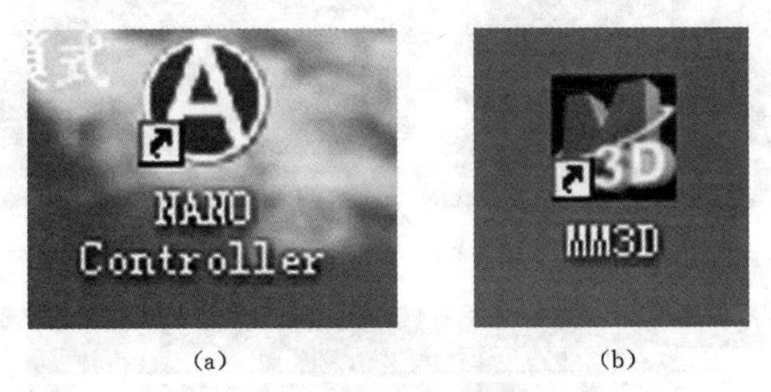

(a) (b)

图 1-58 控制系统

(1) 首先把 NANO Controller 打开，如图 1-59 所示。

点击“Search”按钮，然后在下拉菜单中会显示该 PC 上的 COM 口，如图 1-60 所示。

选择正确的 COM 口，点击“Connect”按钮，稍做等待，显示窗口会出现如图 1-61 所示的界面。

注意：如果界面显示“Searching for laser……Please make sure the port connection is good”，代表 COM 口的选择不正确，请更换正确的 COM 口；如果界面显示“Error! Unable to switch to remote state”，请检查数据线，重启 PC 或控制激光器。

EXT 代表外触发信号接收的开/关(备注：新一代激光的工作模式可以直接通过系统选择，而旧款需打开控制箱并调整跳线。同时新一代激光系统的 EXT 功能，会根据用户选择的激光工作模式而自动调整打开或关闭)。现将其打开，如图 1-62 所示。

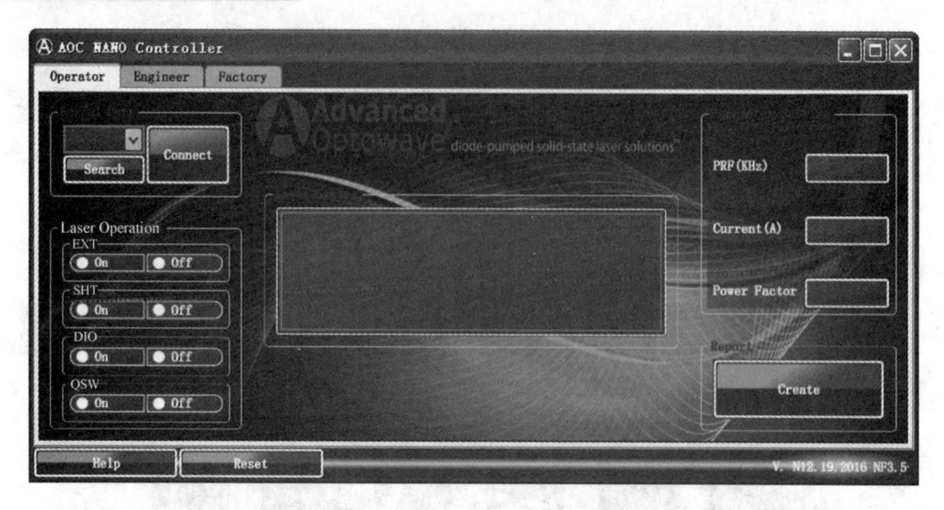

图 1-59　NANO Controller 界面

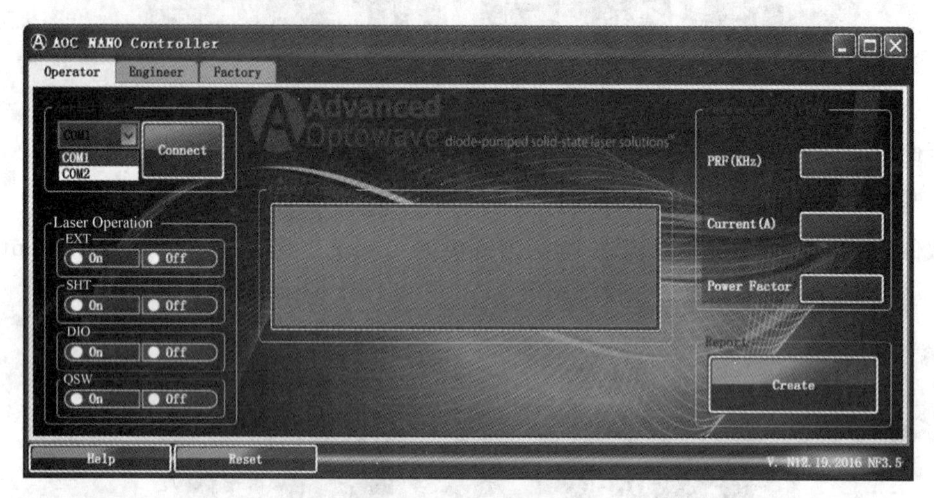

图 1-60　COM 口选择

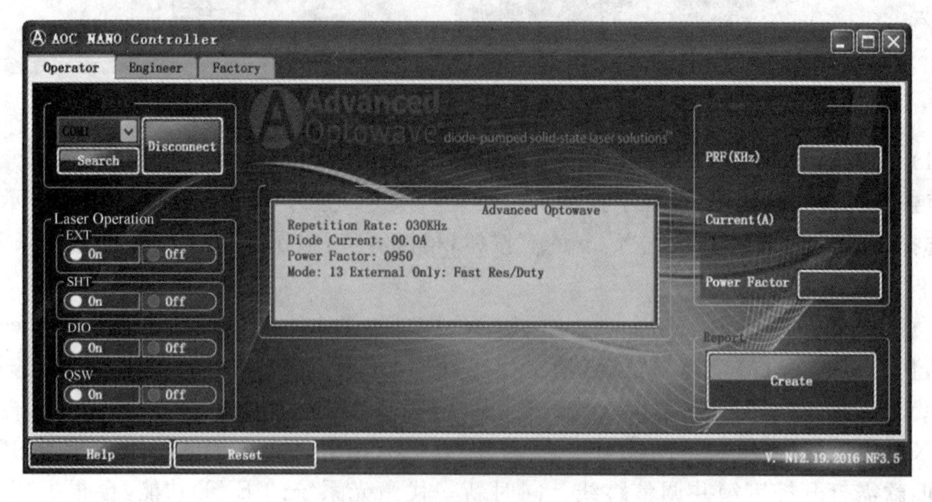

图 1-61　连接后界面

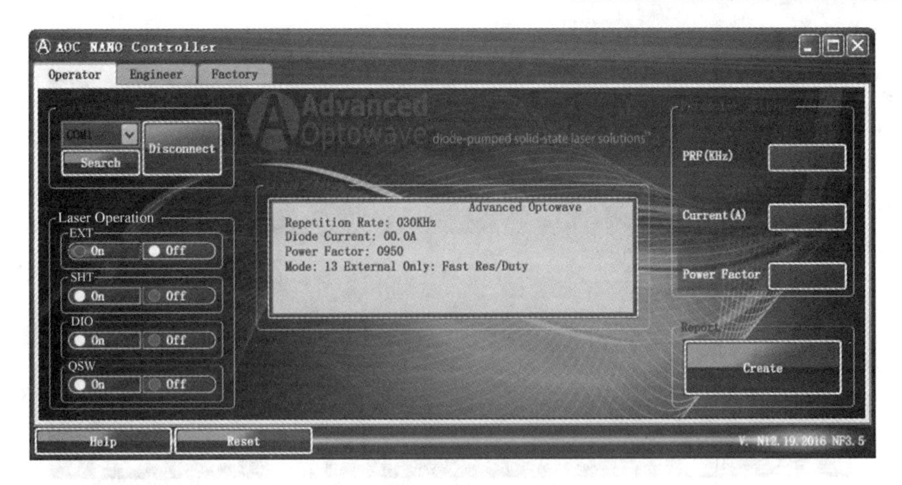

图 1-62　打开 EXT

SHT 代表光闸的开/关，现将其打开，如图 1-63 所示。

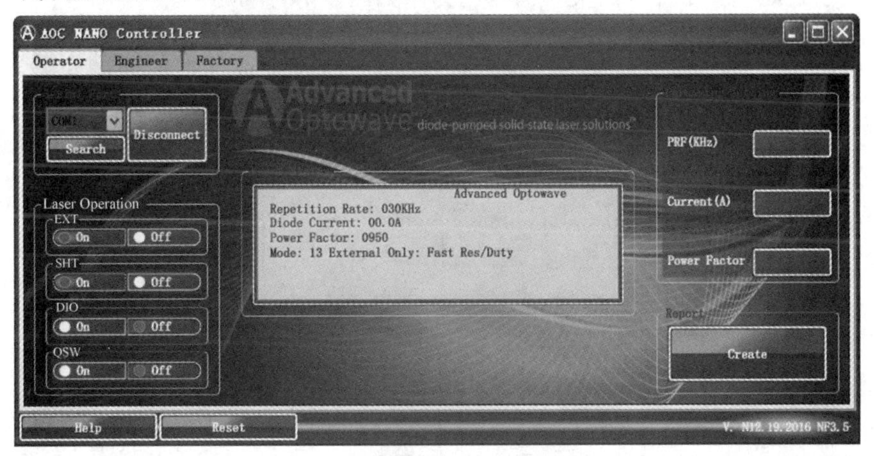

图 1-63　打开 SHT

DIO 代表激光器泵浦源的开/关，现将其打开，如图 1-64 所示，打开过程需等待。

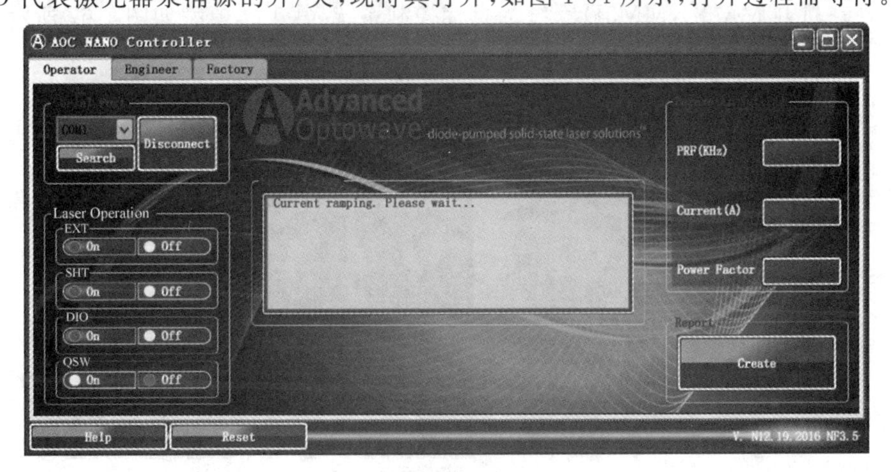

图 1-64　DIO 打开前等待界面

打开后的界面如图 1-65 所示。

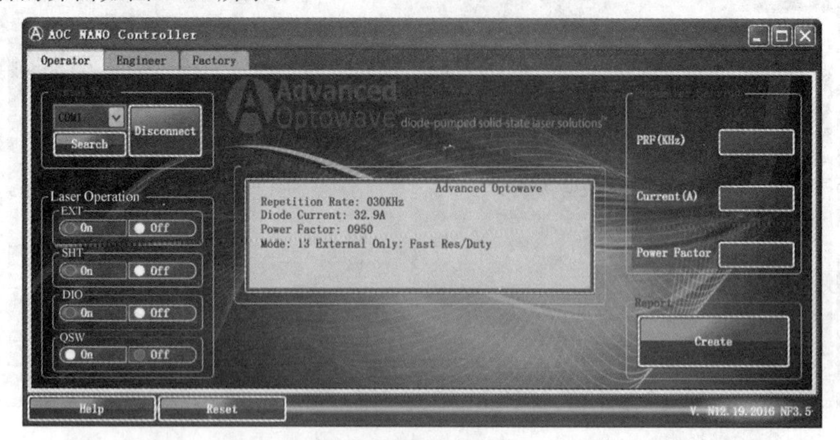

图 1-65　打开 DIO

QSW 代表激光器 QS 的开/关,现将其打开,如图 1-66 所示。

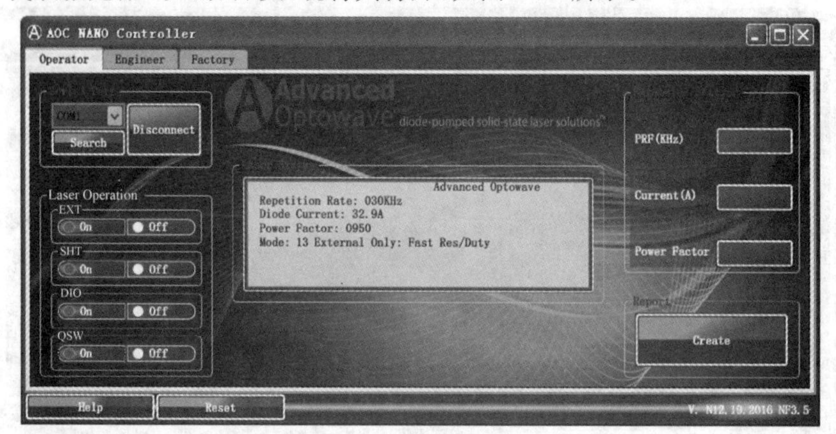

图 1-66　打开 QSW

此时紫外激光处于等待状态,NANO Controller 的相关操作完成。

(2) 现在打开 MM3D,MM3D 系统为打标控制系统,其工作模型如图 1-67 所示。

图 1-67　模型及其放置

首先调节手轮，将Z轴转到工作面位置。

打开MM3D程序，并开启新档，如图1-68所示。

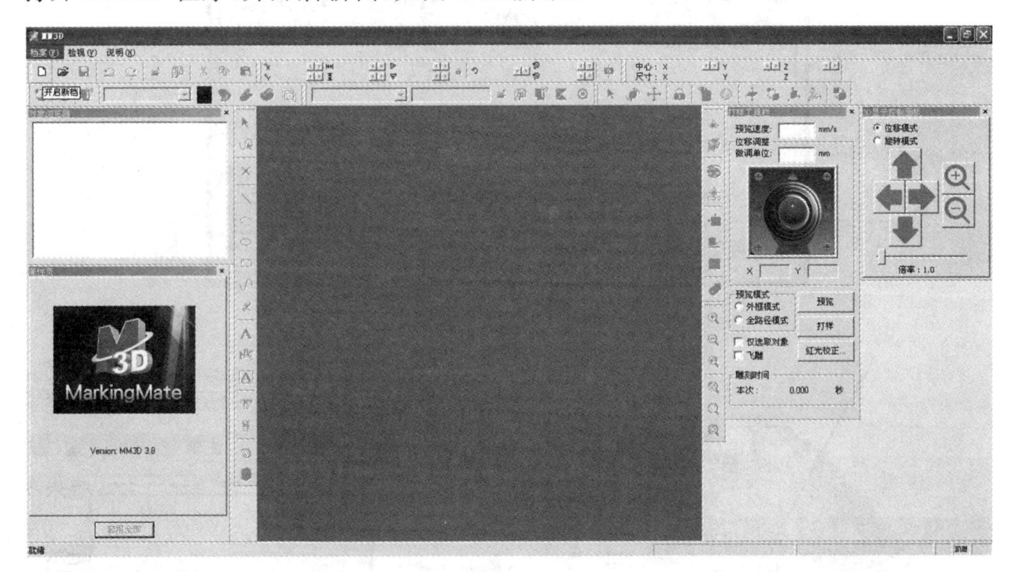

图1-68　开启新档

准备导入打标三维模型，界面如图1-69所示。

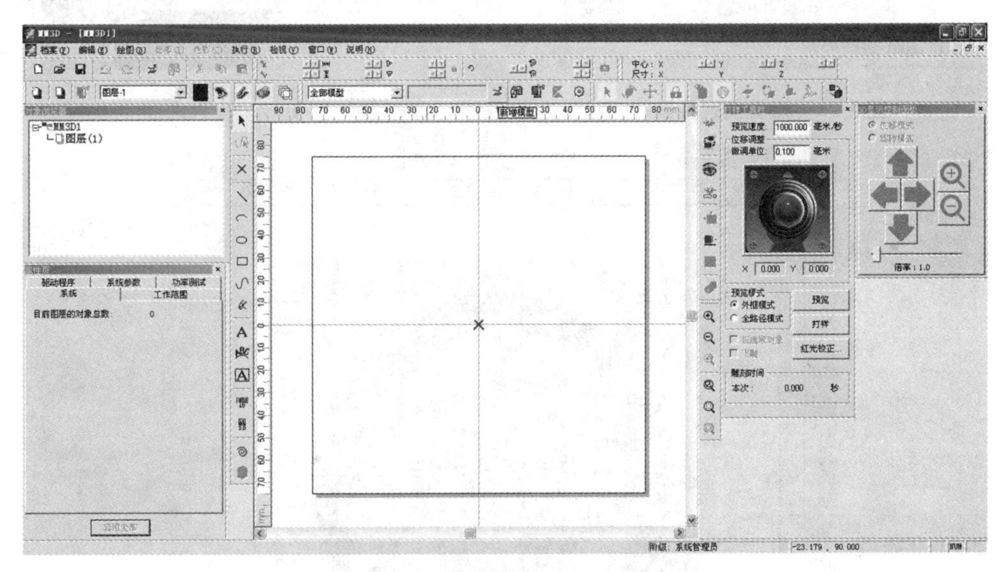

图1-69　准备导入打标三维模型

选择模型并打开，如图1-70所示。

点击“显示3D”，查看模型，模型界面如图1-71所示，确定模型位置在设计位置上，再次点击“显示3D”以关闭界面。

点击“文字”按钮，在窗口点击左键，并输入文字，如图1-72所示。

输入完成后点击箭头图标，将文字拖动到合适位置，更改文字大小，如图1-73所示。

此时出现属性栏，可以根据需要改变其属性，本栏为文字栏，如图1-74所示。

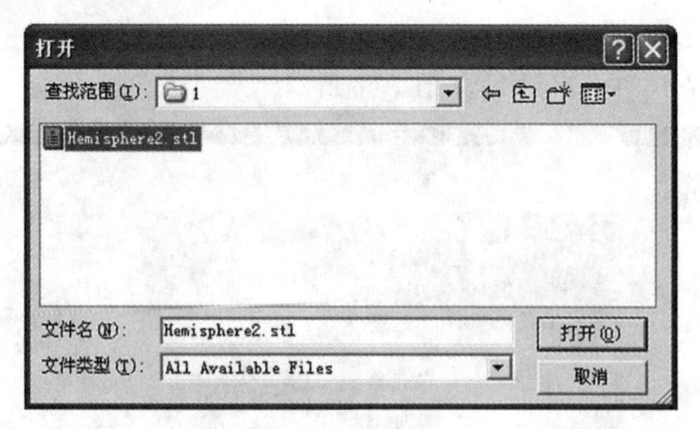

图 1-70 打开模型

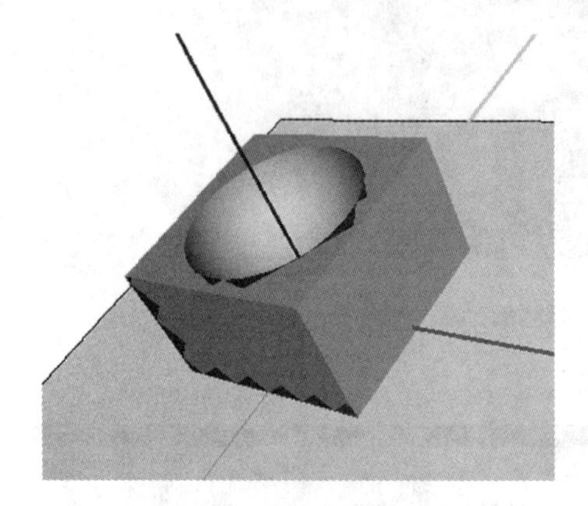

图 1-71 查看模型界面

图 1-72 输入文字

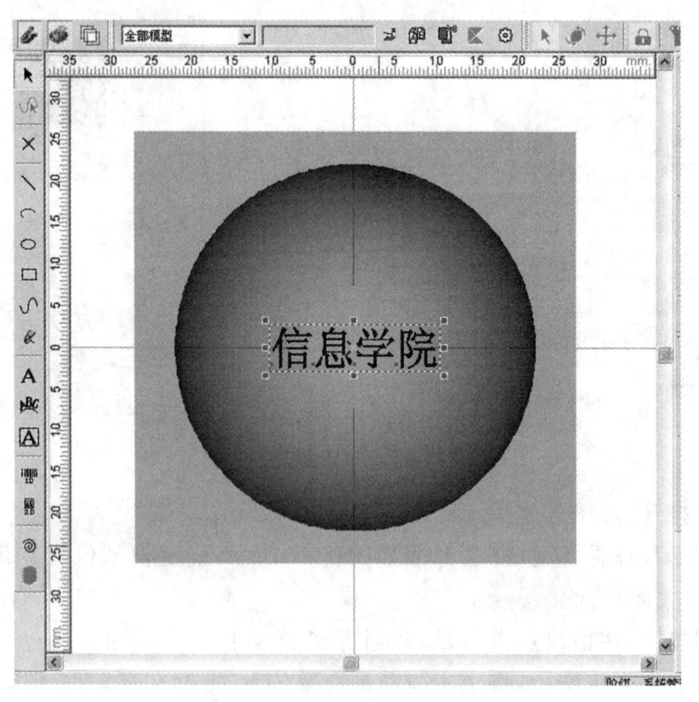

图 1-73 正常编辑模式

更改雕刻参数，更改速度为800.00 mm/s，频率为20.000 kHz，脉冲宽度为10.00 μs，并勾选“填充”，如图1-75所示。

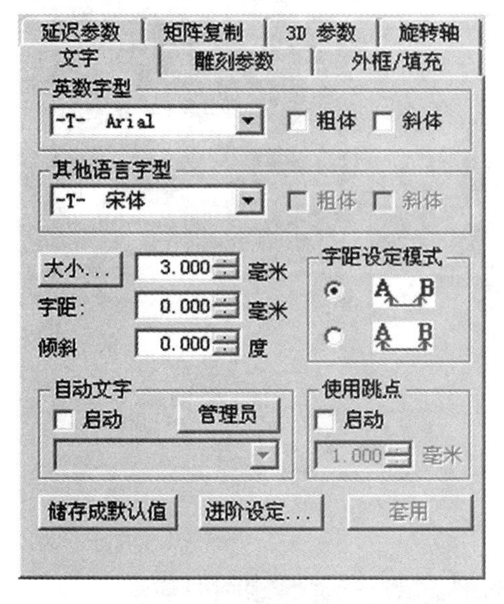

图1-74 文字栏

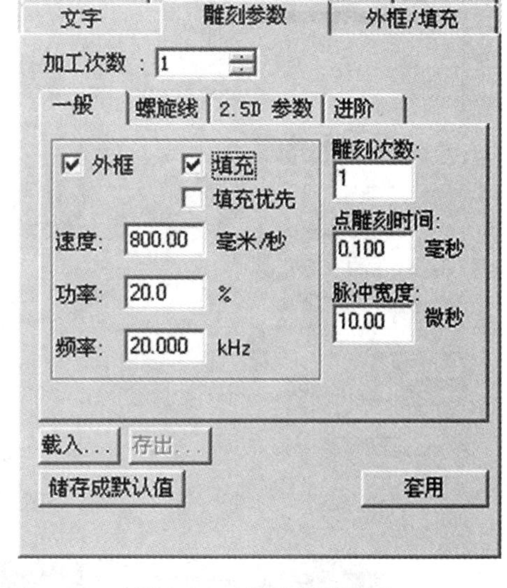

图1-75 雕刻参数设置

更改填充间距为0.080 mm，如图1-76所示。

在3D参数中勾选“启动”，并选择型式7，即刚才导入的模型，贴图方式选择“投影”，如图1-77所示，点击“套用”。

再次点击“显示3D”，可观察到文字已经投影于模型上，如图1-78所示。

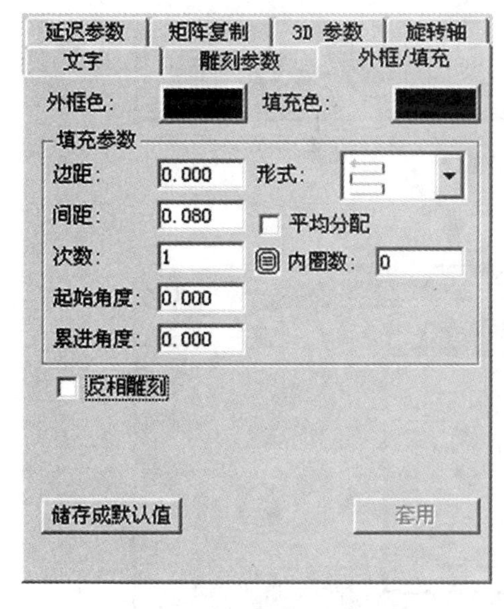

图1-76 外框/填充设置

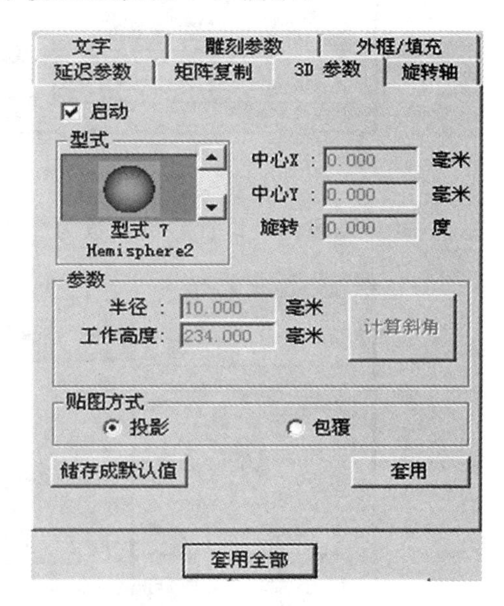

图1-77 3D参数设置

点击浏览按钮，观察指示光位置是否正确。确认无误后点击打标按钮，出现如图1-79所示的窗口。

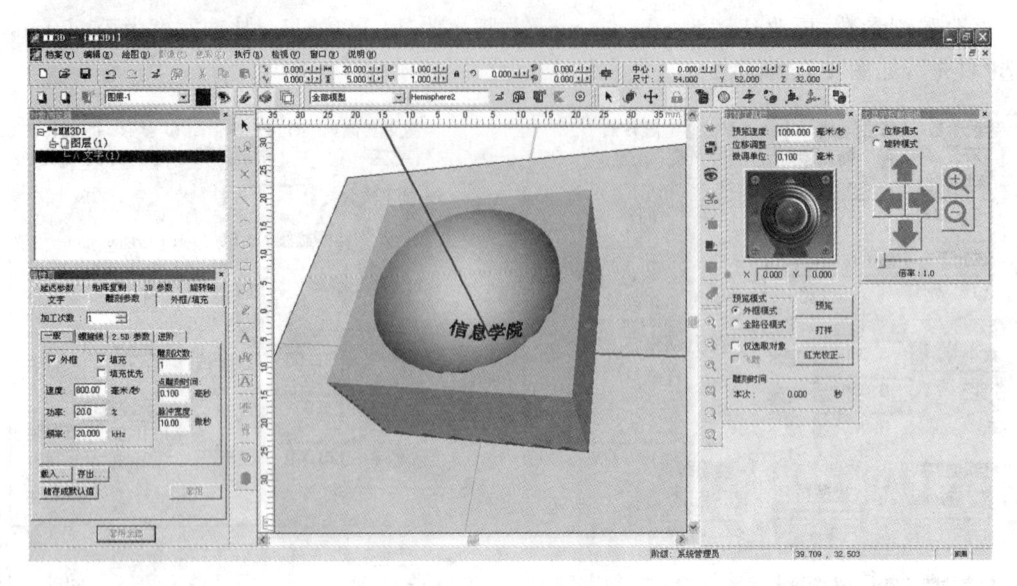

图 1-78 文字投影

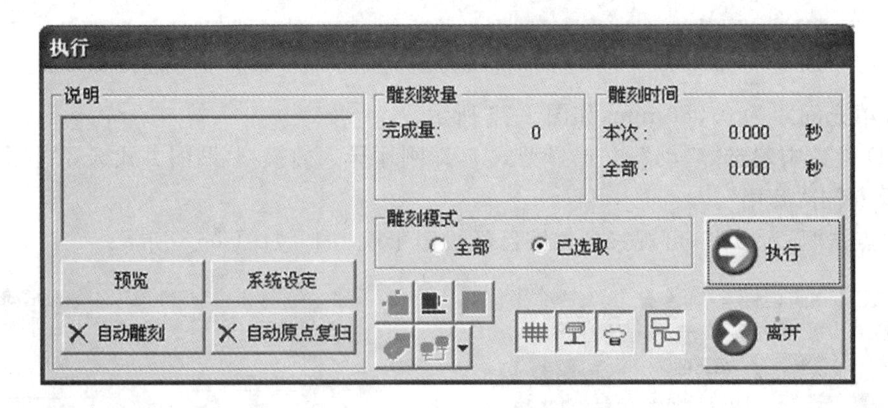

图 1-79 执行雕刻窗口

点击“自动雕刻”,设置雕刻次数为 2 次,如图 1-80 所示。

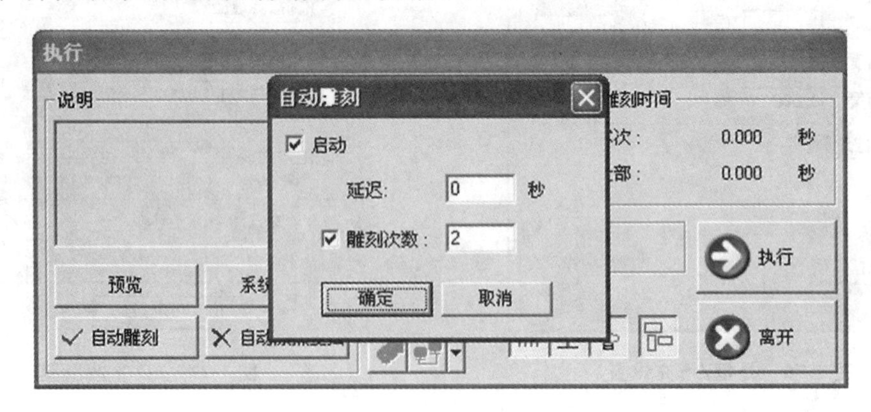

图 1-80 设置雕刻次数

点击“确定”，确定无误后点击“执行”，进行打标。打标时一定要注意做好防护工作。打标效果如图 1-81 所示。

图 1-81　打标效果

3. 关机操作

关机操作与开机操作相反，首先关闭 MM3D。在关闭 NANO Controller 时，要先依次关闭 EXT、SHT、DIO、QSW 并等待关闭完成，如图 1-82 所示。

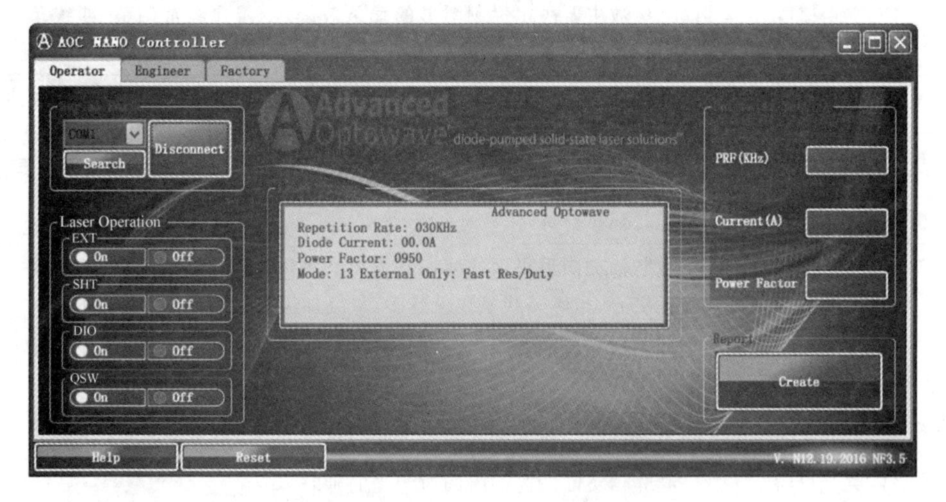

图 1-82　关闭 NANO Controller 界面

最后关闭电脑，并依次关闭电源。

1.5　激光打标工艺实训

要使激光打标机加工出来的产品又快又好，就要了解激光打标设备的参数。影响激光打标效果的参数有：材料、打标速度、填充方式、填充角度、填充间距、延时、频率、激光电源的电流和离焦量等。对于以上影响激光标记效果的参量，实验时要对它们分别进行调整，并观察效果。

(1) 做好实验准备工作。

首先设计参数表格，为进行打标实验做准备。实验参数表格应包括步长、延时、频率、填充角度、填充间距、激光电源的电流等项目。

(2) 按照表格设计的参量变化，逐步调整参数，进行打标工艺的实验。

打开激光器，对工件表面进行对焦，按表格参数逐步改变各个参量，从而进行打标工艺实验，如表 1-2 所示。

表 1-2 激光打标工艺实训

参数类型	参 数	效 果
加工参数	激光电源的电流或功率	控制激光器输出的激光功率值，其电流值越大，激光功率就越大
	频率	控制激光的峰值功率和单位时间内激光脉冲数，频率值越大，峰值功率就越小，单位时间内激光脉冲数就越多
	焦点位置	激光是能量高度集中的光束，其焦点位置的能量最集中
	标刻速度	控制激光标刻的速度，就是激光打标机在打标时的加工速度——激光输出在刻线时的速度
	空走速度	激光在扫描加工图形边框时的速度，即激光从初始点到加工起点的速度。以下参数主要决定标刻图形的线条效果，不需要经常调整，如线条封口、填充和轮毂的重合度等，一般取默认情况即可
材料	常见的金属	总体而言，打标慢，其热影响区边缘不好；打标快，其热影响区边缘好。所以对于很薄的金属片就应该采用快速打标
	非金属	PVC、木板等材料多采用 CO_2 激光打标机打标；雅格力等材料多采用紫外激光打标机打标
其他参数	图形填充间距	控制标刻图形里面的实心程度。图形间距越小表示填充越密集，图形越接近实心，当然其线条也就越多，最终加工时间就越长；反之亦然
	填充角度	控制填充线的方向，决定图形里面的纹路。常见的填充角度有 0°或 180°、90°、45°、135°
	开光延时	激光器输出激光的瞬间对激光的延时
	关光延时	激光器关断激光的瞬间对激光的延时
	拐角延时	当夹角大于 135°时，激光在拐角处的延时
	跳跃延时	激光由关光到开光之间的延时

1.6 项目实施

(1) 激光打标设备的操作。

(2) 激光打标图形的处理。

(3) 激光打标加工工艺实训。在光纤打标机金属、CO_2 打标机打标绒布硬纸、紫外激光打标机打标金属等材料上记录激光打标工艺参数(焦点位置、激光功率、频率、标刻速度等参数)。完成铝合金名片、硬纸、绒布材料的激光打标。

项目2

激光切割实训

2.1 项目任务要求与目标

（1）熟练固体激光切割设备的操作。

（2）熟练光纤激光切割设备的操作。

（3）熟练三维机器人激光切割设备的操作。

（4）掌握激光切割工艺。

2.2 激光切割设备

2.2.1 激光切割机的组成

激光切割机主要由激光器、切割机床、供气系统、控制系统、除尘装置及冷却系统等部分组成。

1. 激光器

激光器按工作物质的种类可分为固体激光器、气体激光器、液体激光器、半导体激光器、光纤激光器等。在激光加工中要求较大的输出功率与能量，目前多采用二氧化碳气体激光器及红宝石、钕玻璃、Nd:YAG(掺钕钇铝石榴石)等固体激光器。

2. 切割机床

机床主要由以下几部分构成。

1）床身

机床的床身上安置着全部光路，装有横梁、切割头支架和切割头工具，通过特殊的设计，消除在加工期间由于轴的加速带来的振动。机床底部分成几个排气室，当切割头位于某个排气室上部时，阀门打开，同时废气被排出。通过支架隔板，小工件和料渣落在废物箱内。

2）工作台

移动式切割工作台与主机分离，其柔性大，可加装焊接、切管等功能。工作台配有两张 1.5 m×4 m 的工作台，当一个工作台在进行切割加工的同时，另一张工作台可以进行上下料操作，从而有效提高工作效率。两个工作台可通过编程或按钮方式交换工作。

工作台下方配有小车收集装置，切割的小料及金属粉末会集中收集在小车中。

切割柜与工作台相对移动的方式可分为以下三种类型。

(1) 在切割过程中，光束(由割炬射出)与工作台都在移动，一般光束沿 Y 轴移动，工作台沿 X 轴移动。

(2) 在切割过程中，只有光束在移动，工作台不移动。

(3) 在切割过程中，只有工作台在移动，而光束不移动。

3）切割头

切割头是光路的最后器件，其内置的透镜将激光光束聚焦，其中标准切割头焦距有 5 英寸和 7.5 英寸(主要用于割厚板)两种。良好的切割质量与喷嘴和工件之间的间距有关，使用非接触式电容传感头，在切割过程中可实现自动跟踪修正工件表面和喷嘴之间的间距，调整激光焦距和板材的相对位置，以消除因被切割板材的不平整对切割材料造成的影响。而且它可以自动找准材料的摆放位置(红光指示器)。

3. 供气系统

供气系统包括气源、过滤装置和管路。气源含瓶装气和压缩空气。

4. 控制系统

控制系统包括数控系统(集成可编程序控制器 PLC)、电控柜及操作台。PMC-1200 数控系统由 32 位 CPU 控制单元、数字伺服控制单元、数字伺服电机、电缆等组成，采用全中文界面，10.4 寸(1 寸≈3.33 厘米)彩色液晶显示器，能实现机外编程计算机与机床控制系统之间的数据传输通信(具有 232 接口)，既具有加速、突变的限制，又具有图形显示功能，可对激光器的各种状态进行在线和动态控制。

5. 除尘装置

一套收集烟尘，并转送到烟尘过滤器再排放的装置。切割区域内装有大通径的除尘管道、大全压的离心式除尘风机，以及全封闭的机床床身和分段除尘装置，且具有较好的除尘效果。

6. 冷却系统

冷却系统即冷水机，是激光切割机必不可少的配件之一，它的工作原理是先向冷水机注水孔内注入一定量的冷却用水，通过冷水机的制冷系统将水冷却并吸入气缸，经过压缩机压缩，使之成为压力和温度都较高的气体。高温高压的制冷剂气体进入冷凝器后，与冷却介质(冷却风)进行热交换，把热量传到冷水机外，而制冷剂气体凝结为高压液体，再由冷水机的水泵施压将低温冷却的水传送至需冷却的激光设备。这时经过冷水机冷冻过的水将激光机里的热量带走后，其温度升高，再回流到水箱中经过冷水机的降温冷却进行循环，达到冷却的作用。

2.2.2 激光切割机的安全操作

激光切割机的安全操作步骤如下。

(1) 遵守一般切割机安全操作规程，严格按照激光器启动程序来启动激光器。

(2) 操作者须经过培训，熟悉设备的结构、性能，掌握操作系统的有关知识。

(3) 按规定穿戴好操作所需的防护用品，在操作时必须佩戴符合规定的防护眼镜。

(4) 在未弄清某一材料是否能用激光照射或加热前，不要对其进行加工，以免产生烟雾和蒸气。

(5) 设备工作时，操作人员不得擅自离开岗位或托人代管，如的确需要离开时应停机或切断电源开关。

(6) 要将灭火器放在随手可及的地方，不加工时要关掉激光器或光闸，不要在未加防护的激光束附近放置纸张、布或其他易燃物。

(7) 在加工过程中发现异常时，应立即停机，及时排除故障或上报主管人员。

(8) 保持激光器、床身及周围场地的整洁、有序、无油污，工件、板材、废料按规定堆放。

(9) 使用气瓶时，应避免压坏焊接电线，以免漏电事故发生。气瓶的使用、运输应遵守气瓶监察规程。禁止气瓶在阳光下暴晒或靠近热源。开启瓶阀时，操作者必须站在瓶嘴侧面。

(10) 维修时要遵守高压安全规程。每运转 40 小时或每周维护、每运转 1000 小时或每六个月维护时，要按照规程进行。

(11) 开机后应手动低速 X、Y 轴方向开动机床，检查设备有无异常情况。

(12) 新的工件程序输入后，应先试运行，并检查其运行情况。

(13) 工作时，注意观察机床运行情况，以免切割机走出有效行程范围或两台切割机发生碰撞，从而造成事故。

2.3 激光切割设备系统操作

激光切割设备如图 2-1 所示。Lasercut 系统操作步骤如下。

(1) 制作图形数据。

制作图形可以借助专业绘图软件(如 AutoCAD、CorelDRAW、MastCAM 等)制作，本软件可以支持 AI、PLT、DXF、NC 等格式的文件。Lasercut 软件也具有简单的图形绘制功能，激光切割系统菜单如图 2-2 所示。

(2) 导入 DXF 图形时，激光切割系统 Lasercut 主界面如图 2-3 所示。

读取 DXF 格式的文件，导入配置好加工图形的工程文件。

(3) 系统调入图形图像数据后，可对数据进行排版编辑(如缩放、旋转、对齐、复制、组合、拆分、光滑、合并等操作)。图 2-4 所示的为编辑选项。

图 2-1　激光切割设备

图 2-2　激光切割系统菜单

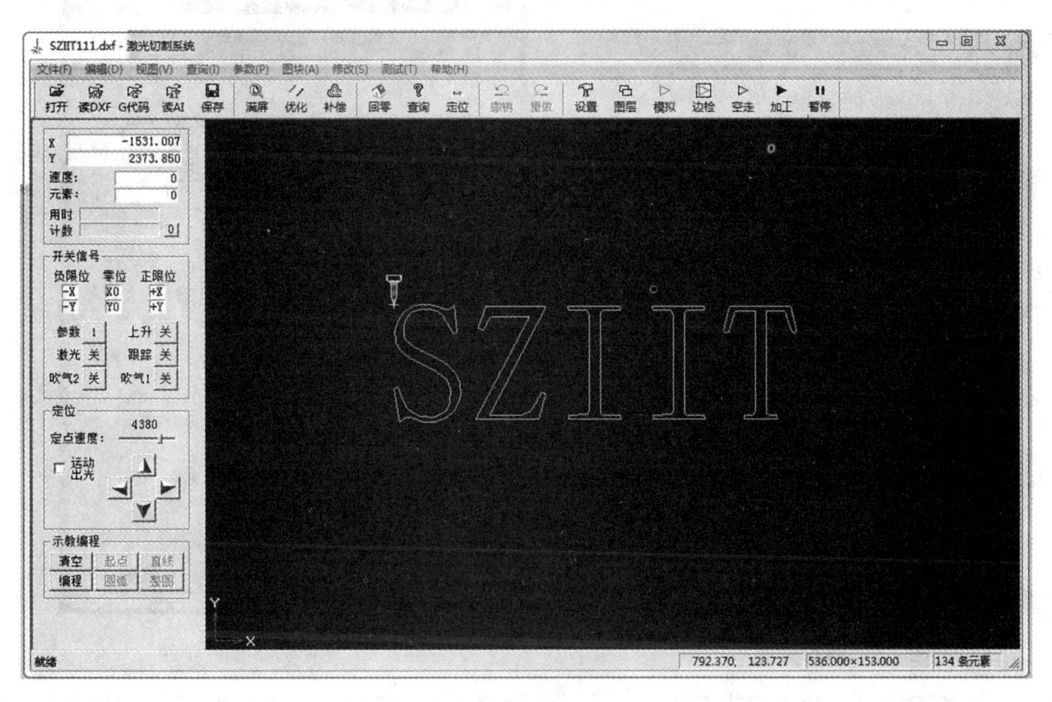

图 2-3　激光切割系统 Lasercut 主界面

(4) 对导入的数据进行合法性检查,如:封闭性、重叠、自相交、图形之间的距离检测,从而确保加工中不过切、不费料。根据切割类型(阴切、阳切)、内外关系、干涉关系,自动计算切割图形的引入线、导出线,保证断口光滑。图 2-5 所示的为图块选项。

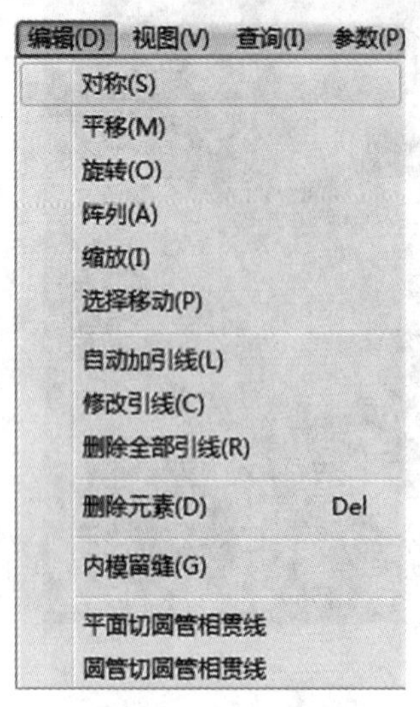

图 2-4 编辑选项

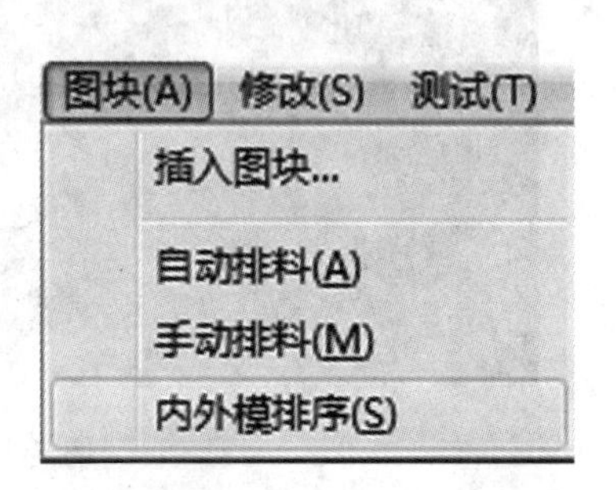

图 2-5 图块选项

(5) 修改:进行指定内膜、指定外膜、指定起始元素等设置,修改选项如图 2-6 所示。

(6) 设置机器参数界面和设置优化参数界面分别如图 2-7、图 2-8 所示。

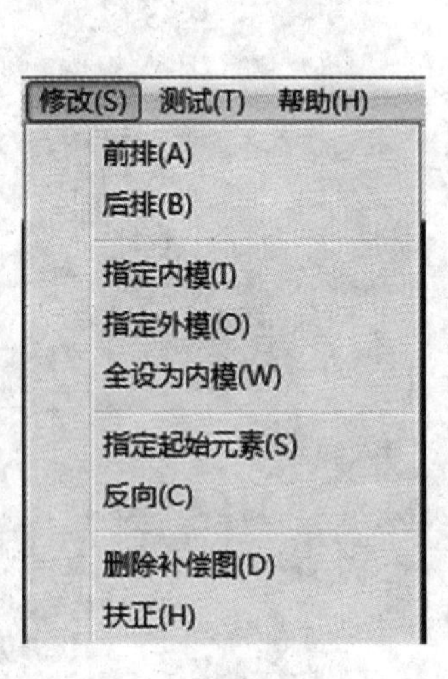

图 2-6 修改选项

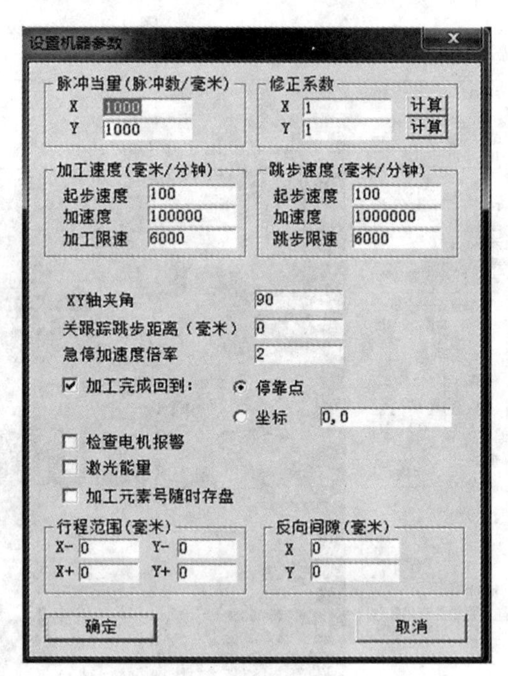

图 2-7 设置机器参数界面

(7) 加工输出。加工输出包括以下操作:设置重复加工参数;点击“开始”、“暂停”、“停止”;断点输出。

(8) 停靠点设置界面如图 2-9 所示。

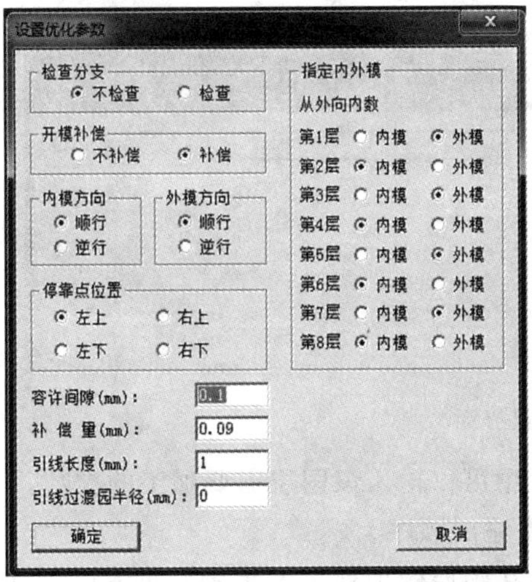

图 2-8　设置优化参数界面

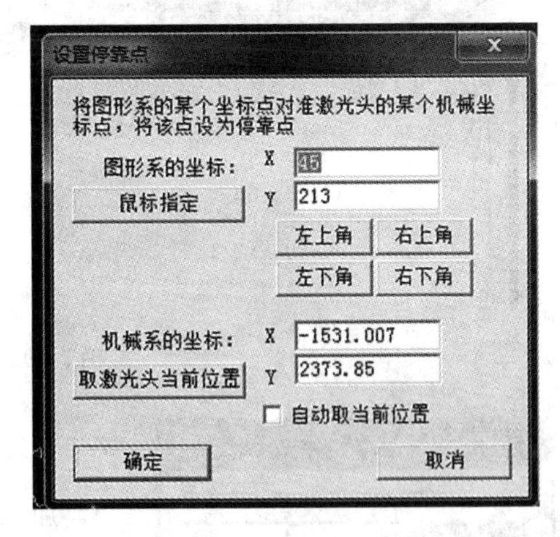

图 2-9　停靠点设置界面

● 自动计算切割割逢补偿，减少加工数据的制作时间，确保加工图形尺寸准确。

● 根据加工工艺需要，可任意修改图形切割开始位置和加工方向，同时系统动态调整引入线、引出线的位置。

● 自动优化加工顺序，同时还可以手工调整该顺序，从而减少加工时间，提高加工效率。

● 可以分层输出数据，对每层可以单独定义输出速度、拐弯加速度、延时等参数，并自动保存每层的定义参数。调整图层之间的输出顺序，设置图层输出次数和是否输出图层数据。

● 选择图形输出，支持在任意位置加工局部数据，对补料特别有用，同时可以使用裁剪功能，对某个图形的局部进行加工。

● 加工过程中，实时调整加工速度。

● 独特断点，加工过程可以沿轨迹前进、回退，灵活处理加工过程中遇到的各种情况。

● 根据加工图形、原材料大小，进行自动套料(可选功能模块)。

(9) 图层管理和设置工艺参数。

用户可以利用颜色将一个图形数据划分为若干图层，对于不同的图层可以设置不同的加工模式和加工方式。本软件也可以识别专业绘图软件中的图层划分。图层工具界面如图 2-10所示。

① 图层属性管理。

点击工具上的图层图标，出现如图 2-11 所示的对话框。

选择某个图层是否可视可以将此对话框在界面上显示或者隐藏。如果将某个图层锁定，则无法对此图层进行删除、旋转等编辑操作。

② 图层管理界面。

在“模式”栏的下拉菜单中可以选择加工方式，只有激光切割。

在“拐弯加速度”栏中，可以为每个图层设置拐弯加速度。

在“输出”栏中可以选择是否输出该图层。

图 2-10 图层工具界面

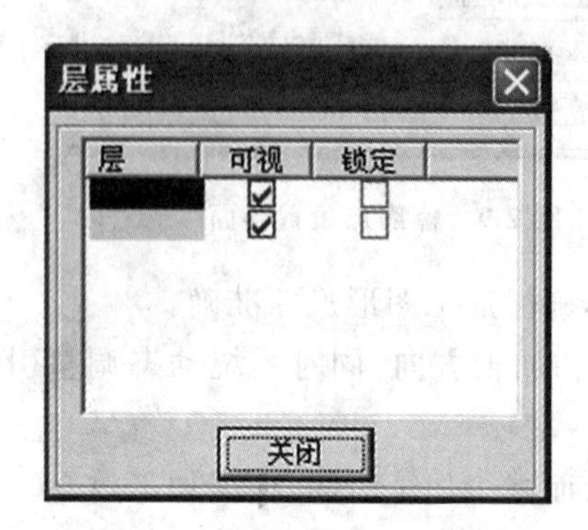

图 2-11 图层属性

在“次数”栏中可以输入该图层需要加工的次数。

③ 设置图层输出顺序。

加工顺序为在图层管理列表里面从上向下加工，如果需要改变加工顺序，只需选中其中一行后，点击相应按钮即可。

- 加工速度：表示切割时割枪头的工作速度。
- 拐弯加速度：表示变速切割时，设置拐点处的速度（通过调整此参数可以降低加工过程中拐点处的速度）。
- 抬激光头速度：表示激光头上升、下降的速度。
- 抬激光头距离：表示激光头上升、下降的距离。
- 加工功率：表示激光加工时的功率。
- 拐弯功率：表示激光加工时，在图形拐角处的功率。
- 开光前延时：表示激光头在切割起始位置，延长设备停留时间再开光。
- 开光后延时：表示激光头在切割起始位置，延长开光信号时间再进行正常切割（保证起始点可以将钢板切透）。
- 关光前延时：表示激光头在切割结束位置，延长设备结束点关光时间。
- 关光后延时：表示激光头在切割结束位置，延长引光信号片刻再关光（保证结束点可以将钢板切透）。

④ 设置加工参数界面如图 2-12 所示。

(10) 模拟加工。

① 模拟加工输出。

设置好加工参数后，点击相应按钮，可以进行模拟输出，检查输出的效果。模拟加工的速度可以任意设置。点击“Esc”键或按控制面板中的停止按钮可以终止模拟显示。

② 设置模拟速度。

为了方便观察加工路径，可以调整模拟显示的速度。设置模拟速度倍率的界面如图2-13所示。

③ 模拟加工时间。

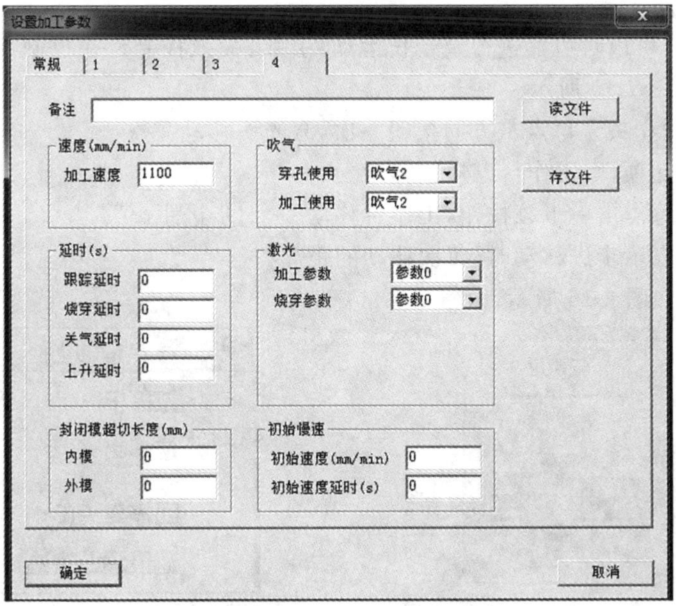

图 2-12　设置加工参数界面

模拟完成后，会显示预计加工时间等信息。

④ 控制面板如图 2-14 所示。

图 2-13　设置模拟速度倍率

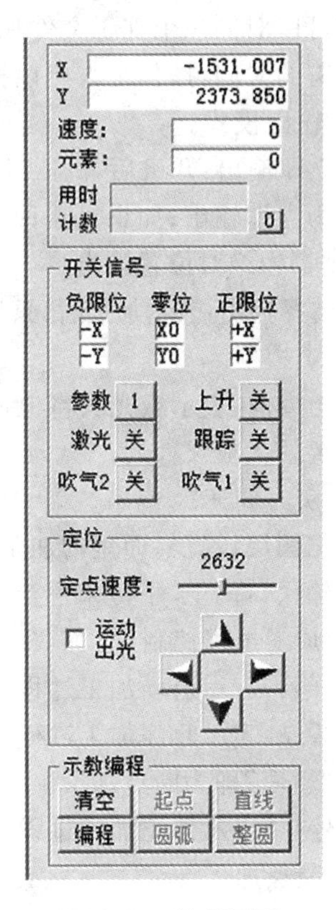

图 2-14　控制面板

⑤ 手动控制。

手动控制部分可以对机器进行定步长运动，引弧、关弧控制。在控制面板中部可以看到手动控制部分，如图 2-15 所示。

定步长移动激光头。每点击方向按钮一次，激光头移动一次。

- 慢速：选择此项，则工作台以慢速移动。
- 步进：表示每点击一下该按钮，工作台移动一个“步进距离”。
- 步进距离：表示步进移动时，每次移动的距离。

⑥ 测试选项如图 2-16 所示。

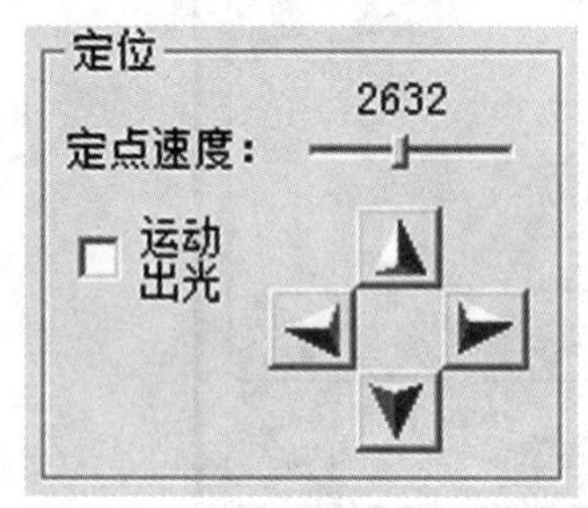

图 2-15 手动控制部分

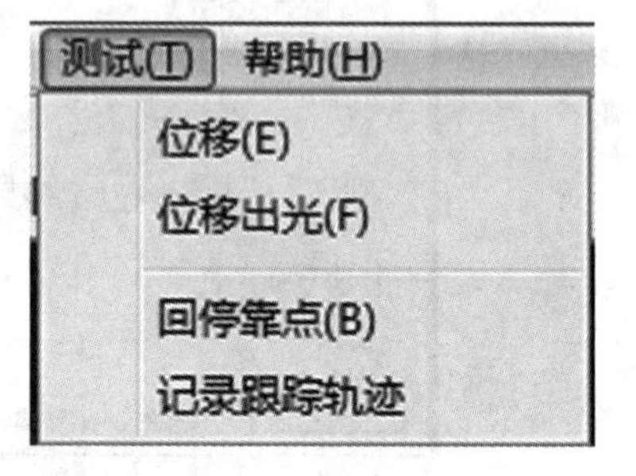

图 2-16 测试选项

⑦ 循环加工。

● 加工次数、延时：如果“加工次数”输入的值为 10，“延时”输入的值为“3”，则点击一次“开始”可以对同一个加工文件加工 10 次，每次加工完成后将停留 3 秒。间隔时间主要是上下料所需的时间，操作工人可以根据实际情况设定，该功能可以大大提高工人的工作效率。

⑧ 输出模式。

● 立即输出：开机后，机器没有回机械原点，选项“立即输出”显示为灰色，表示以后每次加工都为立即输出；如果机器回了机械原点，只有选择了“立即输出”，加工才为立即输出模式，否则都为绝对位置输出。

● 选择输出：表示加工时，只加工已经选择了的图形，其他没有被选择的图形一律不加工。

⑨ 走边框。

● 走边框：表示激光头将根据加工数据的大小空走一个矩形(该功能主要用于确定加工板材需要的大概尺寸)。

⑩ 实时调速。

根据图层设置界面里的加工速度成比例增加或者减少，既可以在加工过程中调速，也可以通过输入口的上、下键来进行在线调速。

⑪ 加工过程控制。

● 开始：表示启动加工过程。

● 暂停：表示暂停加工过程。如果在“系统设置”→“控制卡”中选择了使用轨迹跟踪，此时点击“暂停”即为断点加工。

● 停止：表示停止加工过程，取消加工。

⑫ 断点加工。

断点加工的主要功能为：加工过程中，移动激光头，使激光沿轨迹前进、后退。当选择沿轨迹后退时，激光将沿已加工轨迹后退，后退距离可由外部设定。

⑬ 清除断点。

用于断电记忆，当点击“机械设置”→“控制卡设置”→“是否使用轨迹跟踪”后，可以选择此功能；点击取消“是否使用轨迹跟踪”后，那么此功能将显示为灰色。

2.4 大功率三维激光切割机器人设备调试

2.4.1 三维激光切割机器人

1. 设备的组成

三维激光切割机器人设备由以下几部分组成：负责稳压的电源，负责制图和数控编程的计算机，2000W 光纤激光器，给激光冷却的水冷散热器，控制激光头运动的机械臂，可移动的工作平台，提供气压的空气压缩机，氮气、氧气等气罐，保护罩，除尘抽风机。三维激光切割机器人设备如图 2-17 所示。

图 2-17 三维激光切割机器人设备

2. 开启设备

(1) 检查各部分连接，确定没有问题之后，打开总闸。

(2) 依次打开稳压器、计算机、机械臂、光纤激光器、水冷散热器。

(3) 打开三维激光切割机器人控制软件，控制软件界面如图 2-18 所示。

在水冷散热器的温度降低到合理值的时候，点击“激光器上高压”。

3. 基本工作流程

(1) 把要加工的图纸用 SolidWorks 绘制出来，然后导出.igs 格式的文件，保存界面如图 2-19 所示。

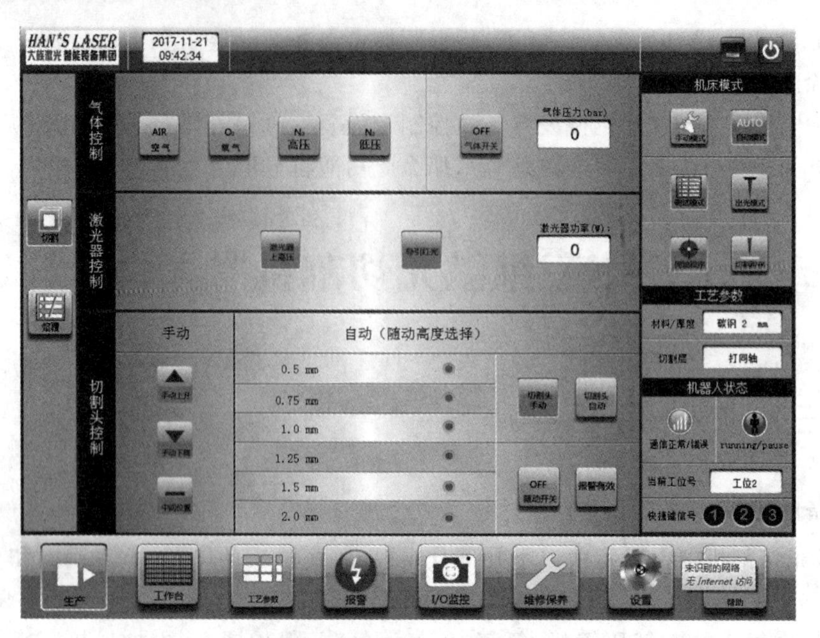

图 2-18　控制软件界面

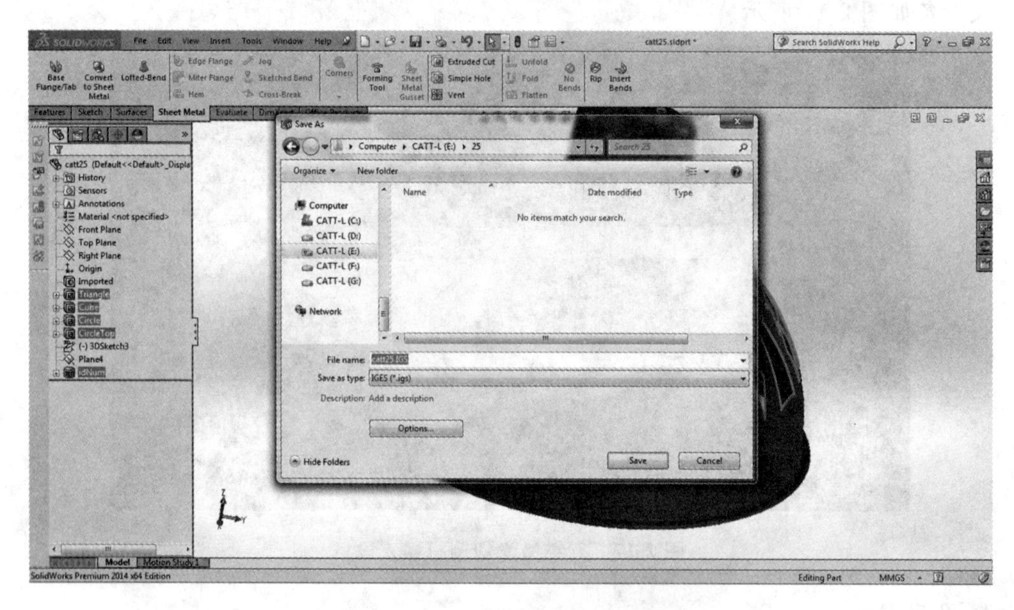

图 2-19　.igs 格式的文件保存界面

(2) 放入切割机自带的系统，用 Mastercam 软件选择需要加工的路径，并设置合理的刀路与参数。

(3) 在工作台上对刀取远点，进入 RoboMaster 模拟软件，将原点信息录入后，进行模拟，观察是否会有撞刀、不可达等 bug，确认无误之后导出刀路文件。

(4) 将刀路文件通过 FTP 上传到机械臂，然后用手柄操作。先慢速空走一遍，确定没有问题之后，在控制软件中切换到“自动模式”和“出光模式”，用 100%的速度进行正式加工。

(5) 等待加工完成即可。

4. 关闭设备

(1) 在控制软件中关闭“出光模式”和“激光器上高压”，然后退出控制软件，保存各种文档后关闭计算机。

(2) 依次关闭水冷散热器、光纤激光器、机械臂、稳压器。

(3) 断开总电闸。

2.4.2 三维机器人的操作方法

1. 操作手柄

图 2-20 所示，右上角的按键是“电源键”，上电的时候需要按住背部的按钮，并按下“电源键”给机器人通电。“电源键”下方是“模式切换键”，可切换“手动模式”和“自动模式”。右下角的外框按键是用来控制机械臂的运动的，能通过坐标控制和关节控制，这六组按钮依次对应机械臂 X、Y、Z、RX、RY、RZ 的六个关节运动。

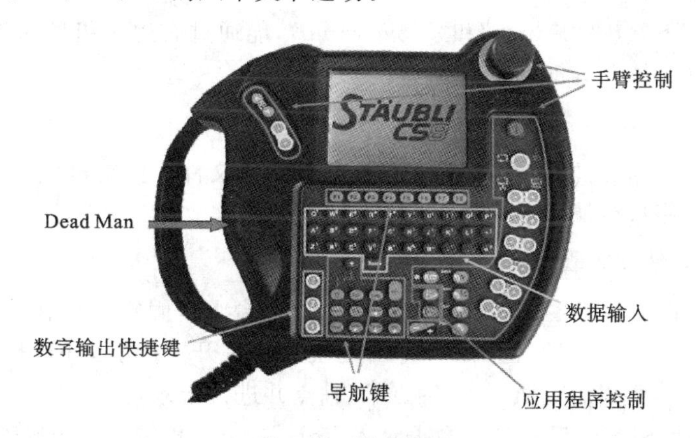

图 2-20 操作手柄

2. 机器人上电

在手柄背部有一个按钮，分为两档，轻按和重按。

在“手动模式”的时候，轻按按钮，按下“电源键”给机械臂上电，但不能松开背部按钮，松开和重按背部按钮都会导致机械臂断电；在“自动模式”的时候，轻按按钮，按下“电源键”给机械臂上电，“自动模式”下不需要长按背部按钮。

3. 手动模式与自动模式

按下“模式切换键”选择“自动模式”和“手动模式”。

在“自动模式”下，不需要长按背部按钮，但也不能通过手柄移动机械臂，在正式加工模拟的时候使用；在“手动模式”下，需要长按背部按钮，松开或重按背部按钮都会导致机械臂断电，可以通过手柄控制机械臂，在调试模拟和取坐标点的时候使用。

4. 关节运动

图 2-21 所示，在“手动模式”下，点亮“Joint”和“Move Hold”，能通过右边六组按钮依次

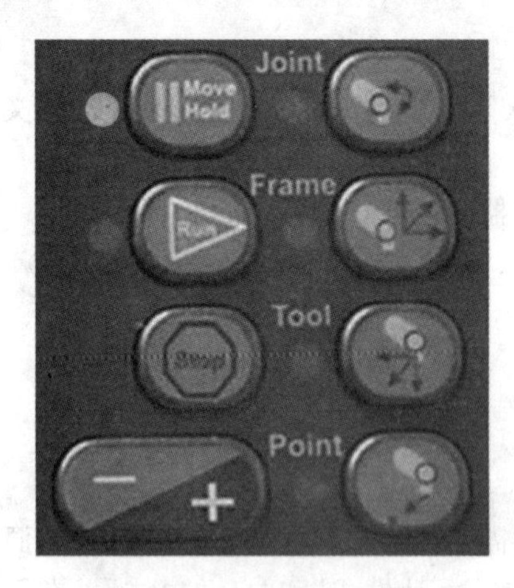

图 2-21 控制面板

控制机械臂的六个关节运动。

5. 基于世界坐标系运动

机械臂的六个关节单独运动的时候，是不可能走出一条直线的，它们走的都是围绕关节的圆弧，因此，为了走出直线，就需要多个关节联动。机械臂通过特定的算法实现了这一点，因此能进行坐标系运动。

在“手动模式”下，点亮“Frame”和“Move Hold”，能通过右边六组按钮控制坐标运动，分别控制 X、Y、Z 运动和绕 X、Y、Z 轴旋转运动。

6. 基于工件坐标系运动

工件坐标系看起来和世界坐标系没什么区别，但在工件坐标和世界坐标并不对齐的时候，它们的 X、Y、Z 运动是不一样的。

在“手动模式”下，点亮“Frame”和“Move Hold”，能通过右边六组按钮控制坐标运动，这时运动是按照工件坐标系运动的。

7. 加工程序的导入

在编辑好加工刀路文件后，在计算机上通过 FTP 将文件上传给机械臂，然后在机械臂上选择对应的加工程序进行加工或模拟。

8. 毛坯固定与坐标选取

图 2-22 所示，将待加工工件用夹具固定在工作平台上。固定好后在计算机上通过控制软件将模式切换到“调试模式”，同时关闭“出光模式”，打开“红光”，并选择“中间位置”。然后通过手柄移动机械臂到加工原点、X 轴点、Y 轴点并进行记录，激光头距离加工表面大约 1 毫米。图 2-23 所示，将记录后得到的数据录入 RoboMaster 机械臂模拟软件中进行模拟。

图 2-22 固定工件

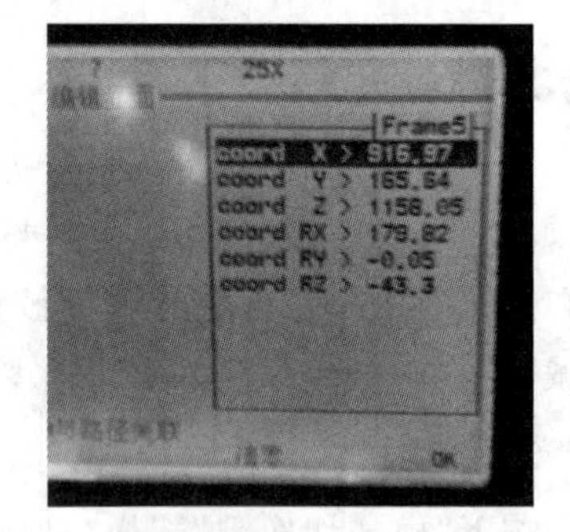

图 2-23 录入数据

2.4.3 加工程序的编制

1. Mastercam 软件简介

图 2-24 所示的为软件界面，Mastercam 是美国 CNC Software Inc. 开发的基于 PC 平台

的 CAD/CAM 软件。它集二维绘图、三维实体造型、曲面设计、体素拼合、数控编程、刀具路径模拟及真实感模拟等多种功能于一身，具有方便直观的几何造型。Mastercam 提供了设计零件外形所需的理想环境，利用其强大稳定的造型功能可设计出复杂的曲线、曲面零件。Mastercam 9.0 以上版本支持中文环境，而且价位适中，对广大的中小型企业来说是理想的选择，其是经济有效的全方位的软件系统，是工业界及学校广泛采用的 CAD/CAM 系统。

图 2-24　Mastercam 软件界面

2. 加工图纸的导入与坐标系的设定

将之前用 SolidWorks 绘制好的图纸保存为 .igs 格式，然后可以将其导入 Mastercam 软件中进行下一步处理。同时要在工件上设定原点和 X、Y 轴方向。

3. 使用 Moldplus 插件设置刀路

使用 Moldplus 插件标记出需要加工的路径，如图 2-25 所示，并按照合理的顺序对其进行分组和排序。其顺序如图 2-26 所示。

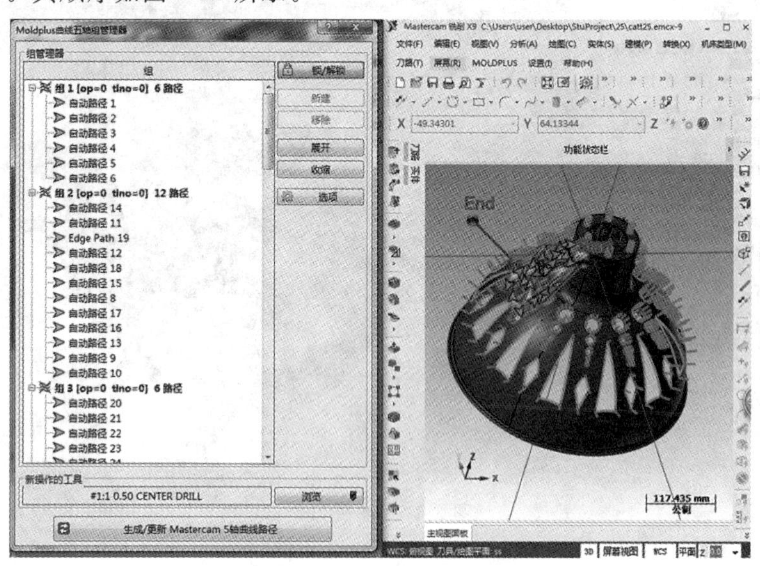

图 2-25　加工的路径

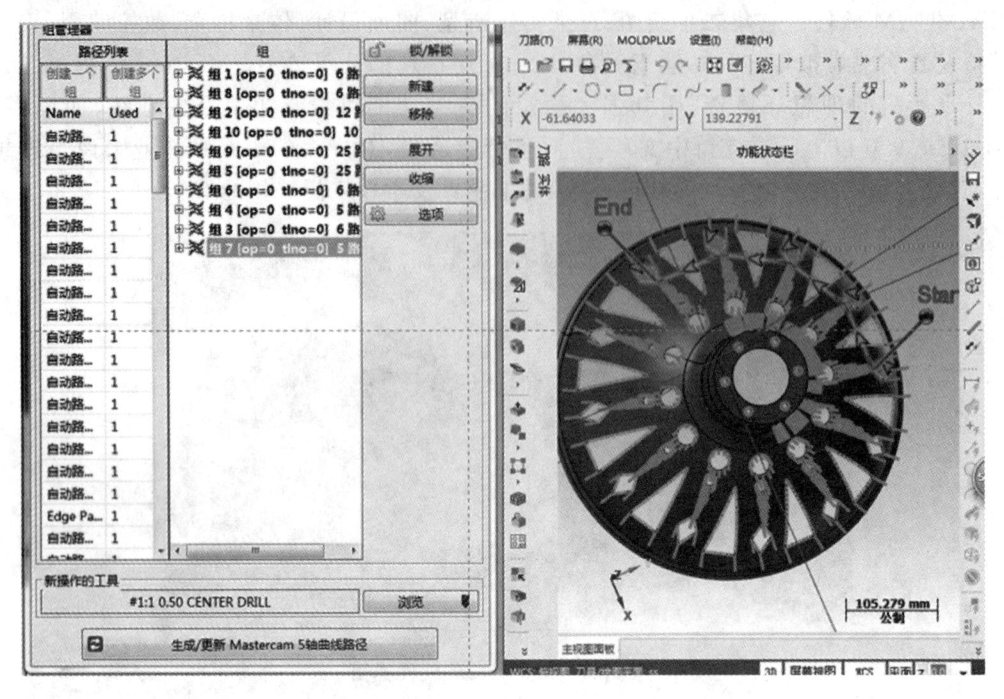

图 2-26　加工的路径顺序

最后使用 Moldplus 插件设置刀路，如图 2-27 所示。

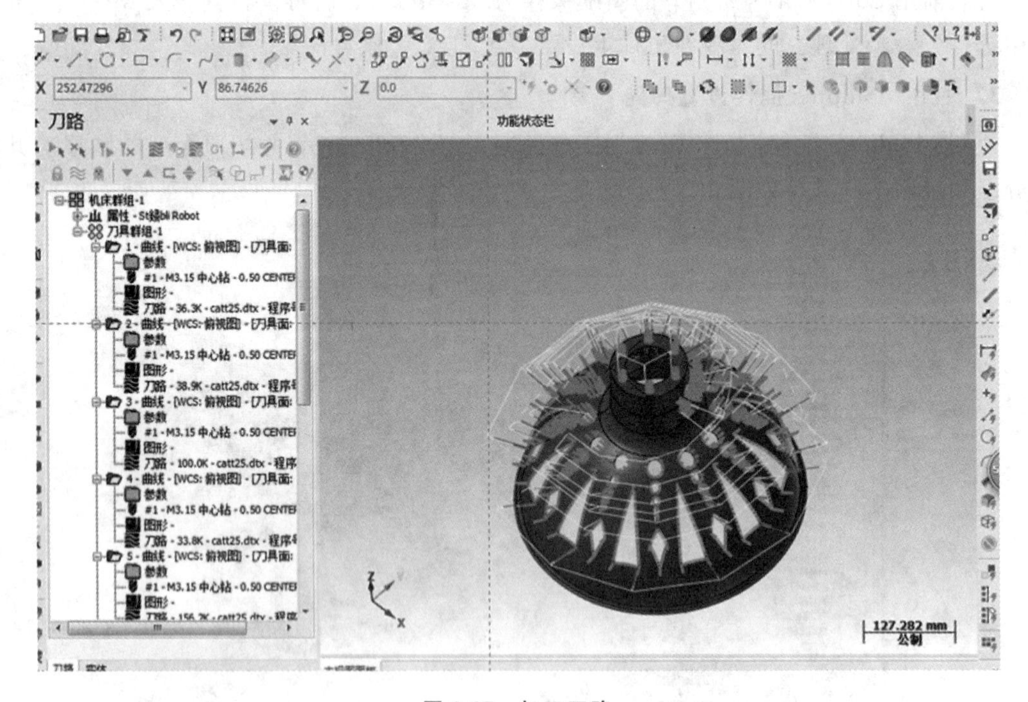

图 2-27　加工刀路

4. 设定参数

图 2-28 所示，要为每组路径设定参数，即设定进给速率、切削方式等项目。

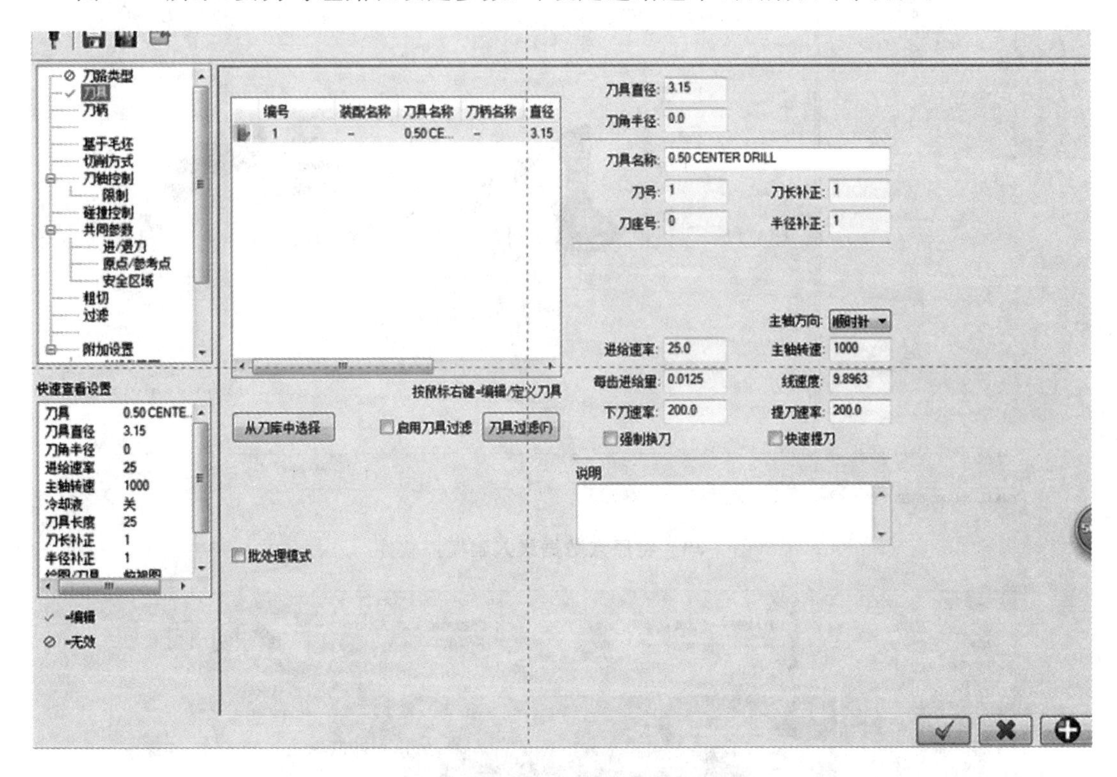

图 2-28 为路径设定参数

5. 计算加工路径

将参数设定好后，就可以进入 RobotMaster 进行模拟计算了。在进行计算之前，首先要对刀找原点。图 2-29 所示的为找到的原点。如图 2-30 所示，再将找到的原点数据录入到模拟软件中。然后进行模拟和加工，加工界面如图 2-31 所示。

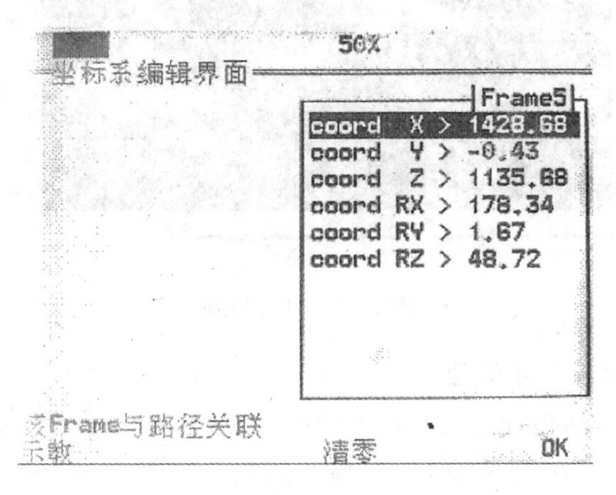

图 2-29 对刀找原点

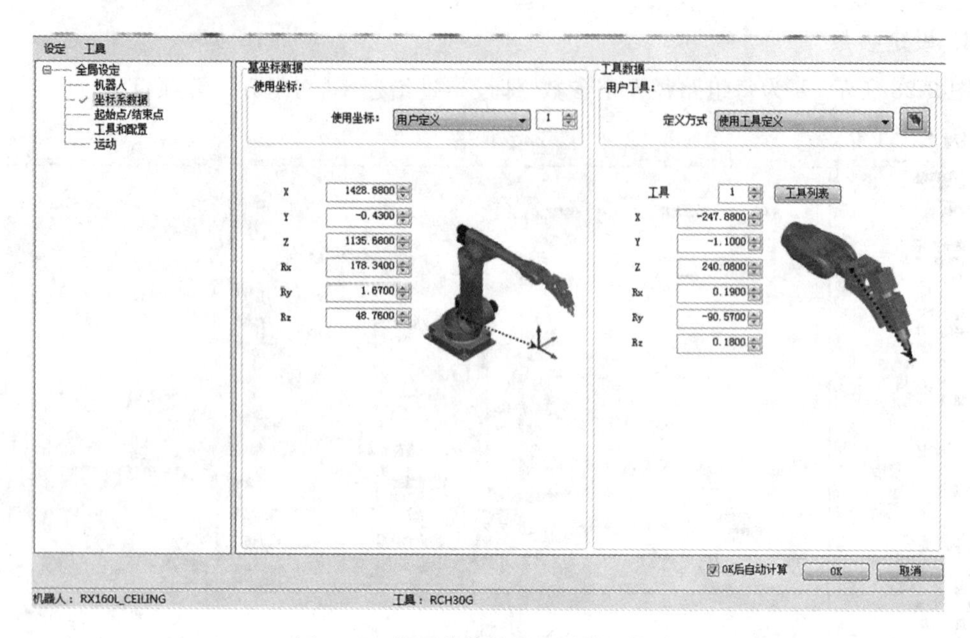

图 2-30　将原点数据录入到模拟软件

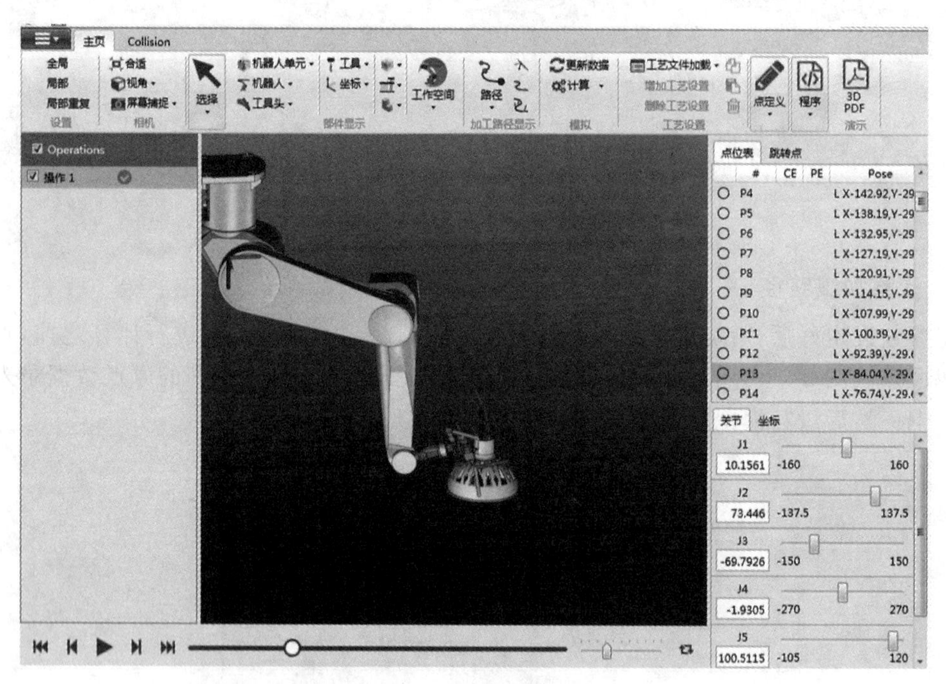

图 2-31　加工界面

6. 加工程序的导出与后续处理

在确定软件模拟没有问题之后，就可以导出加工程序了，如果遇到文档刀路比较多的情况，就要分多组进行加工，如图 2-32 所示，导出的加工程序的文件夹有 8 个。导出的加工程序要通过 FTP 上传到机械臂，让机械臂进行读取。

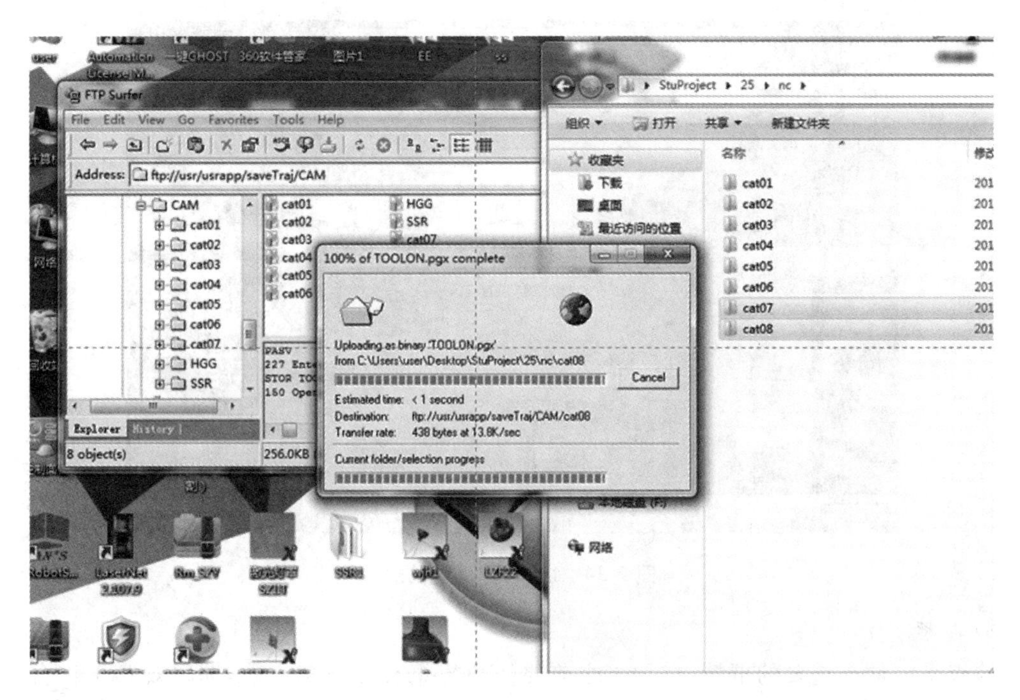

图 2-32　导出加工程序

2.4.4　加工设置

1）设置加工参数

导出加工程序并且完成上传后，就可以操作机械臂进行加工了，如图 2-33 所示，在控制软件中设置加工参数。

当前工艺材料/厚度：碳钢:2 mm

项目	CUT1	CUT2	CUT3	CUT4	Pierce5	Pierce6	打同轴
随动高度(1~6)	3	6	1	1	6	1	0
激光功率(W)	600	200	0	500	1	0	200
气压(5~80*0.1bar)	80	80	5	25	80	5	5
气体类型 1空2氧3高氮4低氮	1	1	2	2	1	1	1
脉冲频率 (1~5000HZ)	5000	2000	1	1	1000	1	5000
占空比(1-100%)	100	30	1	1	50	1	100
穿孔延时(MS)	10	10	0	0	1	0	500
随动控制 0=开 1=关	0	0	0	0	0	0	0

数字软键盘　1 2 3 4 5 6 7 8 9 0 . 回删　撤销　确认　保存

图 2-33　设置加工参数

图 2-34 所示，切换为“自动模式”进行下一步操作。

图 2-34 切换为“自动模式”

2）检查

检查是一件很重要的事情，在加工之前要仔细想想有无遗忘步骤，同时观察工作台上是否有异物，防止发生损失。

3）慢速空跑模拟

在手柄上通过黑白正负键设定速度，通常以 25%为宜。然后使用手动模式，长按背后的按键以及“Move Hold”进行模拟加工。此时，控制软件的“出光模式”是关闭的。在模拟的时候要注意观察会不会撞刀，会不会折光纤，气体是否正常开启，加工路径合不合理等。

4）正式加工

在模拟完成后，若未出现任何问题，便可以开始正式加工。

把控制软件调整到“出光模式”和“切割程序”，把手柄转换到“自动模式”，并且把速度调整到 100%，再把安全门关上，就能开始正式加工了。

2.4.5 实际加工样品图

以加工灯罩为例，其加工工序如图 2-35 至图 2-39 所示。

图 2-35 未加工原料

图 2-36 简单的几何图形切割

图 2-37　文字切割

图 2-38　加工过程

图 2-39　最终成品

2.5　激光切割工艺实训

激光切割工艺的相关参数有：激光输出功率、切割速度、焦点位置、辅助气体、喷嘴直径等。首先设计参数表格，为进行激光切割实验做准备，其次，按照表格设计的参量变化，逐步调整参数，进行激光切割工艺实验，主要参数如表 2-1 所示。

表 2-1　激光切割工艺主要参数

参　数	内　　容
激光输出功率	激光输出功率是直接影响激光切割设备价格的主要因素之一，它决定着加工材料的厚度。对于给定材料，在相同条件下，激光输出功率越高，其切割速度越快。激光输出功率过低将导致切割不透，而激光输出功率过高将导致单位时间内输入能量过多
切割速度	给定激光功率密度和材料，增加功率密度，可提高切割速度，切割速度同样与被切割材料的密度和厚度成反比。对于金属材料，当其他工艺变量保持不变时，激光切割速度可以有一个调节范围且能保持较满意的切割质量，这种调节范围在切割薄金属时显得比较大
焦点位置	激光束聚光后，光斑大小与透镜焦长成正比，光束经短焦长透镜聚焦后，光斑尺寸很小，焦点处功率密度很高，对材料切割很有利，但它的不利之处是焦深很短，调节余量很小，一般比较适用于高速切割薄工件。对于厚工件，由于长焦长透镜有较宽的焦深，只要具有足够高的功率密度，对它进行切割比较合适。由于焦点处的功率密度最高，在大多数情况下，切割时，焦点位置刚好处于工件表面，或稍在工件表面之下。确保焦点与工件相对位置恒定是获得稳定切割质量的重要条件之一，有时在透镜工作中因冷却不善而受热从而引起焦长变化，这就需要及时调整焦点位置

续表

参　数	内　容
辅助气体	辅助气体与激光光束同轴喷射,可保护透镜免受污染并吹走切割区底部溶渣。对于非金属和部分金属材料,使用压缩空气或惰性气体,可清除熔化和蒸发的材料,同时抑制切割区过度燃烧。大多数金属激光切割则使用活性气体(氧气),与灼热金属发生氧化放热反应,这部分附加热量可将切割速度提高1/3～1/2。当高速切割薄工件时,需要较高的气体压力防止切口背面粘渣,当工件厚度较大或切割速度较慢时,可以适当降低气体压力

表2-2和表2-3列出了切割参数的典型值,它们并不适用于具体的个案,但可以将其作为参考,从而找出正确的启动参数。

表2-2　不锈钢切割参数典型值

材料厚度/mm	焦距/inch	焦点位/mm	激光器功率/W	切割速度/(m/min)	气体压强 N_2/MPa	喷嘴直径 Φ/mm	喷嘴距板面距离/mm
1	5.0	−0.5	3000	28.0	1.0	1.5	0.5
2	5.0	−1.0	3000	8.0	1.0	1.5	0.5
3	5.0	−2.0	3000	4.8	1.5	1.5	0.5
4	7.5	−3.0	3000	3.8	1.8	2.0	0.7
5	7.5	−4.0	3000	2.2	2.0	2.0	0.7
6	10.0	−5.0	3000	2.0	2.0	2.2	0.7
8	12.5/15.0	−6.0	3000	1.3	2.0	3.0	0.7
10	15.0	−6.0	3000	0.6	2.0	3.0	0.7

表2-3　低碳钢切割参数典型值

材料厚度/mm	焦距/inch	焦点位/mm	激光器功率/W	切割速度/(m/min)	气体压强 O_2/MPa	喷嘴直径 Φ/mm	喷嘴距板面距离/mm
1	5.0	0.0	750	9.0	0.35	1.0	0.5
2	5.0	−0.5	800	7.0	0.3	1.0	1.0
3	5.0	−0.5	800	4.0	0.3	1.0	1.0
4	7.5	2.0	3000	4.2	0.07	1.0	1.0
6	7.5	2.0	3000	3.3	0.07	1.2	1.0
8	7.5	2.0	3000	2.3	0.07	1.5	1.0
10	7.5	2.0	3000	1.8	0.07	1.5	1.0
12	7.5	2.0	3000	1.5	0.07	1.5	1.0
15	7.5	2.0	3000	1.1	0.07	2.0	1.0
20	7.5	2.5	3000	0.7	0.07	2.4	1.0

2.6 项目实施

(1) 激光切割设备的操作(开关机操作顺序及注意事项—加工工艺流程—分析激光切割可行性—产品切割软件操作—切割工艺参数调试—产品切割质量检验)。

(2) 切割图形的编程及处理。

(3) 激光切割加工工艺实训,准备切割金属材料,如不锈钢片、碳钢材料等,并记录激光切割工艺参数,如表2-4所示。

表2-4 650W固体激光切割机的切割工艺参数

材质	厚度/mm	电流/A	脉宽/ms	频率/Hz	速度/(mm/min)	气体压力/MPa	效果(挂渣)	最小线宽/mm
不锈钢	1	120	0.45	500	3000	1.5(N_2)	无	0.12
不锈钢	2	150	0.85	200	1000	1.5(N_2)	无	0.13
不锈钢	3	150	0.85	200	500	1.5(N_2)	少量	0.13
不锈钢	4	180	1.40	80	200	1.5(N_2)	少量	0.14
碳钢	1	120	0.45	500	4500	0.8(O_2)	无	0.10
碳钢	2	150	0.85	200	1400	0.6(O_2)	无	0.12
碳钢	3	150	0.85	200	1100	0.5(O_2)	无	0.13
碳钢	4	150	0.90	180	700	0.3(O_2)	无	0.14
铝合金	1	150	0.80	200	3000	0.8(O_2)	无	0.11
铝合金	2	150	0.85	200	800	0.8(O_2)	少量	0.12
铝合金	3	180	1.40	80	300	0.8(O_2)	少量	0.13
铜合金	1	150	0.85	200	1000	0.8(O_2)	极少	0.11
铜合金	2	180	1.40	80	300	0.8(O_2)	少量	0.13

项目 3

紫外激光切割实训

3.1 项目任务要求与目标

（1）掌握紫外激光切割设备操作。

（2）掌握紫外激光切割工艺。

3.2 紫外激光切割机介绍

3.2.1 紫外激光切割机的基本组成

Hymson 紫外切割机如图 3-1 所示。紫外激光切割设备由紫外激光器、切割机主体、烟

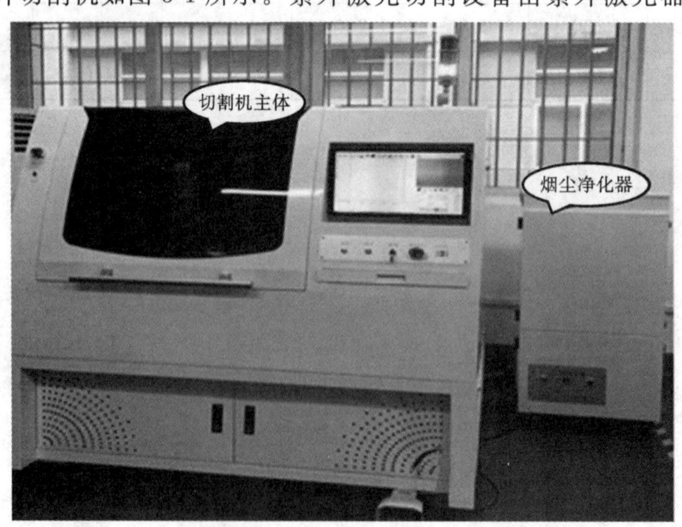

图 3-1 Hymson 紫外切割机

尘净化器、CCD 视觉系统、工作台、除尘系统等部分组成。紫外激光切割设备配置有人性化的中文操作系统，界面友好美观，功能强大多样，并且采用 CCD 视觉定位抓捕图形，可准确高效地切割任意复杂图形。

3.2.2 紫外切割机的操作

1. 开机

（1）先开紧急制动、钥匙开关，然后开电源。其主体操作按钮及其电源开关和钥匙开关分别如图 3-2 和图 3-3 所示。需要注意的是，如果不能正常通电，需要检查电源总开关、机台后的机台总开关、稳压器开关和急停按钮等。

图 3-2 切割机主体操作按钮

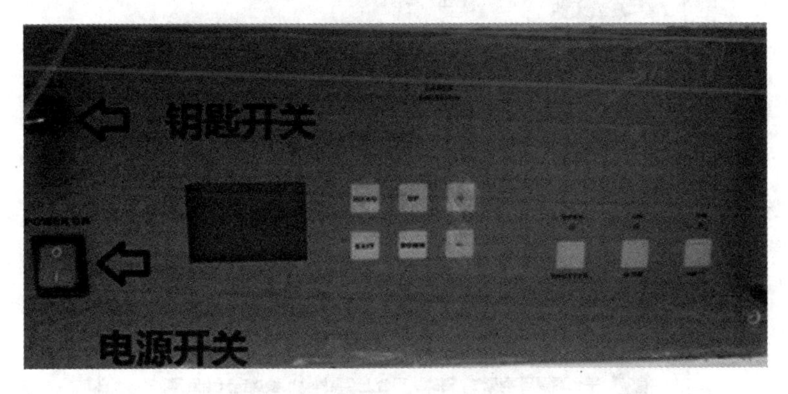

图 3-3 电源开关和钥匙开关

（2）计算机开机后，在机台右下方打开激光器电源开关，再打开钥匙开关。打开钥匙开关后要等 2 分钟左右进入开机画面，如图 3-4 所示。

（3）连续按两次“Menu”按钮，此时光标位于第一个“I SET”选项处，设置初始电流，按激光器控制箱上的“＋”键将电流调到 43(不得超过该值，否则会对激光器寿命等产生影响)，再按“Exit”键退出，此时设备开启。

2. 开机后续操作

开机后，在工控机上进行以下操作。

1）开启软件

（1）开启 APT MicroCut 切割软件(该过程需要 1 分钟左右)，选择相应的用户登录软件(以“Proofer”权限进行讲解，如图 3-5 所示)。

（2）通电后第一次进入系统会在提示后进行强制回零操作，所以在出现相关的提示时请

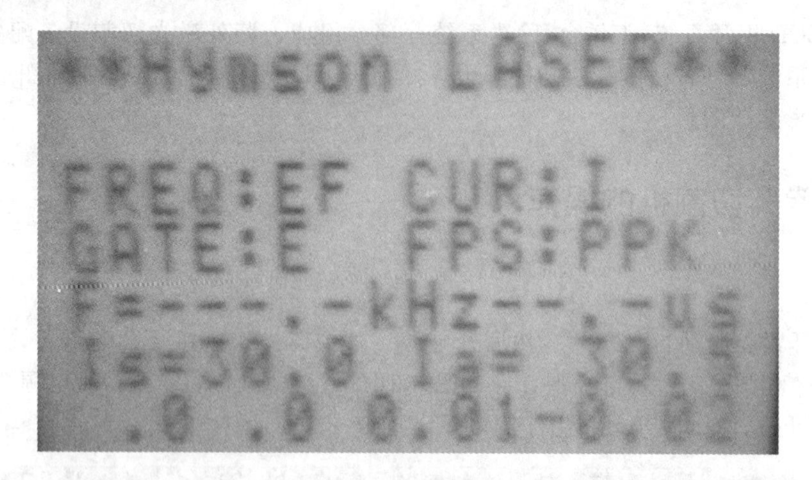

图 3-4 开机画面

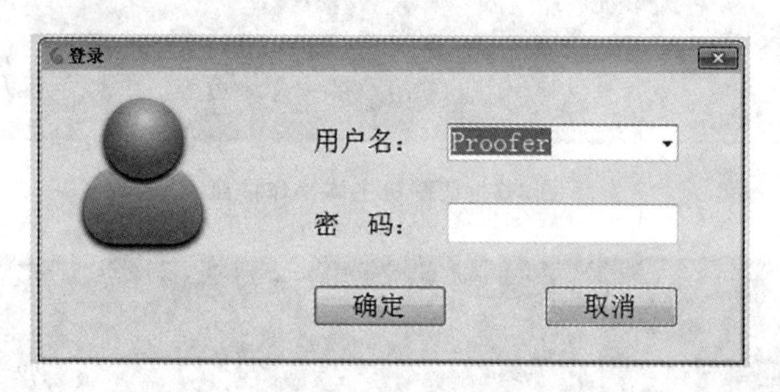

图 3-5 软件登录页面

先检查平台上是否有异物，以免影响平台的回零，并点击“确认”按钮完成回零动作，如图 3-6 所示。

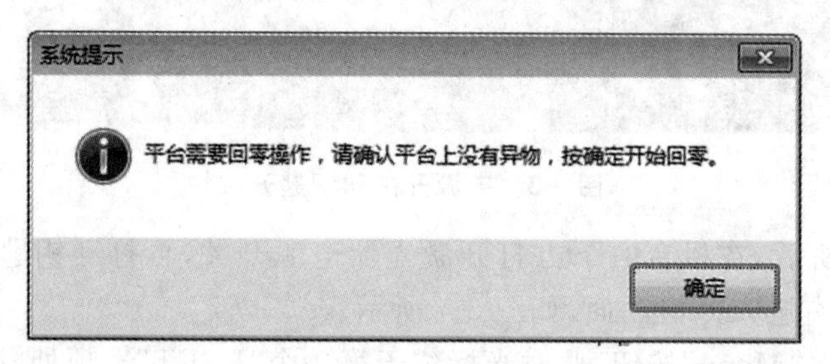

图 3-6 工作台回零请求界面

2）APT MicroCut 软件简介

(1) 打开软件，进入 Proofer 账户后，用户将看到如图 3-7 所示的界面，即为 APT MicroCut 软件操作主界面。

(2) 图 3-7 所示，APT MicroCut 软件操作主界面上有菜单栏、工具栏、图档工具栏、图档显示区、CCD 显像区及对应的工具栏、平台控制面板及对位设置面板、图层参数面板、切割选项面板、阵列设置面板、状态栏等。

软件操作快捷键介绍如下。

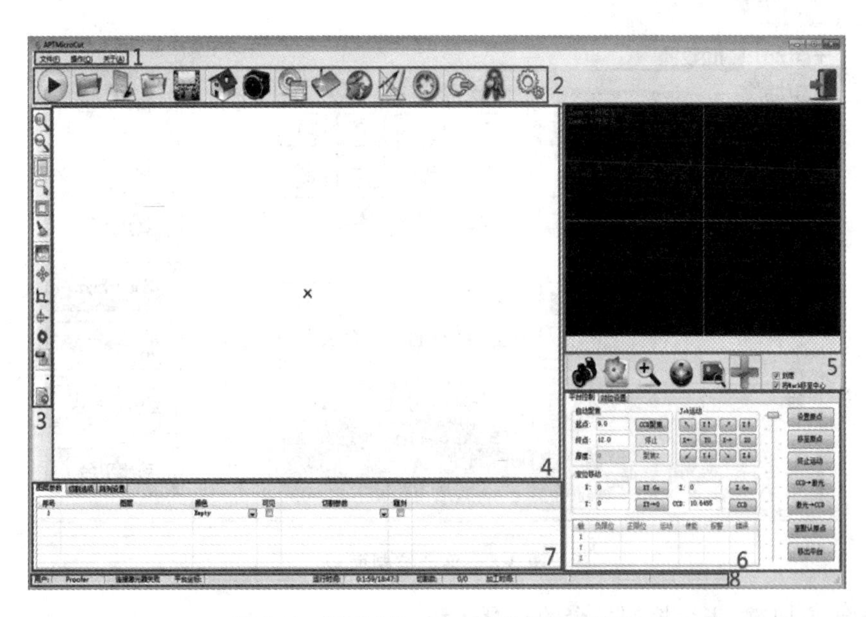

图 3-7 APT MicroCut 软件操作主界面

① 点击“操作”菜单，在下拉菜单上对应各功能项右边有相应的快捷键显示，当输入焦点在主窗体上时有效。

- F3：表示抽风吸附
- F4：表示显示切割参数窗体
- F5：表示开始/停止切割
- F6：表示 Mark 自动对位
- Ctrl＋H：表示回零
- Ctrl＋Shift＋O：表示设置原点
- Ctrl＋O：表示移至原点
- Ctrl＋A：表示图档进入显示模式
- Ctrl＋S：表示图档进入选择模式
- Ctrl＋D：表示清除选择
- F7：表示降低 CCD 光源的亮度
- F8：表示增加 CCD 光源的亮度
- F9：表示降低平滑移动的速度
- F10：表示增加平滑移动的速度

② Shift＋方向键：表示步进移动平台，可以在各个界面下都有效。

③ Ctrl＋方向键：表示平滑移动平台，当输入焦点在平台控制面板上时有效。

3）工作平台的控制

在软件主界面右下角部分的平台控制面板上可进行平台的运动控制，如图 3-8 所示。

- Jog 运动：点击面板上的方向按钮，可以控制平台的平滑运动，速度可通过上下拖动滑块进行调节。

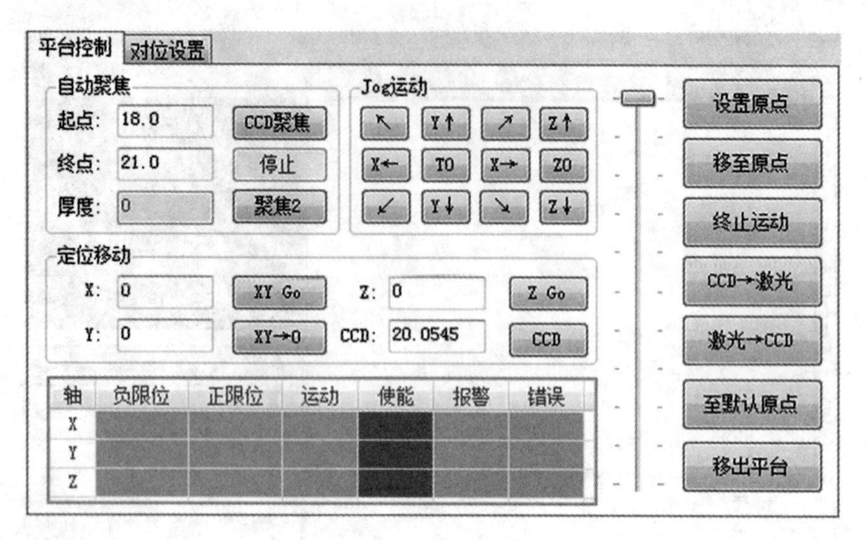

图 3-8 平台控制面板

- Ctrl+方向键:表示控制平台的平滑运动。
- Shift+方向键:表示控制平台的步进运动,步长可以通过上下拖动滑块进行调节。
- 滑块可以通过 F9、F10 调节:F9 降低;F10 升高。
- 定位移动:根据设置的原点,可以通过输入 X、Y 坐标准确定位平台(在打样测试时较常用到)。
- CCD→激光:将 CCD 移到激光所在的位置。
- 激光→CCD:将激光移到 CCD 所在的位置。
- 移出平台:将平台移出到方便取放工作的位置(该位置可以由设备管理员在菜单“设置”→“其他设置”中进行设置)。

4) 图档相关

(1) 图档的要求。

紫外激光切割机可以高效切割复杂的任意图形,但是对切割的图档有一定的要求,其主要要求如下。

① 格式:DXF、DWG、GBR、EZM 等,本软件特有的格式是 EZM。

② 图元数尽可能少,当图元超过 5000 个时会明显感觉到处理速度缓慢,可将不需要雕刻的图层删除。

③ 当异形孔合并成一个图元时,会少量增加切割时间,如果需要量产的图档,建议将异形孔合并(可用 AutoCAD 的 PE 命令处理)。

④ 将标靶放于一个命名为 Mark 的图层,当标靶数符合 2~4 个时,软件会自动将标靶坐标读入,其中,Mark 图元必须是单一图元,系统默认将该图元中心作为 Mark 的中心位置。

(2) 图档的打开。

① 操作界面菜单栏通过主界面工具栏(见图 3-9)的“打开”按钮打开图档,如果该图档是第一次被打开,则会弹出“程式信息”登记窗体。

② 在“程式信息”登记窗体输入相关的信息后,点击“确定”将这些信息保存到数据库中,

图 3-9 工具栏

以后可以通过“打开最近”的方式打开文件。

③ 如果打开的图档已在数据库中存档，则会询问是否导入存档的图档，如果选择“否”，则导入打开的图档(注意：如果导入打开的图档后，再选择保存的话，会替换已存档的图档)。

④ 通过“打开最近”的方式可以打开已存档的图档。

⑤ “打开最近”默认显示最近的 100 条记录，可通过部分或全部程式名来搜索切割程式。

5) 切割高度的确认

(1) 将 CCD 视野移到需要切割的面上(根据需要决定是否要打开平台吸附功能)，点击 Z 轴的升降按钮，以大致确认 CCD 拍摄的内容是在清晰的高度范围内。其控制界面如图 3-10 所示。

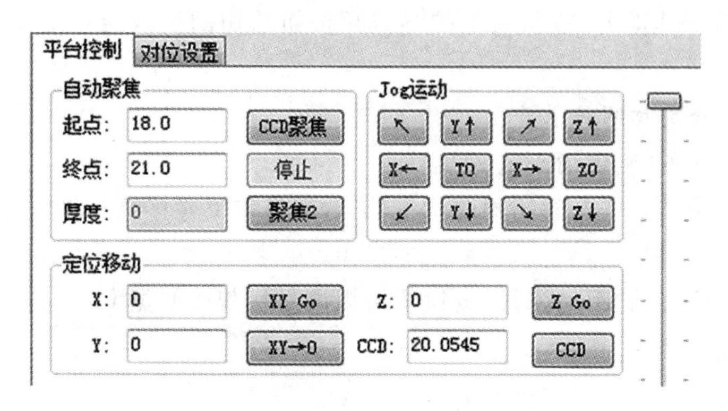

图 3-10 控制界面

(2) 根据此时的 Z 坐标，上下浮动 1 mm，在“自动聚焦”处输入其起点和终点。

(3) 点击“CCD 聚焦”，稍等片刻，CCD 就会自动找出成像最清晰的位置，该位置就是激光的加工高度。

(4) 附加功能：可以通过 CCD 聚焦功能求出工件的厚度。先在工件上聚焦，然后将 CCD 视野移到平台上，点击“聚焦 2”，求出的厚度就是该工件的厚度。

6) 切割范围的确定

(1) 点击主界面的“鼠标跟随”按钮，则该图标处会多出一个蓝色的框，让该按钮处于选择状态。

(2) 在主界面的图档显示区上点击鼠标，CCD 会移动到相应位置。

(3) 通过 CCD 查看点击鼠标的位置是否超出工件范围。

(4) 根据打开的图档，设置切割的原点，并确定切割范围在产品内，便可以开始切割。

7) 不用 Mark 对位的切割实现

(1) 打开图档，在图层参数面板中按图层设置切割参数，如果没有所需的切割参数，可以在切割参数界面中新建参数项。

(2) 在“切割选项”中,需要设置不用 Mark 对位的切割,并根据需求设置分图大小、切割完成后是否移出平台、切割前后是否自动开关抽风机、是否提高切边品质等。

(3) 根据打开的图档,设置切割的原点,并确定切割范围在产品内,便可以开始切割。

8) 需要 Mark 对位的切割实现

(1) 在图档中设置图层名为“Mark”的图层,当该图层上的图元个数为 2～4 个时,则读入图档时会自动识别为 Mark,同时设置好 Mark 信息(要求 Mark1 的坐标为(0,0))。

(2) 如果不能自动识别 Mark 信息,则可以在对位设置面板中设置 Mark 个数,然后点击对位的“CAD”按钮选取对应的图元作为 Mark。

(3) 设置完 Mark 信息后,找到加工件对应的 Mark1 位置作为加工原点,并进行 Mark 教导学习(参看后文中的“Mark 模板学习”)。

(4) 然后点击“自动对位”(或按快捷键 F6),检查是否能自动对 Mark 进行抓取,并确认缩放比与倾斜角度是否在合理范围内。

(5) 如果能对所有的 Mark 进行正常抓取,则可以勾选切割选项面板上的“Mark 对位”选项,开始切割(按快捷键 F5 或机台上的“启动”按钮),切割机就会自动抓取 Mark 对位,然后进行切割。

9) 通过 CCD 查看切割效果

(1) 参照后文中的“确定切割范围”。

(2) 用鼠标点击需要查看的切割线位置,平台则将该位置移至 CCD 视野内,以查看切割效果。

(3) 通过工具栏上的“距离测量”按钮可以测量切割线的宽度。

10) 设置切割参数

(1) 切割参数是按图层进行设置的。

(2) 在工具栏上点击“切割参数”按钮,则可打开切割参数设置界面,如图 3-11 所示。

(3) 切割参数以参数名作为索引,且参数名不能重复。

(4) 添加参数:选中任意一个参数后,修改参数名,然后点击“添加”按钮,即完成参数的添加(注意:本软件不限制参数的条目数,所以可任意添加参数,如果新程式需要的切割参数与原有的不同,建议添加新的切割参数,否则会修改到其他已存档的程式参数)。

(5) 修改参数:选中需要修改的参数名,然后修改相应的参数,修改完成后点击“修改”按钮。

(6) 删除参数:选中需要删除的参数名,然后点击“删除”按钮则可删除选择的参数(注意:除非确实不需要该参数,否则建议不要删除,以免破坏数据的完整性)。

(7) 切割参数可按多种方式排序。

11) 区域选择性切割的实现

(1) 点击图档区左边工具栏上的“选择模式”按钮,进行模式选择,然后用鼠标点选/框选需要切割的图元。

(2) 按住“Shift”键可以继续增加选择的图元。

(3) 切割时如果发现有选择的图元,则只切割选中部分。

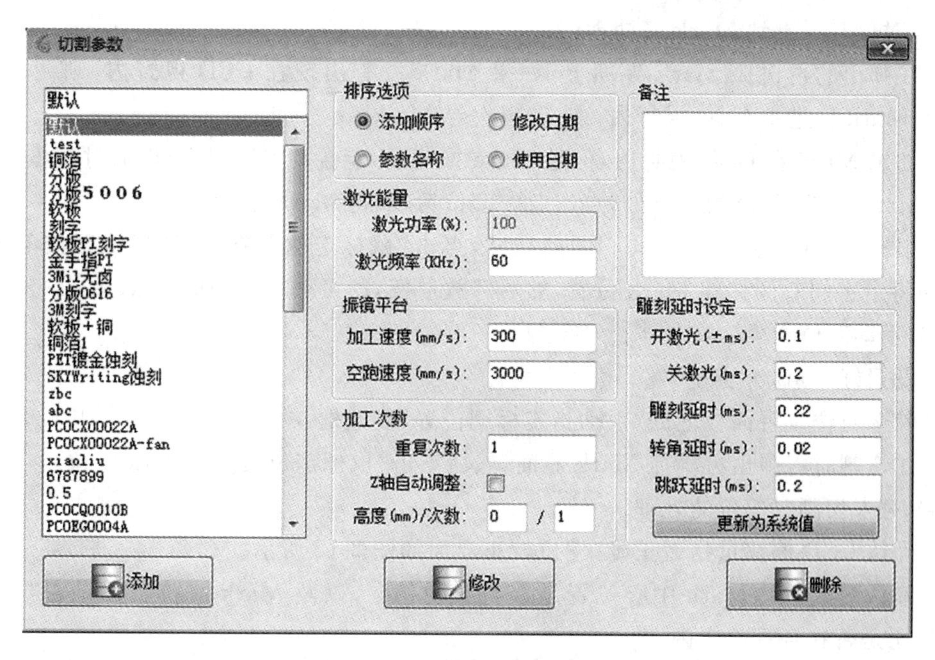

图 3-11 切割参数设置界面

(4) 可以用选择切割查看切割效果,如果对切割效果满意,则通过"反选"按钮切割剩余部分。

12) 其他

(1) Mark 模版学习。

① 将需要学习的标靶移到 CCD 视野内并完成聚焦使图像清晰可辨。

② 点击 CCD 显示区下的工具栏上的"标靶学习"按钮,出现模板学习窗口。

③ 在"Step 1"面板上指定一标靶索引,本软件支持 0～15 号的标靶索引,即一共 16 个标靶模板(第 15 号标靶被振镜校正所占用,所以不可以对其进行更改)。

④ 标靶的种类有圆形、任意形、特定图样和矩形四种类型。

⑤ 标靶通常为圆形标靶,当鼠标进入 CCD 显示区时指针会变成十字形,在圆形 Mark 边缘上点击三个点则会根据这三个点生成一个圆形识别框。

⑥ 如果绿色的识别线不在 Mark 的边缘上,则切换到"Step 2"中,按照标靶的特征设置"由内往外"或"由外往内"的搜索方向和"由亮到暗"或"由暗到亮"的亮度变化,点击"套用"完成设置。

⑦ 如果绿色的识别线正好在 Mark 的边缘上,则直接切换到"Step 3"中,输入"相似度"的百分比值(75%～90%为佳),点击"教导完成"即可完成标靶的学习。

⑧ 如果标靶形状不是圆形,可以通过特定图样设定标靶,在"Step 1"中选定标靶索引,然后设置寻找个数。

在 CCD 界面中会显示一大一小两个方框,将大框拉到最大,确定寻标靶范围,同时移动小框使其中间的十字叉丝位于标靶正中心,以确定寻标靶位置,然后在"Step 2"中点击完成教导即可。

(2) 对位时抓不到 Mark 的处理。

① 在弹出的再次抓 Mark 界面上，如果 Mark 没有出现在 CCD 视野内，则调出“导航CCD”将 Mark 移进主 CCD 视野内，点击“再次寻 Mark”。

② 如果 Mark 在 CCD 视野内，但是 Mark 损坏，不能自动抓取时，可以通过改步长，用方向键将 Mark 移至 CCD 的中心处，点击“捕获”按钮，取得 Mark 坐标。

③ 根据 Mark 的尺寸设置同心圆的尺寸，点击“鼠标定位”，在 CCD 成像区按下鼠标左键，手动将十字同心圆移到 Mark 位置，然后释放鼠标，即可获取 Mark 坐标。

(3) 手动对位。

① 设置好 Mark 信息。

② 勾选对位设置面板上的“手动指定标靶位置”复选框。

③ 在切割时将弹出再次抓 Mark 界面，然后点击“鼠标定位”进行 Mark 定位。

(4) 对未切割时偏位的处理。

① 确认 CCD 偏移量是否正确，偏位校正界面如图 3-12 所示。

② 确认图纸上的 Mark 中心位置是否与实物相同，以及 Mark 对位坐标是否与实物相同，缩放比是否在合理范围内。

③ 如果只有两个标靶，则可以通过增加标靶数，观察是否能改善性能(注意：只有两个标靶时，如果 X/Y 的缩放量不一致，则会出现问题)。

④ 如果偏移的位置固定，则需要修改图档，根据切割的位置进行相应的偏移(参看后文中的“图元偏移”)。

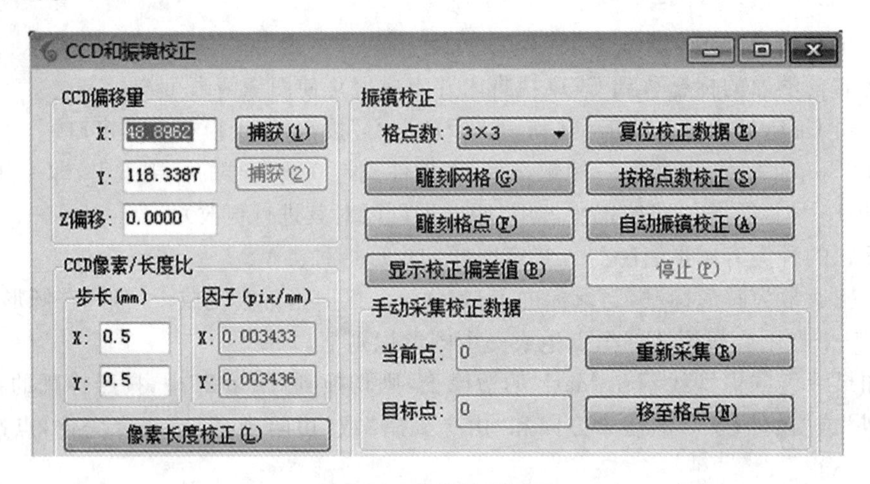

图 3-12 偏位校正界面

⑤ 做振镜校正。

(5) 图元偏移。

① 将 CCD 移至偏移的部位。

② 在图档区选中对应的图元。

③ 点击图档区的“偏移选中的图元”按钮，弹出“图元偏移”窗口，如图 3-13 所示。

④ 可以直接输入 X、Y 的偏移量，也可以点击“捕获实际切割点”，在 CCD 中捕获坐标，

然后再点击“捕获希望切割点”，则会求出两点的偏移量并填入 X、Y 偏移量中。

⑤ 点击“确定”则可以实现偏移。

⑥ 实现偏移后软件会询问“是否将修改保存到 DXF”，可以根据实际情况确定是否保存。

⑦ 此外，当实现偏移后，如果在工具栏中点击“保存”，则偏移数据会被保存到存档中。今后在“打开最近”中打开该档案时，会默认将偏移数据导入档案，所以在修改图档之后请先确定图档位置以及尺寸都符合要求，之后再进行保存。

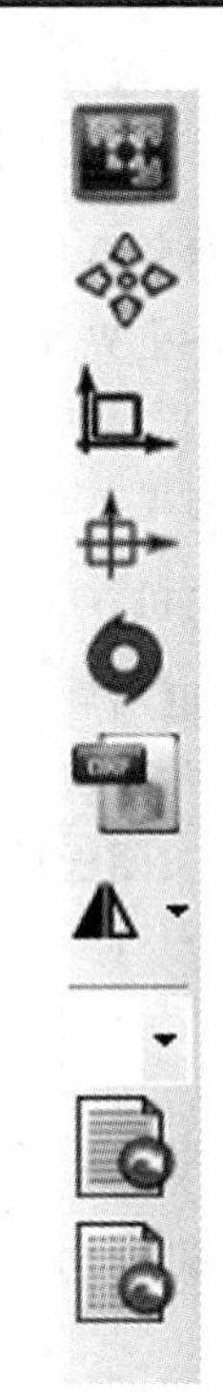

图 3-13　图元偏移窗口

(6) 陈列切割的实现。

① 在主界面左下角的阵列设置界面可进行相关设置，如图3-14 所示。

② 勾选“启用”复选框，走位方式分为横向双向（默认）、横向单向、纵向双向和纵向单向四种。

③ 设置阵列的行数、列数和相应的间距，即可以实现阵列切割。

④ 一般行间距大于列间距时，用横向走位更省时；列间距大于行间距时，用纵向走位更省时。

⑤ 行、列间距可以设置为负数。

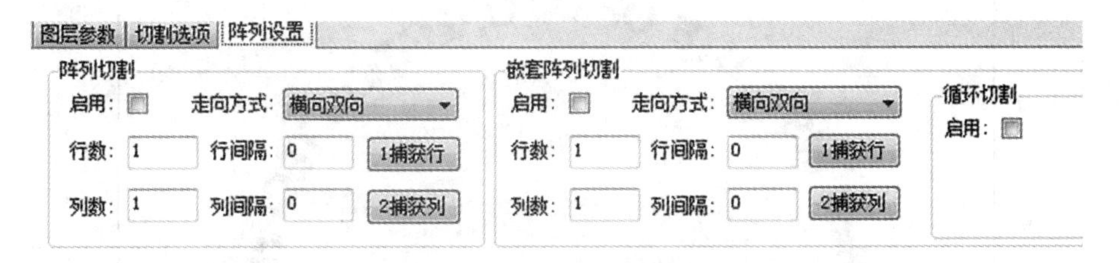

图 3-14　陈列切割设置界面

⑥ 阵列切割也支持 Mark 对位的切割和选择切割等。

⑦ 本软件还支持嵌套的阵列切割。

(7) 循环切割的实现。

① 通过对嵌套阵列的设置可以实现循环切割。

② 勾选循环切割的“启用”，将切割模式改为循环切割。

③ 在软件上点击“开始切割”按钮后，如果没有定制传感器触发，可以通过机台上的“启动”按钮触发切割。

④ 如果有定制传感器，则可以通过定制的治具在上下料时自动触发切割。

(8) CCD 偏移量的设置。

① 设置管理员(Admin)登录系统，点击“设置”→“振镜校正”，进入振镜校正界面。

② 在平台上平放一块钢片或白纸，用 CCD 聚焦确定激光加工高度。

③ 设置好相应的“激光频率”和“点射时间”后，点击“点射”，再点击“捕获(1)”。

④ 通过导航 CCD 找到刚刚点射的点，让其出现在主 CCD 的视野内，然后再将该点移至主 CCD 的十字线交点中心上。点击振镜校正界面上的“捕获(2)”，即算出 CCD 偏移量。

⑤ 然后再找一个位置，在格点数上选择“3×3”，点击“雕刻网格”，再点击“捕获(1)”。

⑥ 在主界面上点击“CCD”→“激光”，将 CCD 的十字线移至雕刻网络的十字线中心上，然后点击振镜校正界面上的“捕获(2)”，以保证 CCD 偏移量的准确性。

⑦ 如果有切偏的情况，也可以通过步骤⑤和步骤⑥进行验证。

3. 关机

(1) 退出软件，依次关闭计算机、激光器钥匙开关、激光器电源开关。

(2) 关闭机台钥匙开关，按下紧急制动按钮。

(3) 关闭稳压器电源开关。

3.3 项目实施

(1) 设计切割图形，如图 3-15 所示。紫外激光剪纸图样采用 CAD 绘制.dxf 格式的文档。

图 3-15 设计切割图形

阵列图样如图 3-16 所示。

开机软件界面如图 3-17 所示。

文件导入界面如图 3-18 所示。

图 3-16　阵列图样

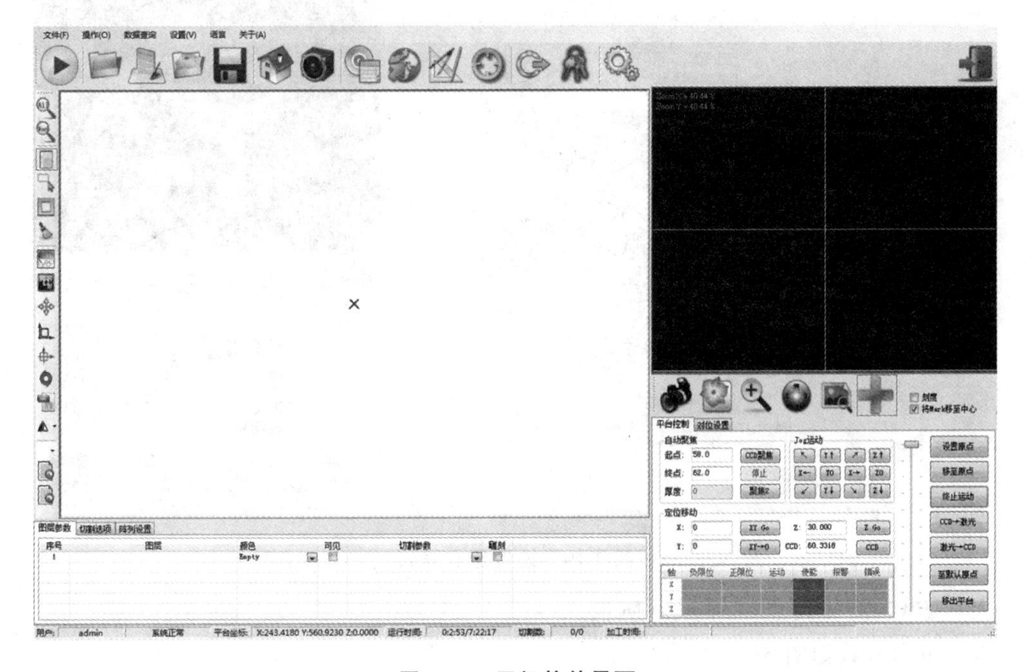

图 3-17　开机软件界面

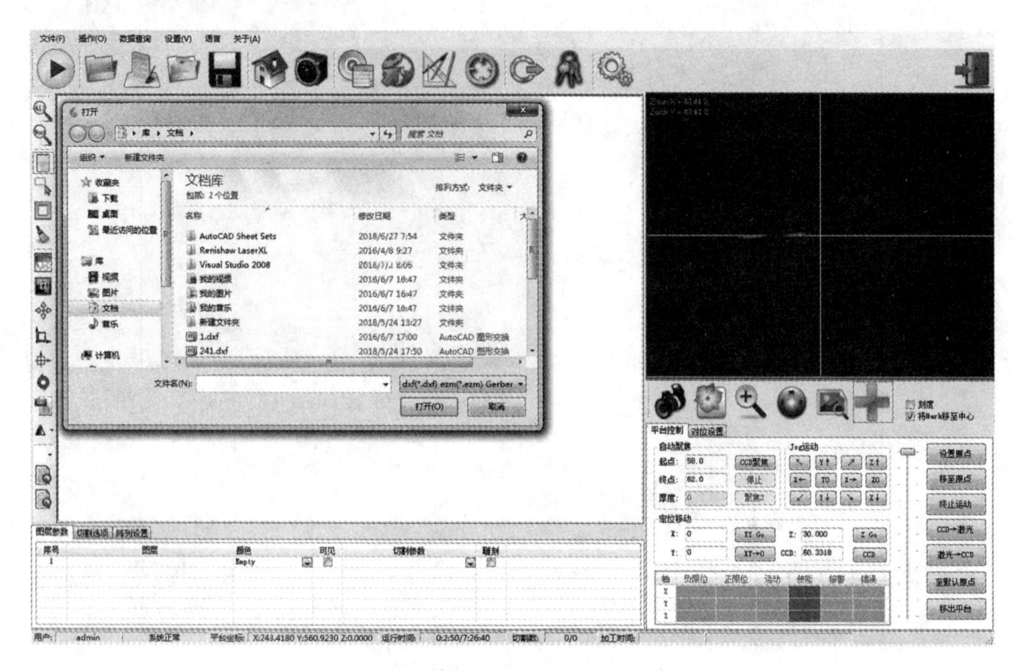

图 3-18　文件导入界面

设置原点界面如图 3-19 所示。

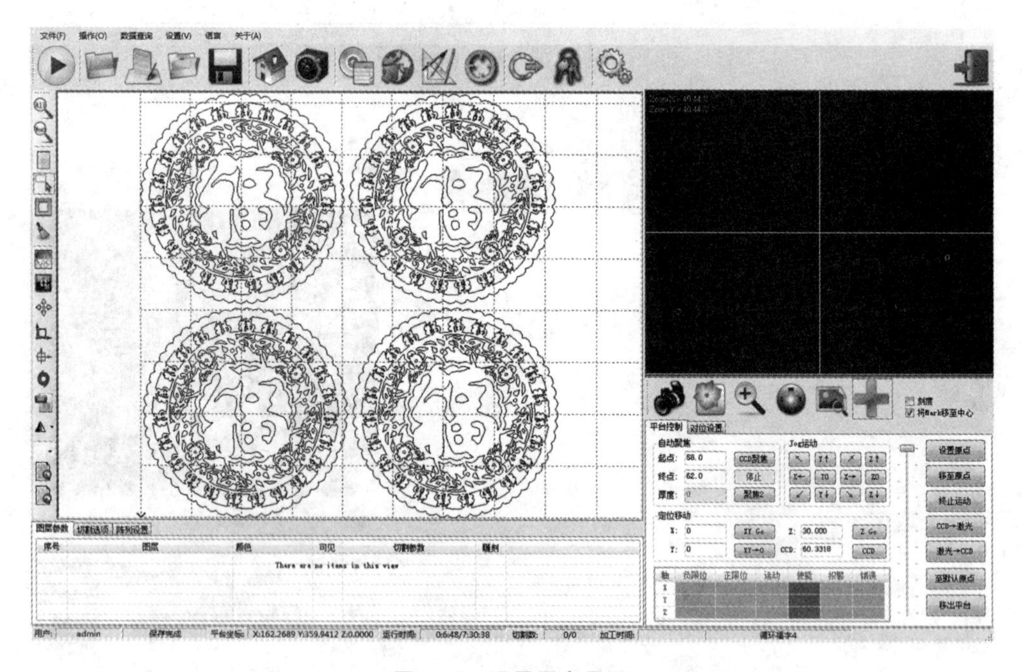

图 3-19　设置原点界面

CCD 聚焦、激光聚焦如图 3-20 所示。

选择切割参数如图 3-21 所示。

选择切割图层和区域，过程如图 3-22 至图 3-24 所示。

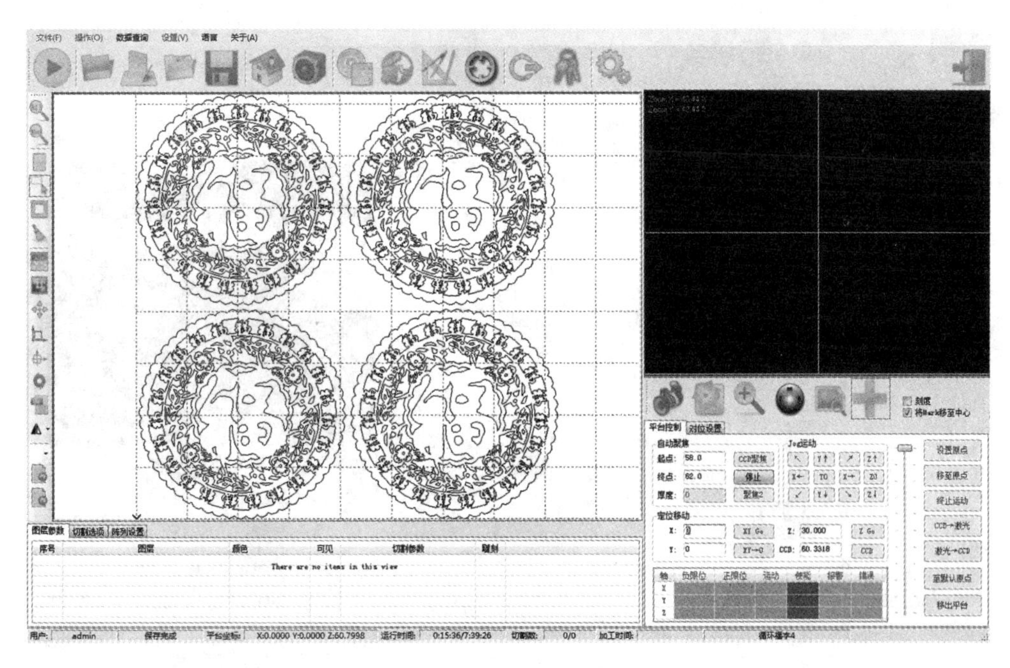

图 3-20　CCD 聚焦、激光聚焦

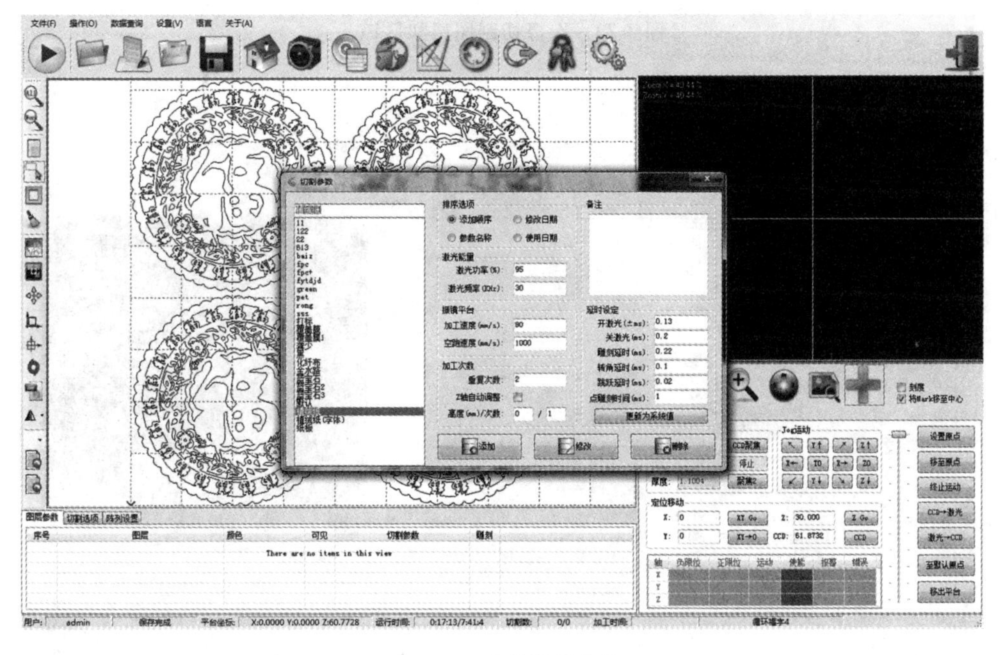

图 3-21　选择切割参数

切割加工过程如图 3-25 所示。

(2) 紫外激光切割成品如图 3-26 所示。

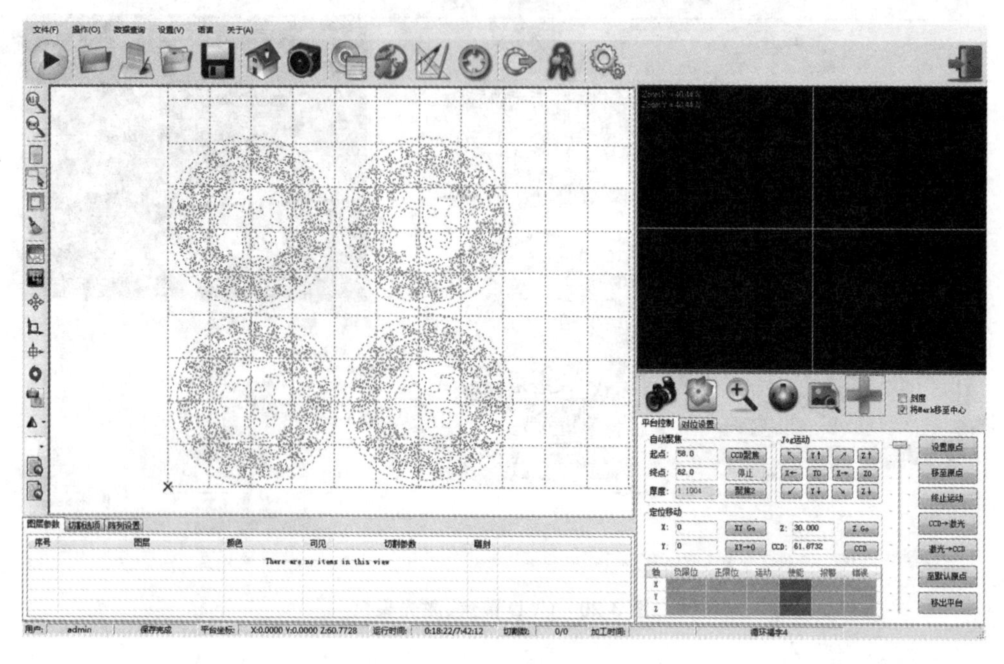

图 3-22 选择切割图层和区域 1

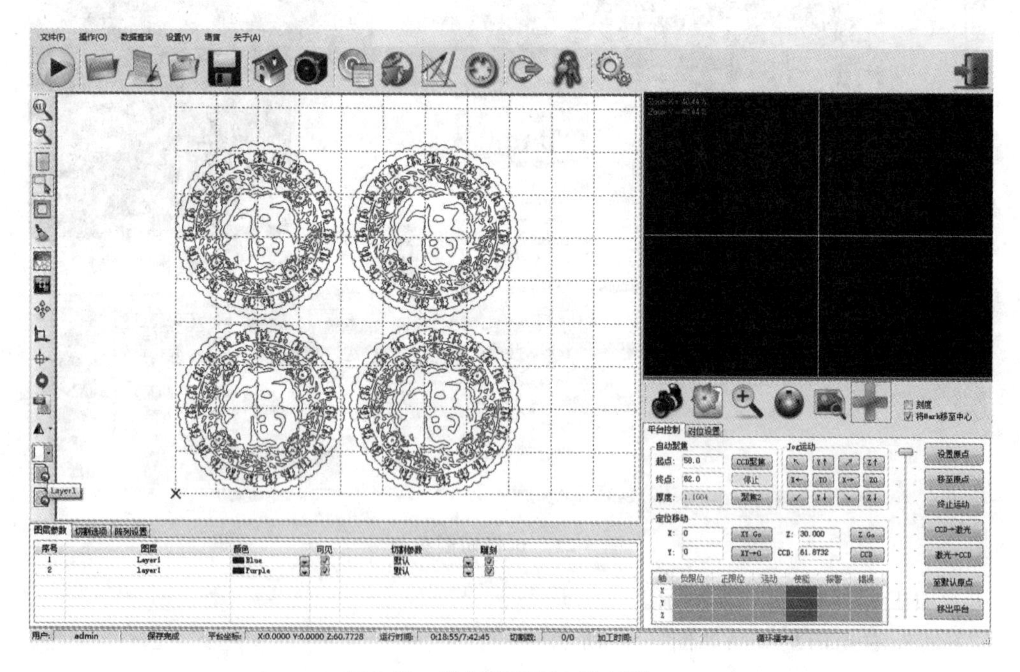

图 3-23 选择切割图层和区域 2

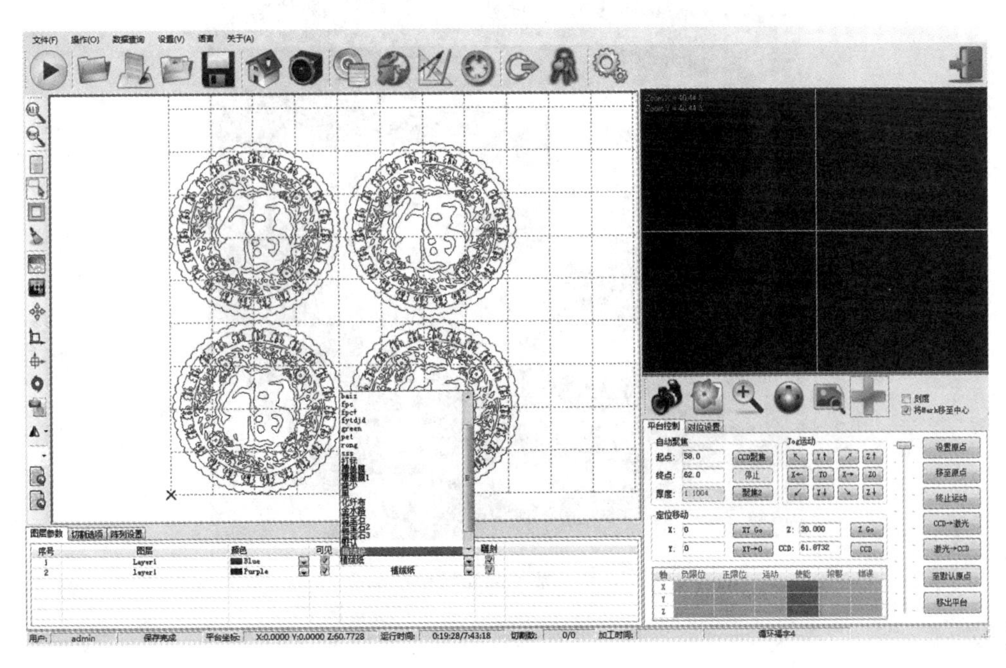

图 3-24 选择切割图层和区域 3

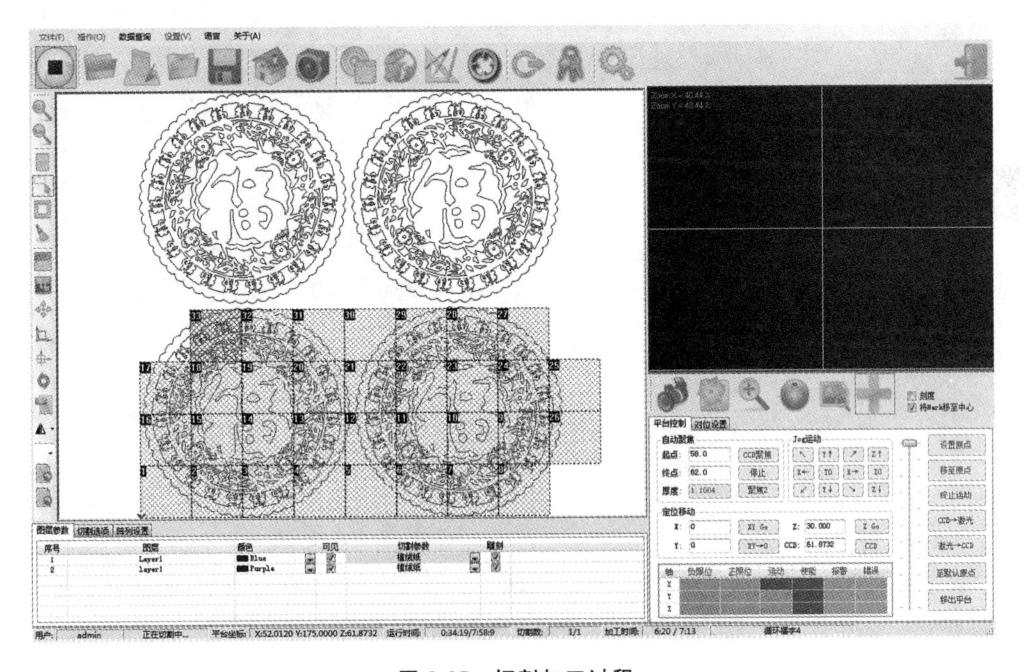

图 3-25 切割加工过程

图 3-26　紫外激光切割成品

项目 4

激光雕刻加工实训

4.1 项目任务要求与目标

(1) 掌握 CO_2 激光雕刻机的操作。

(2) 熟练非金属雕切割工艺。

4.2 激光雕刻机的组成

一般的激光雕刻机主要由雕刻用激光器、导光聚焦系统、控制系统及机械系统四部分组成,普通激光雕刻机结构框图如图 4-1 所示。

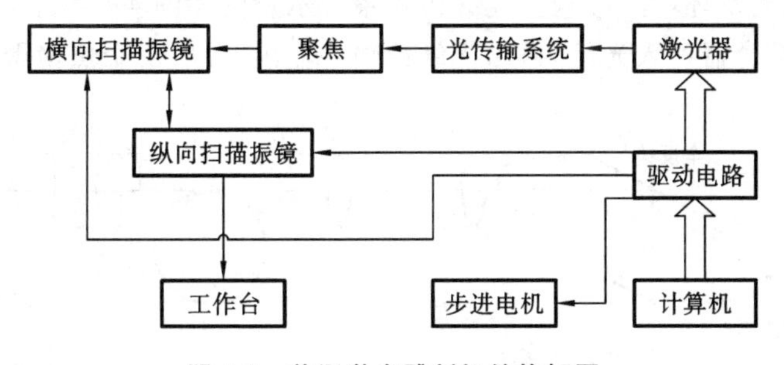

图 4-1 普通激光雕刻机结构框图

1. 雕刻用激光器

用于激光雕刻的激光器,主要有 CO_2 激光器、Nd: YAG 激光器和准分子激光器三种。

CO_2 激光器输出波长为 10600 nm 的激光,脉冲输出方式的输出能量为几焦耳,连续输出方式的输出功率为几十瓦到几千瓦。

Nd:YAG 激光器输出波长为 1064 nm 的激光,脉冲输出方式的输出能量为几焦耳到几十焦耳,连续输出方式的输出功率为几十瓦到几千瓦。

2. 导光聚焦系统

用于激光雕刻的导光聚焦系统一般分为固定式和移动式两种。固定式的结构简单，但是需要配备体积庞大的机床。

1）激光传输系统

常用的移动式导光聚焦系统有两种，一种是利用镜片反射原理制作出激光导光臂，另一种是把激光耦合进入光纤，利用光纤对激光进行传输。

（1）普通的导光臂主要是由光传输系统和光聚焦系统组成的，其光路如图 4-2 所示，理论上，只要有两块反射镜就可以实现立体操作，虽然增加反射镜会增大导光臂的使用范围和使用灵活性，但是也会增加成本，并且增大系统体积。光束通过导向元件可以灵活地移动，如图 4-3 所示，移动反射镜在光束射入反射镜前改变光束方向，就可以使光束以单坐标或双坐标导向。

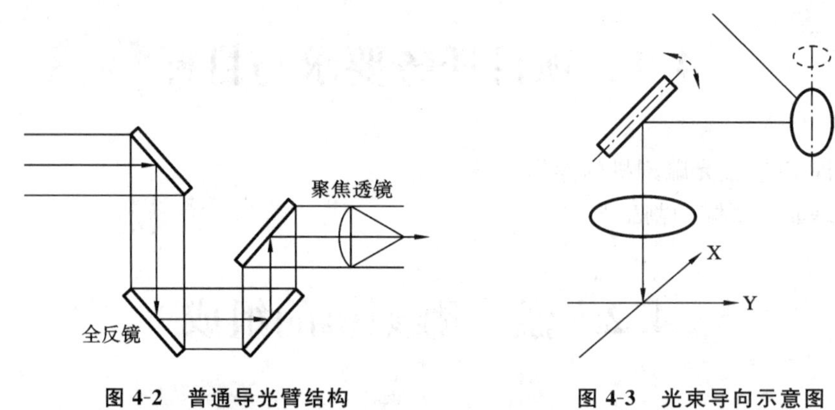

图 4-2 普通导光臂结构　　　图 4-3 光束导向示意图

（2）利用光纤传输激光实现激光雕刻不受雕刻形式和雕刻幅面的影响，从而减少了其他传导激光方式的振动及环境的影响。光纤传输系统示意图如图 4-4 所示，激光经全反镜和扩束镜后，通过光纤耦合器射入光纤，再由光纤传输并输出，最后由聚焦镜聚焦在工件表面上。

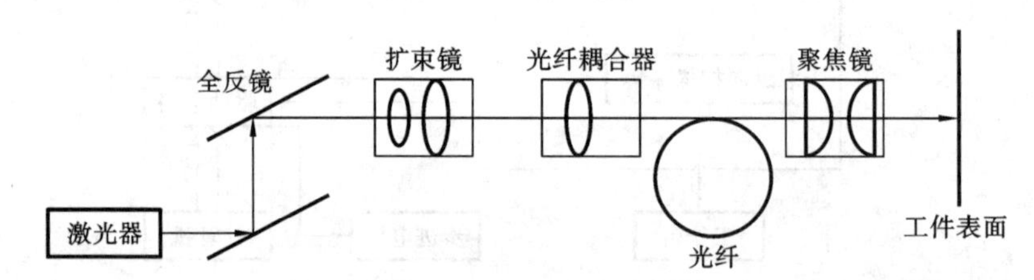

图 4-4 光纤传输系统示意图

应用于激光雕刻机的 Q 开关 Nd：YAG 激光的输出峰值功率一般在 60～300 kW 之间变化，发散角小于 6 mrad，因此激光的束腰位置和大小也在相应改变。如果光纤耦合透镜的焦距太短，景深太小，光纤输入端就会偏离最小束腰位置，致使激光不能完全耦合进入光纤而降低耦合效率，甚至烧坏边缘部件，污染光纤表面。

激光经光纤传输，在输出端射出的激光的发散角大约为 12°，所以要想获得较小的聚焦点，用单透镜是不可能实现的。而采用由两个焦距不同的平凸透镜组成的输出透镜系统可以得到理想的效果。

2）光聚焦系统

激光雕刻一般需要较高的激光能量，并且需要较小的光斑，所以激光束的聚焦性能是影响整个激光雕刻机性能的重要因素。在普通情况下，当激光功率密度为 $10^5 \sim 10^6$ W/cm^2 时，各种材料（包括陶瓷）会被熔化或汽化，而中等强度的激光束经过透镜聚焦后，在聚焦处得到的激光功率密度值，会远远大于雕刻所需要的激光能量密度值。因此，可以说激光是雕刻行业中强有力的工具。

3. 控制系统

激光雕刻机的图像处理和控制系统是由计算机来协调控制的。它通过计算机控制图像的摄取，并对图像进行必要的处理，同时向激光器的光闸、调Q开关发出信号，向振镜及步进电机发出控制信号，从而产生相应的动作。计算机在控制激光雕刻的过程中，要考虑图像的点数和灰度级、工作面的大小和形状、调Q开关的工作频率、振镜的扫描响应时间与频率、步进电机的步距等因素，从而给出最佳的控制方案。要求在软件和硬件的设计上使激光雕刻机具有一定的抗干扰性和容错性，软件应该在硬件允许的范围内具有设置各种工作参数的能力，以满足不同的雕刻要求，并且软件应该便于使用和操作。

4. 机械系统

1）主轴

(1) 电机经传动带带动主轴，这类电机的特点是力矩大，但是它的精度一般不是很理想，由于雕刻精度不高，其主要用于粗雕。

(2) 使用变频无刷电机，其转速很高且无须更换电刷，但是造价较高。

2）导轨

一般采用线性圆柱导轨和线性方形导轨。对于小幅面的激光雕刻普遍采用线性圆柱导轨，而对于大幅面的激光雕刻多采用线性方形导轨。

3）传动

(1) 丝杠驱动，丝杠分为普通螺纹丝杠和精密滚珠丝杠。普通螺纹丝杠，就是一般机床上常用的丝杠，其摩擦力大、易磨损，在高速运动时容易发生卡死现象。精密滚珠丝杠是激光雕刻机中最贵的机械零件，雕刻的精度很大程度上都取决于它，由于雕刻机一般都是双向驱动的，所以滚珠丝杠需要预紧，正反转交替进给才不会有间隙产生。精密滚珠丝杠的优点是精度高、阻力小、寿命长。

(2) 钢带驱动，使用合金材料制作而成，特性和钢丝类似，适用于轻型大幅面的激光雕刻机。

(3) 钢丝传动带，此类传动带多用于木工的激光雕刻机上，这种机器对精度的要求不高，但是对幅面的要求很高。

4.3 CO_2 激光雕刻实训系统与软件

激光雕刻系统通过计算机实现对激光数控机床的有效控制，根据用户的不同要求完成加工任务，广泛应用于非金属材料（如亚克力、皮革、布等）的切割加工。TY-CN-80 型 CO_2

激光雕刻/切割一体机专用软件是由深圳市睿达科技有限公司针对小幅面系列激光雕刻机而专门设计开发的应用软件——RDCAM激光雕刻切割嵌入式软件。该软件的人机界面友好，功能性强，操作使用简单方便。

4.3.1 RDCAM激光雕刻切割嵌入式软件的操作

1. 软件运行

嵌入软件可嵌入到CorelDraw、AutoCAD、CaDian软件中，软件的运行方法是类似的。

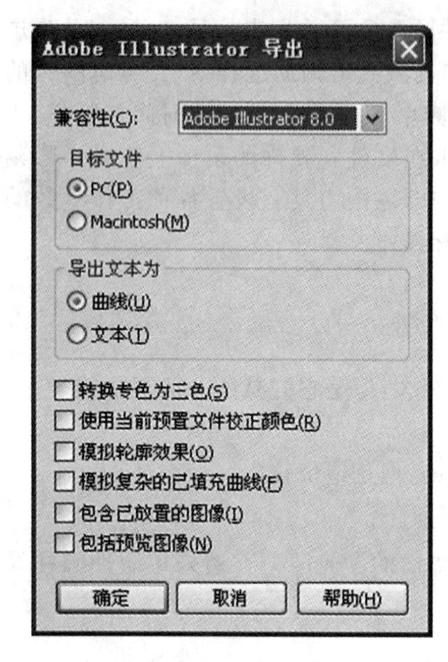

图4-5 系统配置图

1）运行CorelDraw软件

（1）打开CorelDraw软件并运行。

（2）导入图形到CorelDraw，或者绘制图形。

（3）点击工具条中的按钮，即可运行RDCAM软件。

（4）如运行的版本是CorelDrawX3以上版本，会出现如图4-5所示的对话框，请按图4-5进行配置。

2）运行AutoCAD软件

（1）打开AutoCAD软件并运行。

（2）导入图形到AutoCAD，或者绘制图形。

（3）点击工具条按钮或者菜单即可运行RDCAM软件。

2. 软件基本操作

1）操作主界面

启动软件后，就可以看到如图4-6所示的主界面。熟悉此主界面是使用该软件进行激光加工的基础。

- 图层参数：根据不同图层图形的加工工艺要求配置加工参数。
- 绘图区：显示待加工图形及用于简单图形的绘制。
- 图形属性栏：对图形基本属性进行操作，包含图形的位置、尺寸、缩放比例、加工序号。
- 图层工具栏：修改被选择的对象的颜色。
- 控制面板：显示与加工直接相关的操作。
- 基本操作区：显示常用基本操作。

2）文件菜单栏

文件菜单用于实现一般的文件操作，如新建、打开、保存文件等操作，如图4-7所示。

- 新建：用于新建一个空白工作空间来作图，其快捷键为Ctrl+N。
- 打开：用于打开一个保存在硬盘上的.ezd文件，其快捷键为Ctrl+O。
- 保存：以当前的文件名保存正在绘制的图形。
- 另存为：将当前绘制的图形保存为另外一个文件名。
- 退出：如果有未保存的文件，系统将会提示是否进行保存该文件。

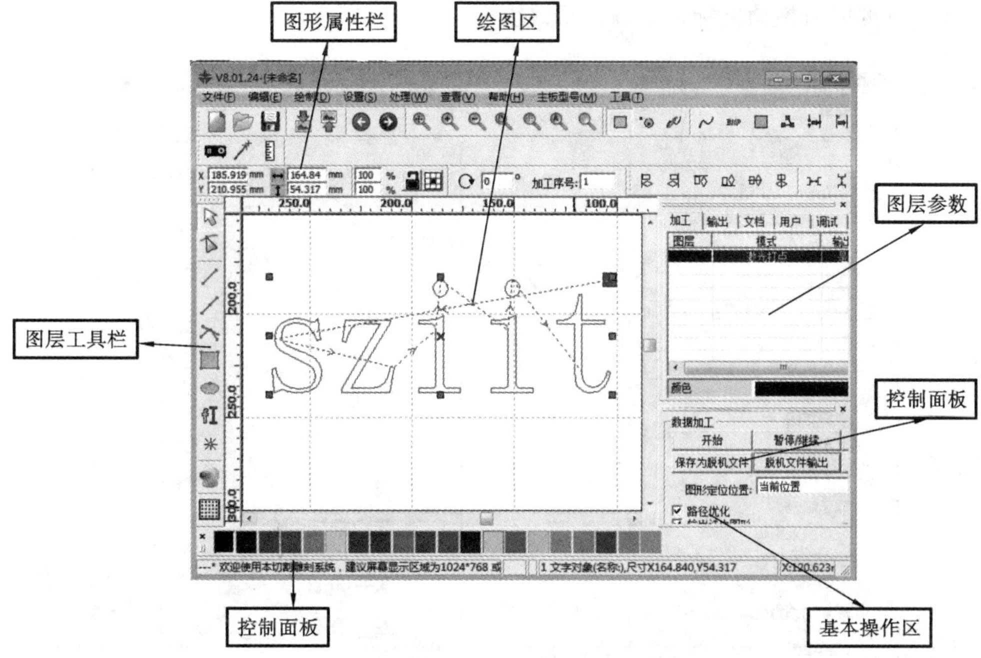

图 4-6 系统主界面图

3）编辑菜单栏

编辑菜单用于实现图形的编辑操作，如图 4-8 所示。

● 撤销/恢复：在进行图形编辑操作时，如果对当前的操作不满意，可以使用“撤销”功能取消当前的操作，以回到上一次操作的状态；撤销当前操作之后，可以使用“恢复”功能还原被取消的操作。这是进行编辑工作最常用的功能之一。

● 剪切/复制/粘贴：“剪切”功能将选择的图形对象删除，并拷贝到系统剪贴板中，然后用“粘贴”功能将剪贴板中的图形对象拷贝到当前图形中。“复制”功能将选择的图形对象拷贝到系统剪贴板中，同时保留原有的图形对象。

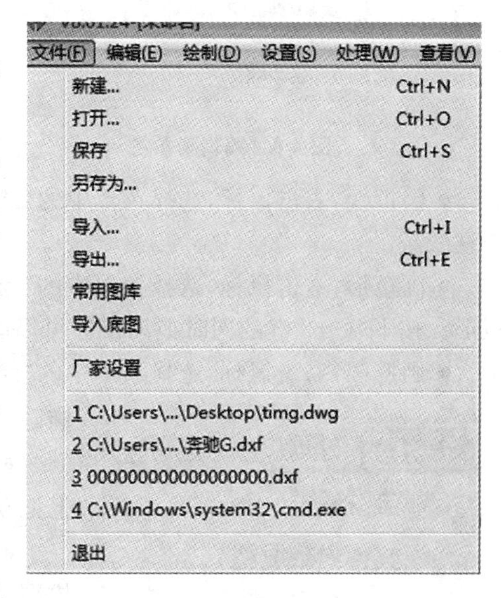

图 4-7 文件菜单栏

● 群组和解散群组：对图形进行编辑，有时需要将某一部分作为一个整体来进行操作（如对多行文字进行排版），其使用方法是，选择要进行群组的图形，然后右击，选择菜单中的“群组”/“解散群组”。

4）绘制菜单栏

绘制菜单用来绘制常用的图形，包括点、直线、曲线、多边形等。该菜单对应有工具栏，所有的操作都可以使用该工具栏上的按钮来进行，如图 4-9 所示。

● 画直线：右击鼠标，选择菜单中的“绘制直线”，在屏幕上拖动鼠标即可画出任意直线。

按下“Ctrl”键的同时拖动鼠标可以画水平线。

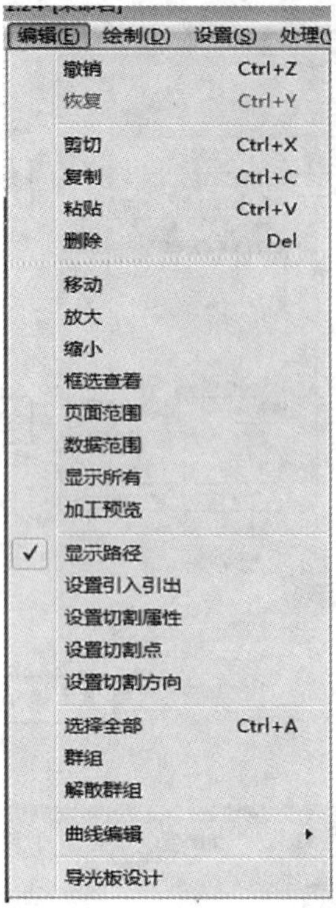

图 4-8 编辑菜单栏

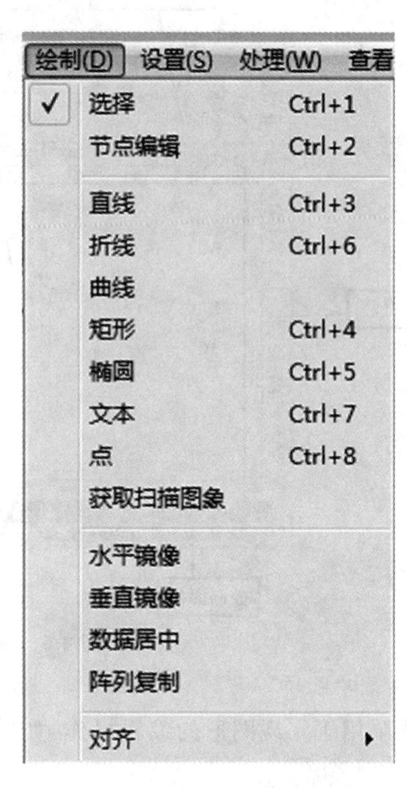

图 4-9 绘制菜单栏

● 画折线：右击鼠标，选择菜单中的“绘制折线”，在屏幕上拖动鼠标并点击鼠标即可画出任意线条。

● 画矩形：右击鼠标，选择菜单中的“绘制矩形”，在屏幕上拖动鼠标即可画出任意大小的矩形。按下“Ctrl”键的同时拖动鼠标可以画正方形。

● 画椭圆：右击鼠标，选择菜单中的“绘制椭圆”，在屏幕上拖动鼠标即可画出任意大小的椭圆。按下“Ctrl”键的同时拖动鼠标可以画正圆。

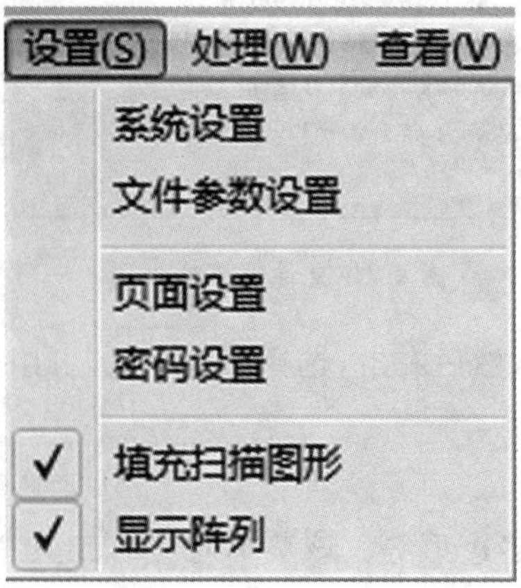

● 画点：右击鼠标，选择菜单中的“绘制点”，在屏幕上拖动鼠标，在任意位置点击鼠标，即可画出点。

● 获取扫描图象：右击鼠标，选择菜单中的“获取扫描图象”，即可获取该图象。

5）设置菜单栏

设置菜单用来进行系统设置，文件参数设置，页面设置等，如图 4-10 所示。

图 4-10 菜单栏设置界面

（1）系统设置界面如图 4-11 所示。

● 小圆限速：在加工工作中，系统自动判别加工对象是否为限速的小圆。然后根据圆的直径大小采用当前设置的限制速度来加工该圆。如果参数配置合适，将大

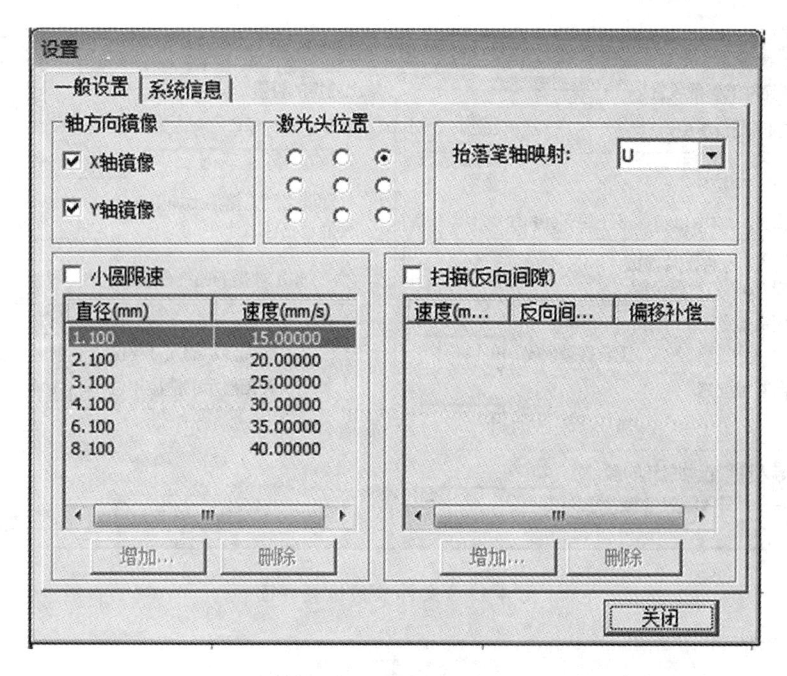

图 4-11 系统设置界面

大提高小圆的切割质量。可以点击“添加”、“删除”、“修改”等功能来设置该参数。小圆的速度规则为:小于小圆限速列表中最小半径的圆的速度,按最小半径的圆对应的速度进行输出;而大于限速列表中最大的圆的速度,只与图层速度相关。属于限速列表范围的,按列表设置输出速度,如果按限速要求所得到的速度大于图层参数中设置的图层速度,则按图层速度输出。

- 轴方向镜像:一般情况下是根据机器的实际位置来设置。默认的坐标系为笛卡儿坐标系,按习惯认为零点在左下方。若实际的机器零点在左上方,则 X 轴不需要镜像,而 Y 轴需要镜像;若实际机器零点在右上方,则 X 轴和 Y 轴均需要镜像。比较方便的方法是查看图形显示区的坐标系箭头所在的位置是否与机器实际的原点位置一致。如果不一致,则修改相应方向的镜向。如坐标系箭头出现在左上角,而机器原点在右上角,则只需要勾选“X 轴镜像”即可。
- 激光头位置:用来设置激光头相对于图形的位置。只需要观察图形显示区的绿色的点出现在图形的哪个位置就可以了。
- 扫描(反向间隙):激光双向扫描图形时,由于机器皮带拉伸的关系,可能会造成扫描后图形的边缘不平整,所以增加反向间隙来修正。特定的速度会产生特定的反向间隙,一般情况下,速度越大,反向间隙越大。

(2) 文件参数设置界面如图 4-12 所示。

- PLT 的绘图仪单位:根据原始. plt 文件的精度选择合适的导入单位。
- 闭合检查:根据闭合容差自动检查并闭合曲线。
- 合并相连线:根据合并容差自动连接曲线。
- 导入 DXF 文字信息:当用户只需要 DXF 内的图形信息,而不需要文件内的文字信息

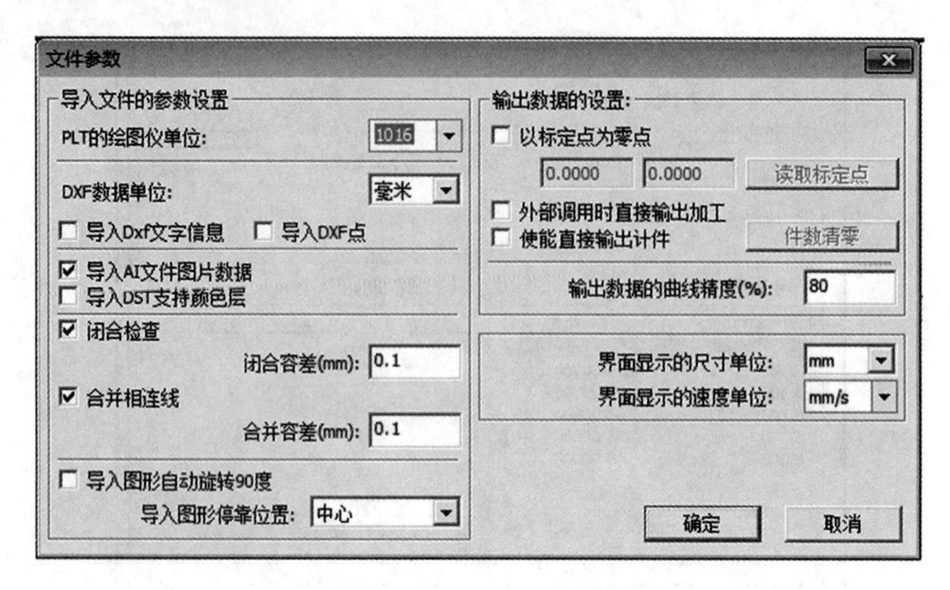

图 4-12 文件参数设置界面

时,可不勾选此项。

● 输出数据的曲线精度:曲线按何种精度输出加工数据。

● 界面显示的速度单位:速度单位有 mm/s、m/min 两种,可根据使用习惯选用,选定后界面上有关速度的参数的单位将随之变化。

(3) 页面设置界面如图 4-13 所示。

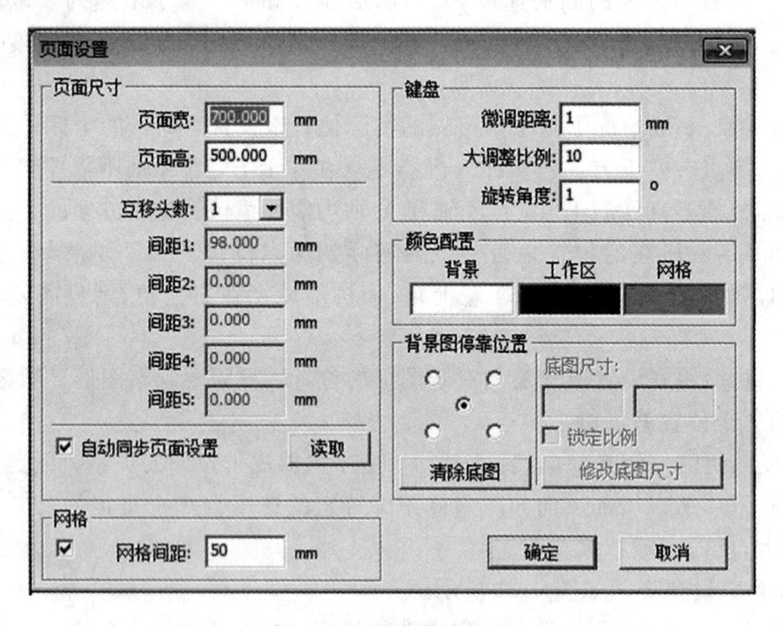

图 4-13 页面设置界面

6) 处理菜单栏

处理菜单用来处理曲线,实现路径优化、填充等功能,如图 4-14 所示。

● 曲线平滑：对于某些曲线精度较差的图形，曲线平滑可使图形更平滑，加工更顺畅。点击菜单栏命令“处理”→“曲线平滑”，出现对话框窗口。

● 曲线自动闭合：点击菜单栏命令“处理”→“曲线自动闭合”，出现设置窗口。当闭合容差时，即曲线起点和曲线终点的距离小于闭合容差，自动闭合该曲线；当强制闭合时，强制闭合所有被选择的曲线。

● 删除重线：点击菜单栏命令“处理”→“删除重线”，出现对话框。一般情况下不勾选“使能重叠容差”，必须在两直线的重合度较好时，才将重叠线删除。如果需要将一定误差范围内的重叠线都删除，则可勾选“使能重叠容差”，并设置重叠容差。重叠容差一般不要设置得过大，以免造成误删。

● 合并相连线：点击菜单栏命令“处理→“合并相连线”，出现设置对话框。软件将自动根据合并容差的大小来设置，在被选择的曲线中，将连接误差小于合并容差的曲线连成一条曲线。

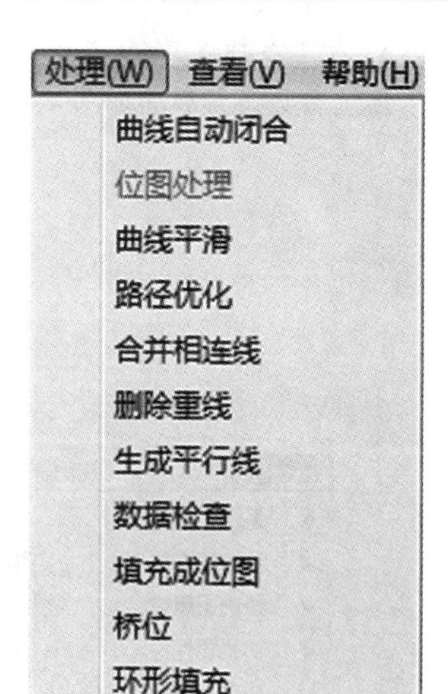

图 4-14 处理菜单栏

路径优化分为以下几项。

① 按原始路径或编辑路径：选择了按原始路径或编辑路径，则将图形按原始作图顺序输出到机器进行加工，而按图层顺序输出、由内到外等优化方法都将无效。一般情况下不选择此项，除非在输出数量非常大的图形时，可选择此项而不用等待软件算法处理的时间。

② 按图层顺序输出：即按图层列表从上到下排列的图层顺序，依次输出图层到机器进行加工。一般情况不选择（前面不打勾）此项。

③ 由内到外：如果闭合图形内部还有其他图形，则先切割完内部的所有图形后再切割该闭合图形。

④ 自动确定切割起点和方向：如果不勾选此项，则在做路径优化时，只调整图形加工的顺序，而切割起点和切割方向仍然按原始图形来加工。

⑤ 寻找切割点：使用该功能，会从闭合图形中寻找一个比较理想的点开始切割。对于特殊工艺，如切有机玻璃时，可选择此项；一般情况下不选择此项。

⑥ 间隙补偿优化：当机器存在间隙（如切割图形封口处错位），可勾选此项；一般情况下不选择此项。

⑦ 分块处理：对于不同的图形要设置不同的分块高度值，对于排列没有规则的图形，高度一般设置为 10～20 mm。分块方向可根据加工需要选择从上到下、从下到上、从左到右或从右到左。对于排列有规律的图形，如果要达到理想的切割顺序，必须设置好合适的高度值。一般取单行图形的高度作为分块高度。

7）查看菜单栏

查看菜单栏如图 4-15 所示。

8）加工参数设置

加工参数设置界面如图 4-16 所示。

图 4-15 查看菜单栏

图 4-16 加工参数设置界面

- 行列设置：行列设置便于对加工图形进行阵列加工。X 个数和 Y 个数，分别是阵列的列数和行数；X 间隔和 Y 间隔，分别是阵列的列间距和行间距。
- ：设置阵列的方向，可根据需要选择右下、左下、右上、左上。
- ：表示 X 间隔和 Y 间隔分别代表图形间的边距。如果希望 X 间隔和 Y 间隔代表的是阵列图形的中心间距，可切换到。
- X 间隔、Y 间隔：调整 X 间隔、Y 间隔使图形排版更为紧密，可点击绘图区，使图形处于非选中状态，然后通过键盘上的方向键来调整，并可滚动鼠标进行显示缩放，使间隔的调整过程更精确。
- 布满幅面设置：根据幅面的大小和当前用户设置的行列间距，来确定最多可以输出多少列（即 X 个数）和多少行（即 Y 个数）。点击“布满幅面设置”按钮，弹出如图 4-17 所示的界面。点击“确定”按钮后，软件可自动计算出整个幅面内可布置的行列数。

9）数据加工栏

数据加工界面用来加工图形数据，如图 4-18 所示。

（1）走边框、切边框

举例说明“走边框”的意义，图 4-19 所示的圆为实际的图形，矩形为该圆的最小外界矩形，点击“走边框”按钮后，激光头就会沿着该矩形轨迹运行一次。举例说明“切边框”的意义，图 4-19 所示的圆为实际的图形，矩形为该圆的最小外界矩形，点击“切边框”按钮后，激光头就会沿着该矩形切割。

图 4-17　布满幅面设置

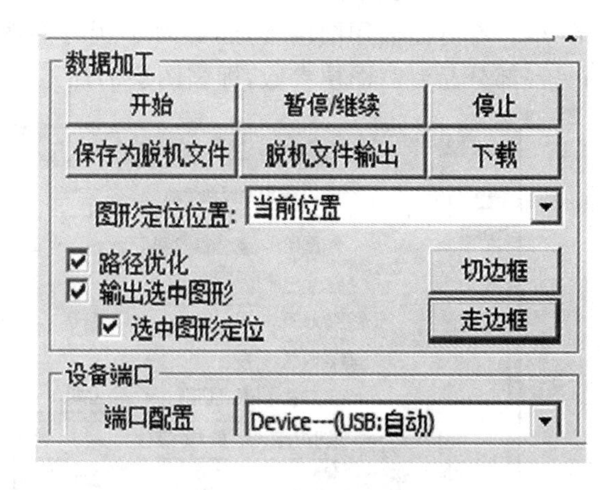

图 4-18　数据加工界面

(2) 开始、暂停/继续、停止、保存为脱机文件、脱机文件输出、下载

● 开始:表示把当前的图形输出到机器加工。其操作步骤为直接点击“开始”按钮。

● 暂停/继续:点击“暂停/继续”按钮,则停止正在加工的工作。再次点击,则机器继续工作。

● 停止:表示停止当前加工工作。

● 保存为脱机文件:表示把当前文件保存为.rd格式的脱机文件,用于U盘脱机加工(可拷贝到其他内存主板进行全脱机运行)。

● 脱机文件输出:表示输出.rd格式的脱机文件(保存脱机文件后,点击“脱机文件输出”,再选择.rd文件,确定后,文件输出到机器开始加工)。

● 下载:表示把经过软件处理后的图形加工数据保存到文件,然后将保存的文件下载到机器,这样就可以通过机器面板的按键直接启动该文件。

10) 图层设置与激光打孔

图层设置界面如图 4-20 所示。

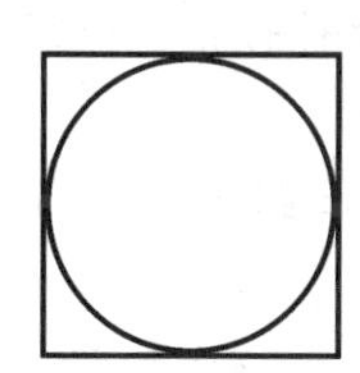

图 4-19　走边框、切边框示例

图 4-20　图层设置界面

在图层列表内双击要编辑的图层，会弹出图层参数对话框如图 4-21 所示。图层参数分两部分，一部分是公用图层参数，即对于所有的图层加工类型，这些参数均为有效的图层参数；另一部分是专有图层参数，即当图层的加工类型变化时，所对应的参数也会发生变化。

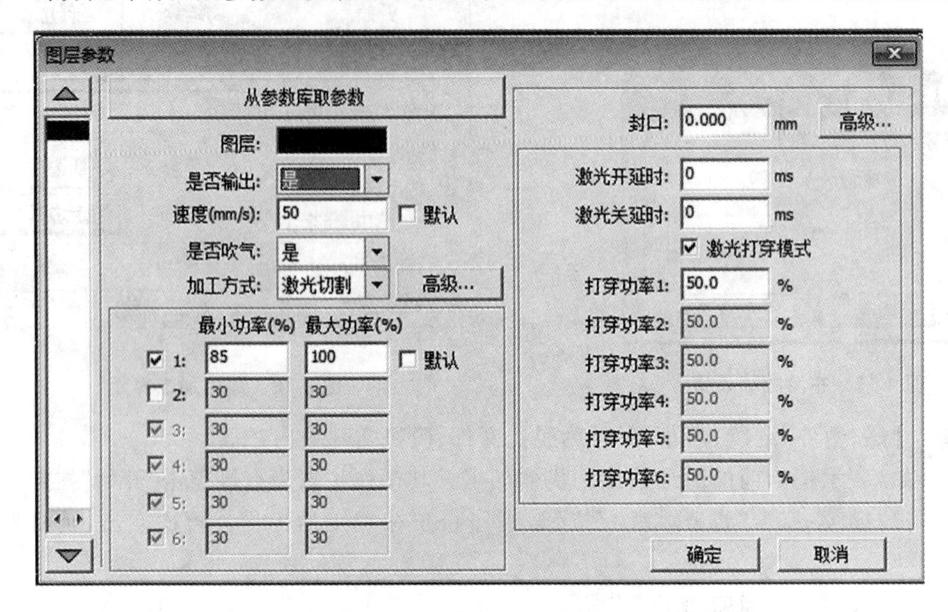

图 4-21 图层参数设置

(1) 公用图层参数设置(激光切割参数设置)。

● 图层：表示软件以图层来区分不同图形的加工工艺参数。扫描加工方式为多个处于同一图层的位图，将整体作为一幅图片输出，如果希望将各个位图单独输出，则可将位图分别放置到不同图层。

● 是否输出：其选择分为“是”和“否”。选择“是”，则对应的图层将输出加工；选择“否”，则不会输出加工。

● 速度：表示相应加工方式的加工速度。对切割加工而言，速度越慢，加工效果越好，轨迹越光滑；速度越快，加工效果越差，轨迹越不光滑。对扫描加工而言，速度越慢，同等能量下扫描深度越深，扫描痕迹越粗，扫描的分辨率也相应降低；速度越快，同等能量下扫描深度越浅，细节失真越严重。对打点加工而言，主要改变的是空移的速度，如果勾选“默认”，则实际速度由面板设置的速度来决定。

● 是否吹气：如果机器外接了风机，且风机已经使能，选“是”，则进行该图层数据加工时，将打开风机，否则，将不打开风机。如果未使能风机，则无论选“是”或“否”，都无意义。

● 加工方式：表示加工对应图层的方法。若当前选择的是矢量图层(即颜色层)，则包括三个选择，即激光扫描，激光切割，激光打点；若当前选择的是位图图层(即 BMP 层)，则只包括一个选择，即激光扫描。

● 激光 1、激光 2：表示分别对应主板激光信号的第 1 路和第 2 路激光输出。如果设备是单头机器，则第 2 路激光无意义。

● 最小功率、最大功率：功率值的范围为 0～100%，表示加工过程中激光的强弱，功率越大，则激光越强；功率越小，则激光越弱。最小功率要小于等于最大功率。最小功率、最大功率对于不同的加工类型有着不同的意义。对切割加工而言，实际功率的大小与切割速度的大小相关联，速度小能量也小，速度大能量也大，这样才能保证整个切割过程中的能量均匀。因此最小功率对应速度最小时的能量，最小速度一般是0，但如果设置了起跳速度，则最小速度为起跳速度；而最大功率对应速度最大时的能量。

● 最小功率、最大功率：表示将最小功率和最大功率设置为相同的值，进行同步调整，直到所有的切割曲线均已出现，保持最大功率不变，同时逐步降低最小功率，直到切割曲线中能量高的点降到最低水平，且所有的衔接部分均能加工出来，如仍未达到最好效果，则可微调最大功率，并重复上面步骤。如果是激光打穿模式，则最小功率和最大功率无显著区别，可将它们设置为相同的值。

对扫描加工而言，在进行普通扫描时，最小功率和最大功率必须是一致的。在进行坡度雕刻时，最小功率对应的是坡顶的功率，最大功率对应的是坡底的功率。若最小功率偏小则顶部偏宽，细节处分辨不清；若最小功率偏大则坡度不明显。对打点加工而言，将最小功率和最大功率设置为一致即可。如果勾选"默认"，则实际功率由面板设置的功率来确定。

封口及开、关光打穿时间参数设置如图4-22所示。

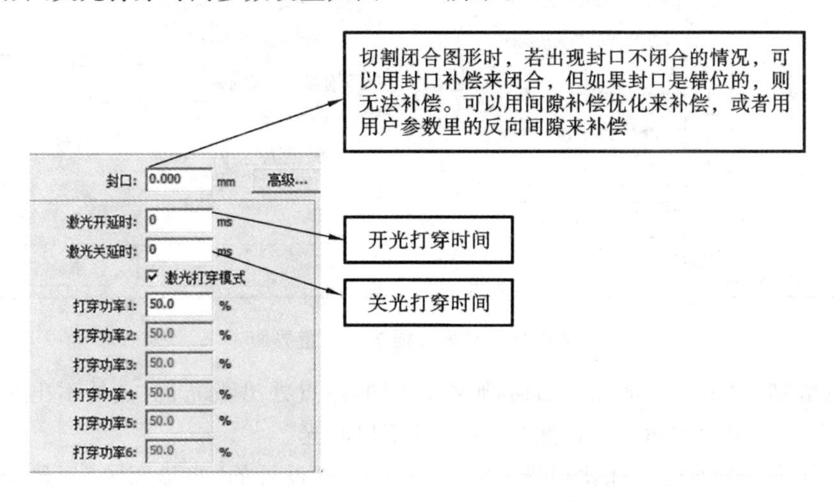

图4-22 封口及开、关光打穿时间参数设置

使能缝宽补偿可以补偿由于激光切缝而造成的图形大小与实际切割出来的图形的偏差，如图4-23所示，它只对闭合的图形有效。其补偿方向是根据实际需要来设置的，比如切一个圆形，如果希望保留的是切下来的圆，则应设置补偿方向为向外；如果希望保留的是孔，则应设置补偿方向为向内。补偿宽度即为激光切缝的宽度。

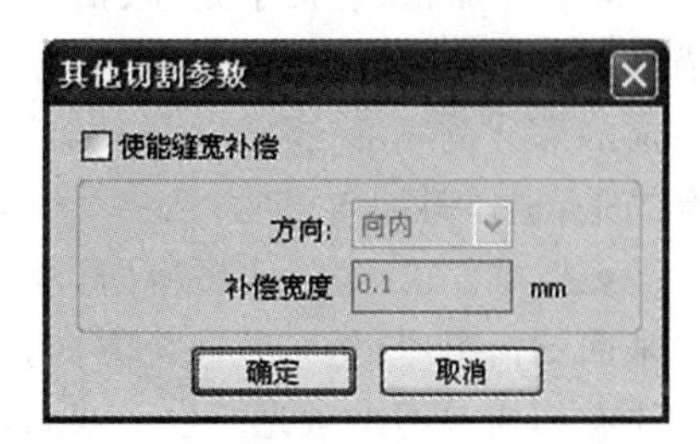

图4-23 使能缝宽补偿

激光切割加工效果图如图4-24所示。

(2) 专有图层参数设置(激光扫描参数设置)。

激光扫描可以扫描矢量图层也可以扫描位图图层。对矢量数据的扫描而言，它不支持反色雕刻、优化扫描、直接输出等功能。激光扫描参数设置界面如图4-25所示。

图 4-24 激光切割加工效果图

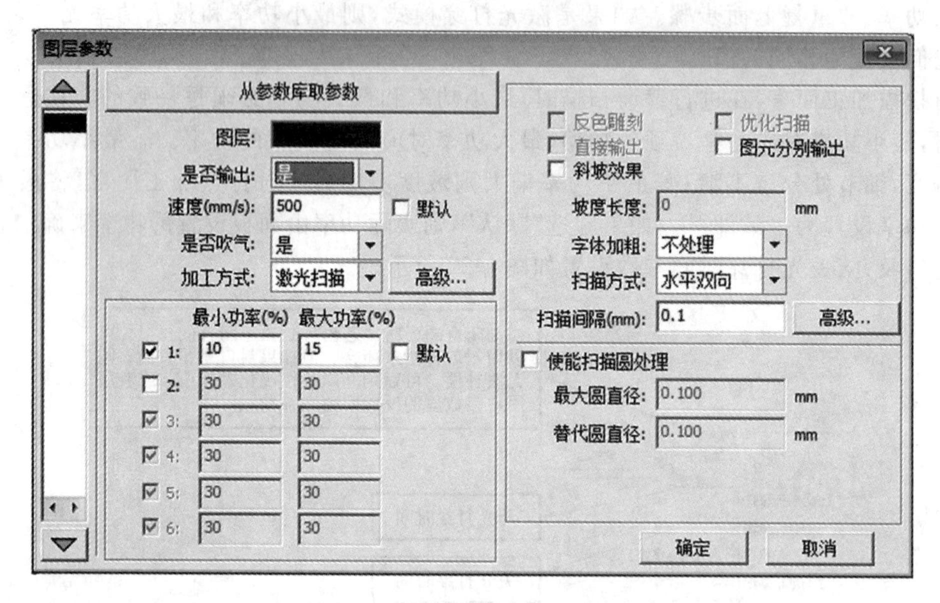

图 4-25 激光扫描参数设置界面

● 反色雕刻:表示正常情况下扫描,则在位图的黑点处出激光,白点处不出激光,而选择“反色雕刻”,则在位图的白点处出激光,黑点处不出激光。

● 优化扫描:表示选择“优化扫描”会自动调整用户设置的“扫描间隔”到最佳值,使扫描效果最佳,否则,会按照用户设置的“扫描间隔”扫描图形。一般情况下选择“优化扫描”。

● 直接输出:对于灰度的位图,按实际的图形灰度进行输出,即颜色深的地方激光能量大,颜色浅的地方激光能量小。

● 斜坡效果:使扫描图形边缘出现斜坡,呈立体效果。

● 字体加粗:包括不处理、扫描字体、扫描底部。一般情况下选择不处理。扫描字体即扫描的部分是字体,也就是阴雕,字体阴雕指文字没有加外框,扫描的是文字本身;扫描底部即扫描的部分是底部,也就是阳雕,字体阳雕指文字加了外框,扫描的是图形的底部。需要注意的是,选择斜坡效果时,请将“字体加粗”选择为不处理,否则斜坡效果会受到影响。

● 扫描方式:包括水平单向,水平双向,竖直单向,竖直双向。水平单向:激光头在水平方向来回扫描图形,但只往一个方向扫描时才出激光。当激光头从右往左扫描时出激光,而从左往右扫描时不出激光。水平双向:激光头在水平方向来回出激光扫描图形。竖直单向:激光头在竖直方向来回扫描图形,但只往一个方向扫描时才会出激光。当激光头从上往下扫描时出激光，而从下往上扫描时不出激光。竖直双向：激光头在垂直方向来回出激光扫描图形。注意：一般采用水平双向扫描方式。

● 扫描间隔：即激光头隔多长距离扫描下一条线。扫描间隔越小，扫描后得到的图形越深；反之，图形越浅。建议：对于矢量图层（颜色层），扫描间隔一般设置为0.1 mm以下；对于位图图层（BMP层），扫描间隔一般设置为0.1 mm以上，然后通过改变最小功率和最大功率来使扫描后的图形深度达到理想效果。

激光扫描加工效果图如图4-26所示。

图4-26　激光扫描加工效果图

（3）激光打孔参数设置如图4-27所示。

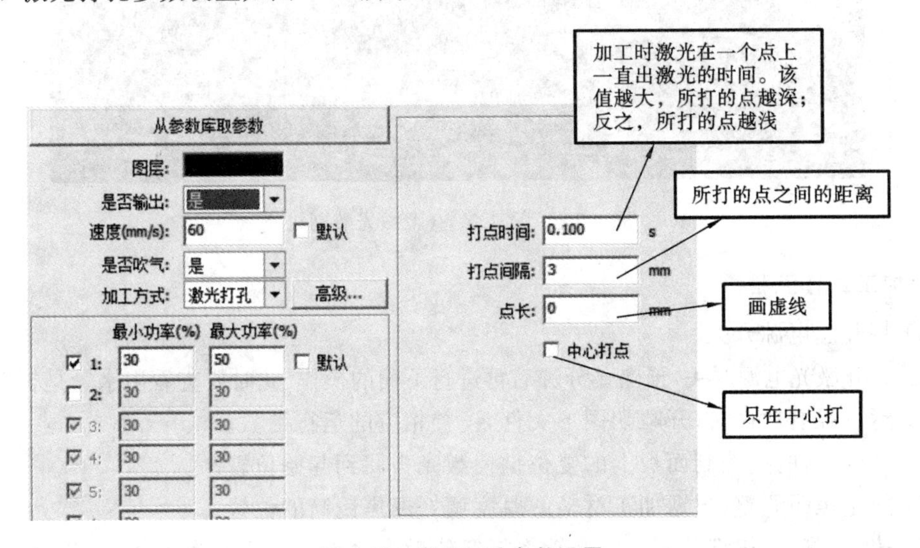

图4-27　激光打孔参数设置

激光打孔加工效果图如图4-28所示。

图4-28　激光打孔加工效果图

4.3.2 TY-CN-80 型激光雕刻机的操作

TY-CN-80 型激光雕刻机如图 4-29 所示。

图 4-29 TY-CN-80 型激光雕刻机

1. 加工工作流程

(1) 打开总电源开关。

(2) 打开激光电源开关，预热 5 分钟后再进行下面的操作(此时要查看出水管是否出水)。

(3) 运行控制软件，打开雕切图形文件，设置相应的运行参数。

(4) 放好工件，用控制面板上的复位键使激光头回到起始位置。

(5) 使用焦距调整，根据加工材料的厚度调好聚焦镜筒的位置。

(6) 按下"测试"按键并调节激光功率旋钮使激光输出至合适值为止(注意此时有激光输出)。

(7) 根据需要将加工材料放至适当位置，可通过软件或键盘上的方向键对加工范围、位置进行调整。

(8) 打开排风和吹气开关。

(9) 操作软件，进行激光切割或雕刻加工。

(10) 加工完毕后，依次关掉排风、吹气、激光电源、扫描、总电源等开关。

2. 加工注意事项

(1) 依据加工材料及加工方式(切割或雕刻)来设置适当的工作参数，包括加工速度、激光输出功率、封口重叠长度(切割)、步距(雕刻)、空程速度等(详见软件手册)，以达到最佳的加工效果。

(2) 本机在工作时会输出波长为10.6 μm的激光，此波长的激光为人肉眼所不能看见的。因此，在机器工作时，应保证整个光路无任何物体遮挡，更不允许人体任何部位或具有高反射率的材料插入光路，以免造成损失或伤害。

(3) 加工材料一定要摆放平整，使聚焦镜在加工范围内始终与加工材料之间保持同样的距离(焦距调整规高度)，以保证最佳加工效果。

(4) 加工区域里不得摆放有碍激光刀头运行的物体，以免步进电机受阻失步从而加工出次品。

(5) 整个加工过程一定要确保循环冷却水工作，同时应每隔一段时间(如每小时)观察冷却水的温度和清洁情况，做到及时换水。

(6) 在加工工作过程中，一定要保持抽风、排烟通畅。加工时所产生的烟雾对光学镜片表面和运动机构均会造成伤害，从而影响整机的使用寿命。

(7) 加工时应注意设备与计算机之间的信号线一定要连接牢固，不能带电插拔接头，以免损坏运动控制卡。

3. 操作说明

1) 开机流程

(1) 开机过程主要在主操作控制台上完成。

(2) 按下“运动控制”按钮。

(3) 持续按下“WATER/水冷”按钮，直至按钮开关灯亮后松开。

(4) 持续按下约5秒后制冷水箱启动，约10秒后“WATER/制冷”指示灯亮，此时方可松开按钮。

(5) 检查制冷水箱启动后的水循环：水管是否弯折，制冷水箱面板显示是否正常，有无报警显示和蜂鸣声。

(6) 开启电脑，双击“睿达切割控制软件”图标进入激光雕刻软件。

(7) 按下“激光电源”按钮。

(8) 启动吸尘风机。

2) 使用操作

操作面板如图4-30所示。

(1) 激光雕刻机触摸式控制板上共有16个功能键，1个液晶显示屏。

16个功能键分别为：复位、点射、速度、最小功率、最大功率、文件、启动暂停、定位、边框、退出、确定、上、下、左、右、Z&U。

液晶显示屏上显示文档名或系统工作参数：系统切割速度、工作光强以及系统工作状态(初始化、等待、工作、暂停等)。

(2) 术语解释。

- 机械原点：位于工作台的右上方，裁床每次通电或复位，都要先回到此位置。
- 切割原点：由操作人员设定的一点，为裁床切割的起始位置。每次通电或复位后，激光头先回到机械原点，再运动到操作员最新定义的切割原点。若在设备设置参数时，设置归位

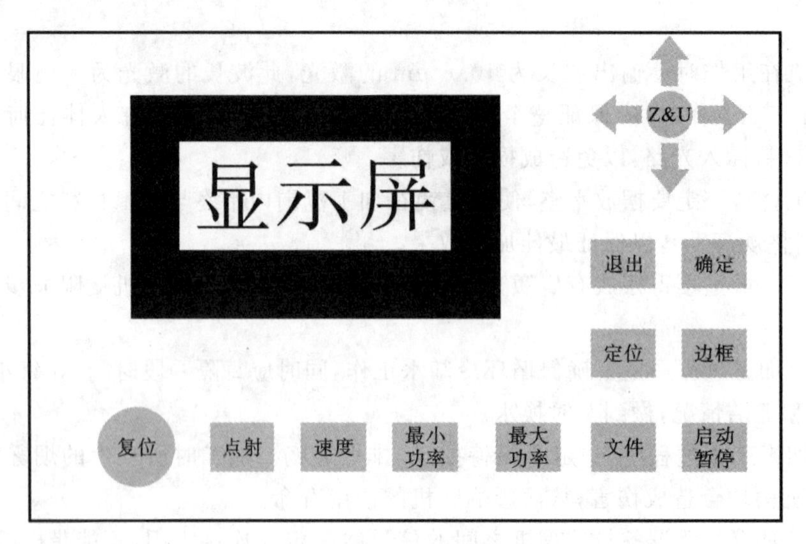

图 4-30 操作面板

点为机械原点，则设备作业完毕或执行复位操作后，激光头会停留在机械原点。

关于方向的定义(操作人员面向工作台定义)。

- 上：表示横梁远离操作人员移动的方向(也可定义为“前”方)。
- 下：表示横梁朝着操作人员移动的方向(也可定义为“后”方)。
- 左：表示操作人员左手的方向。
- 右：表示操作人员右手的方向。

(3) 各功能键说明。

- 复位 复位：让激光头回到机械原点。此键只有在系统处于等待或暂停状态下有效，在其他状态下无效。
- 点射 点射：启动设备后，每按下此键一次，激光管出光一次。按住“点射”键不放，激光管最长出光 0.5 s。此键只有在系统处于等待或暂停状态下有效，在其他状态下无效。
- 速度 速度：设置系统切割速度，在 0%～100%的范围内可选。此键在系统处于等待或暂停状态时有效，在其他状态下无效。100%的速度对应于机器参数中的极限速度。
- 最小功率 最小功率：设置最小功率，在 0%～100%的范围内可选。此键在系统处于等待或暂停状态时有效，在其他状态下无效。
- 最大功率 最大功率：设置最大功率，在 0%～100%的范围内可选。此键在系统处于等待或暂停状态时有效，在其他状态下无效。
- 文件 文件：查看和操作面板中载入的文件。
- 启动暂停 启动/暂停：在工作和暂停之间切换系统状态。当系统处于工作状态时，按下此键，系统进入暂停状态，若再次按下此键，系统又重新回到工作状态。此键在工作或暂停状态下有效，在其他状态下无效。

● 定位 定位：此键用来定义（改变）切割原点。在切割前，若要修改切割原点，用方向键将激光头移到切割的起始位置，则：若短按此键，确定激光头当前所在位置为切割原点；若长按此键3秒钟以上，确定切割原点，并且系统自检，画出自检图形；此键在系统等待状态下有效，在其他状态下无效。

● 边框 边框：表示激光头沿边线运动。

● 退出 退出：表示取消操作。在设置切割参数时，取消所做的修改；在选择作业文档时，取消选择；系统在暂停状态下，按下此键，可使系统回到等待状态。在其他状态下，"退出"键无效。

● 确定 确定：表示确定操作。只有在设置切割速度和工作光强或选择作业文档时有效，在其他状态下无效。

方向键（中间键Z&U、左、右、上、下）用于调整激光头的位置，选择作业文档，改变切割速度、最小/最大光强值。

● Z&U Z&U：表示调节X轴及Y轴方向的运动。

● 左：表示向左移动激光头。按住此键，激光头会一直向左移动，当激光头到达X轴最大行程时，激光头停止移动，此键将无效（X轴最大行程可在设置机器参数时设定，受限于工作台幅面）。设置系统切割速度和工作光强时，每按一次，使速度和光强的值增加10。选择作业文档时，此键用来显示当前文档的上一页文档。

● 右：表示向右移动激光头。按住此键，激光头会一直向右移动，当激光头到达X轴原点时，激光头停止移动，此键将无效。设置系统切割速度和工作光强时，每按一次，使速度和光强的值减小10。选择作业文档时，此键用来显示当前文档的下一页文档。

● 上：表示向上移动激光头。按住此键，激光头会一直向上移动，当横梁到达Y轴原点时，激光头停止移动，此键将无效。设置系统切割速度和工作光强时，每按一次，使速度和光强的值增加1。选择作业文档时，此键用来选择当前文档的上一个文档。

● 下：表示向下移动激光头。按住此键，激光头会一直向下移动，当横梁到达Y轴最大行程时，激光头停止移动，此键将无效（Y轴最大行程可在设置机器参数时设定，受限于工作台幅面）。设置系统切割速度和工作光强时，每按一次，使速度和光强的值减小1。选择作业文档时，此键用来选择当前文档的下一个文档。

3）关机流程

（1）关机过程主要在主操作控制台上完成。

（2）按下绿色"激光电源"按钮。

（3）关闭吸尘风机。

（4）按下"WATER/水冷"按钮，关闭水箱。

（5）关闭电脑。

（6）按下红色"激光电源"按钮。

4. 维护和保养

1）光路系统的维护和保养

二氧化碳激光管要及时补充气体或更换激光管，尤其是当激光管的工作时间超过1000小时后，请随时注意激光管的输出功率，在相同电流的条件下，若功率变小，则需更换激光管。

反射镜用久之后会被加工所产生的烟尘污染，导致其反射率降低，从而影响激光的输出。故必须保持反射镜清洁，并定期检查。可采用无水乙醇或专用镜片清洁剂，用脱脂棉球蘸取后小心擦净。注意要避用利物，以免划伤反射镜表面。

聚焦镜内的聚焦镜片下表面也可能会被工件的挥发物污染。当其被污染后，同样也会大大影响激光的输出。加工时一定要注意排烟和吹气保护，尽量避免聚焦镜被污染，若其污染严重，可采取如下步骤小心清洁。

(1) 卸下吹气开关、压圈及保护套筒，同时取下聚焦镜。

(2) 用吹气的方式吹去透镜表面的浮尘。

(3) 用镊子小心夹住脱脂棉球蘸取无水乙醇或专用镜片清洁剂轻轻擦拭，要从内到外朝一个方向轻轻擦拭，每擦一次，需更换一个脱脂棉球，直到污物去掉后为止。

2）运动机构的维护和保养

(1) 请时刻保持设备清洁。

(2) 二维运动工作台的直线导轨要定期添加润滑油，这要根据机器的使用情况确定。

(3) 设备机壳、激光电源、计算机电源必须良好接地，应定期检查接地螺丝有无锈蚀或松脱，如发现问题需及时清洁并紧固。

(4) 运动部分，如小车滑轮及滑道、直线导轨被污染或锈蚀，将直接影响加工效果，应定期清洁，并在导轨处涂上润滑油，以防锈蚀。

(5) 注意排风口和排风管道不可堵塞，随时检查并去除遮挡物以保持畅通。

(6) 要注意定期更换冷却水，使冷却水保持清洁。加工时应随时检查水位是否足够，水温是否过高。

3）恒温水冷机的维护和保养

恒温水冷机中的水要定期更换并清洗，一般每周一次。

4）负压风机和吸尘管路的维护和保养

定期清理负压风机和吸尘管路内部的灰尘，一般三个月一次。

5. 常见问题及解决办法

1）主设备部分

(1) 故障现象：开启钥匙开关无任何反应（见表4-1）。

表4-1 故障现象1

故障原因	解决办法
总电源开关未合	合上总电源开关
市电未接通	逐级检查市电是否接通
总电源开关损坏	与售后服务人员联系

（2）故障现象：无激光输出或激光输出很弱；刻画深度不够（见表4-2）。

表4-2　故障现象2

故障原因	解决办法
设备聚焦焦距变化	仔细调准焦距
光路发生偏移	调节光路
聚焦镜污染	清洁聚焦镜
反射镜片污染	清洁反射镜片
冷却水未循环流通	疏通冷却水路
激光管损坏或老化	更换激光管
激光电源损坏	更换激光电源

（3）故障现象：切割/雕刻深度不理想（见表4-3）。

表4-3　故障现象3

故障原因	解决办法
激光功率设置不正常	设置合适的激光功率
切割/雕刻加工参数不正常	设置合适的加工参数
激光输出变弱	设置合适的加工参数

（4）故障现象：加工尺寸有误差或误动作（见表4-4）。

表4-4　故障现象4

故障原因	解决办法
信号线工作不正常	更换信号线
整机和计算机接地不正常	将设备和计算机良好接地
计算机操作系统故障或感染病毒	整理计算机系统
应用软件工作不正常	重新安装软件和运动控制卡的驱动软件
供电电源不稳定或有干扰信号	加装稳压器或排除干扰信号
加工程序编写不正确	检查编写的加工程序，修改直至使其正常为止

（5）运行效果不理想（见表4-5）。

表4-5　故障现象5

故障原因	解决办法
导轨污染或生锈	清洁导轨并添加润滑油
滑块和滑轮污染	清洁滑块和滑轮
传动皮带松脱	调整皮带松紧
传动同步轮松动或磨损	检查同步轮机构，调节或者更换部件

2）恒温水冷机部分

（1）故障现象：开机不通电（见表 4-6）。

表 4-6　故障现象 6

故 障 原 因	解 决 办 法
电源线接触不良	检查插口是否接触良好
保险管熔断	拉出保险管进行检查，更换保险管

（2）故障现象：流量警报（见表 4-7）。

表 4-7　故障现象 7

故 障 原 因	解 决 办 法
储水箱水位太低	检查水位，添加循环水并检查水路是否有泄漏
冷却水管折弯使水路堵塞	检查水管是否平直

（3）故障现象：水温超高（见表 4-8）。

表 4-8　故障现象 8

故 障 原 因	解 决 办 法
防尘网堵塞，散热不良	定期清洗
出风/入风口通风不良	保证出风/入风口通畅
电压严重偏低或不稳定	改善线路或使用稳压器
冷水机频繁开关机	保证冷水机有足够的制冷时间
热负荷超标	降低热负荷或选用具有更大制冷量的机型

（4）故障现象：室温超高警报（见表 4-9）。

表 4-9　故障现象 9

故 障 原 因	解 决 办 法
冷却水使用环境温度偏高	改善通风，保证冷水机运行环境的温度在 40°以下

（5）故障现象：换水时排水口排水缓慢（见表 4-10）。

表 4-10　故障现象 10

故 障 原 因	解 决 办 法
注水口没有打开	打开注水口

4.4　激光雕刻工艺实训

首先设计参数表格，为进行激光雕刻实验做准备，其次按照表格设计的参数，进行雕刻工艺的实验。雕刻工艺如表 4-11 所示。

表 4-11 激光雕刻工艺说明

雕刻工艺参数	含义、说明
激光功率	激光功率直接决定雕刻能力，材料吸收能量与激光功率相关：材料吸收的激光能量＝激光功率/雕刻速度。激光波长决定雕刻材料的种类
雕刻速度	雕刻速度指的是激光头移动的速度，通常用 IPS 表示，高速度带来高的生产效率。其速度也用于控制雕刻的深度，对于特定的激光强度，速度越慢，雕刻的深度就越大。可利用雕刻机面板调节速度，也可利用计算机的打印驱动程序来调节速度
材料	非金属材料加工（CO_2 激光）：有机玻璃、木材、皮革、布料、塑料、印刷用胶皮版、双色板、玻璃、合成水晶、牛角、纸板、密度板、大理石、玉石等。金属材料加工（Nd：YAG 激光）：常见金属材料
雕刻强度	雕刻强度指射到材料表面激光的强度。对于特定的雕刻速度，其强度越大，雕刻的深度就越大，速度也就越快。可利用雕刻机面板调节强度

4.5 项目实施

（1）激光雕刻设备的操作（开关机操作顺序及注意事项—加工工艺流程—分析激光切割的可行性—操作产品雕刻软件—调试雕刻工艺参数—检验产品切割质量）。

（2）雕刻图形的编程及处理。

（3）激光雕刻加工工艺实训：记录激光切割工艺参数，建立激光雕刻工艺参数，如表 4-12 所示。

表 4-12 CO_2 激光雕刻工艺参数

材　　料	厚　　度	速度/(mm/min)	最大功率/W	扫描间隔/mm
密度板	—	500	20	0.08
亚克力	—	500	15	0.08
竹子	—	500	20	0.08
胶合板	—	500	13	0.08

项目 5

激光焊接实训

5.1 项目任务要求与目标

(1) 熟练固体激光焊接设备的操作。

(2) 熟练光纤激光焊接设备的操作。

(3) 掌握激光焊接工艺。

5.2 灯泵浦固体激光焊接机调试

5.2.1 设备介绍

TY-YJ-C-L 型激光焊接机由固体激光器、导光聚焦系统、激光电源、冷却系统、PLC 控制系统、十字滑台工作系统等部分组成。在设备外形、结构和适合于操作的人机界面方面,都基于人性化和工作的实效性有了很多新的创意。该设备采用一体化设计,结构紧凑、美观,具有光束模式好、能量及性能稳定、使用可靠、焊接速度快、适焊范围广、消耗品和易耗件使用寿命长等特点,同时充分考虑设备在批量生产时的各种参数,从细节上做到关键参数可调和数据显示闭环。

(1) 激光器的参数如表 5-1 所示。

表 5-1　灯泵浦固体激光焊接机激光器参数

项　目	参　数
晶体	Nd:YAG 晶体
激光波长	1064 nm
最大输出功率	≥300 W

续表

项　　目	参　　数
平均输出功率	≥280 W
输出能量	≥50 J
脉冲频率	0.1～100 Hz
脉冲宽度	0.3～20 ms
激光器日连续工作时间	≥24 h
光束发散角	≤8 mrad

（2）激光电源。

采用新型激光电源，该电源主要由主电路、触发电路、预燃电路、控制电路、保护电路组成，具有过流、过压、流量保护装置，其频率、脉宽、电流均可调。该电源的操作面板具有工作时显示电流、脉宽、频率、激光工作次数、工作时间等功能，以及在故障时显示故障类型的功能。激光电源的技术指标如表5-2所示。

表5-2　灯泵浦固体激光焊接机的激光电源的技术指标

项　　目	参　　数
输入电源：三相四线	AC 380V / 50Hz ±5%
电源额定最大功率	6 kW
脉冲工作电流	60～200 A
电源不稳定度	≤±2.5%
电源接地电阻	≤3 Ω

（3）聚焦系统的参数如表5-3所示。

表5-3　灯泵浦固体激光焊接机聚焦系统参数

项　　目	参　　数
聚焦镜焦距	75 mm
最小聚焦光斑直径	0.3 mm
聚焦调节范围	40 mm
扩束镜倍数	2.5

（4）冷却系统。

对于专用外循环激光水冷机组，外循环冷却系统包含水箱、热交换器、过滤器、磁性泵以及水温、水流保护器等相关器件组成。外循环水通过进入热交换器来对激光器进行冷却，保证激光器的恒温稳定工作。为保证热交换器不被杂物堵塞，特在进口处添加了过滤器，并设有与激光电源连锁的欠流量保护及超温保护。冷却系统参数如表5-4所示。

（5）指示光源系统的参数如表5-5所示。

表 5-4 冷却系统参数

项　　目	参　　数
供水压力	30 kPa
流量	30 L/min
水温调节范围	20～45 ℃

表 5-5 指示光源系统参数

项　　目	参　　数
指示光源系统	红色可见光
波长	0.6328 μm
功率	1 mW

(6) 控制系统。

控制系统采用SMC可编程逻辑运动控制器(负责系统的输入/输出信号处理、程序运行)。

(7) 工作台。

工作台采用二维精密进口滚珠丝杠及导轨工作台,步进电动机驱动。工作台的参数如表5-6所示。

表 5-6 工作台参数

项　　目	参　　数
行程	X、Y=300 mm×100 mm
最小进给量	0.01 mm
重复定位精度	≤±0.01 mm
定位精度	≤±0.025 mm
移动速度	0～2000 mm/min
载重	40 kg

5.2.2 操作使用

1. 电源面板

本机具有电源操作面板,如图5-1所示。

2. 工作台操作面板

本机具有工作台操作面板,如图5-2所示。

3. 电源操作——开机操作

(1) 接通外循环水,合上冷却系统空气开关。

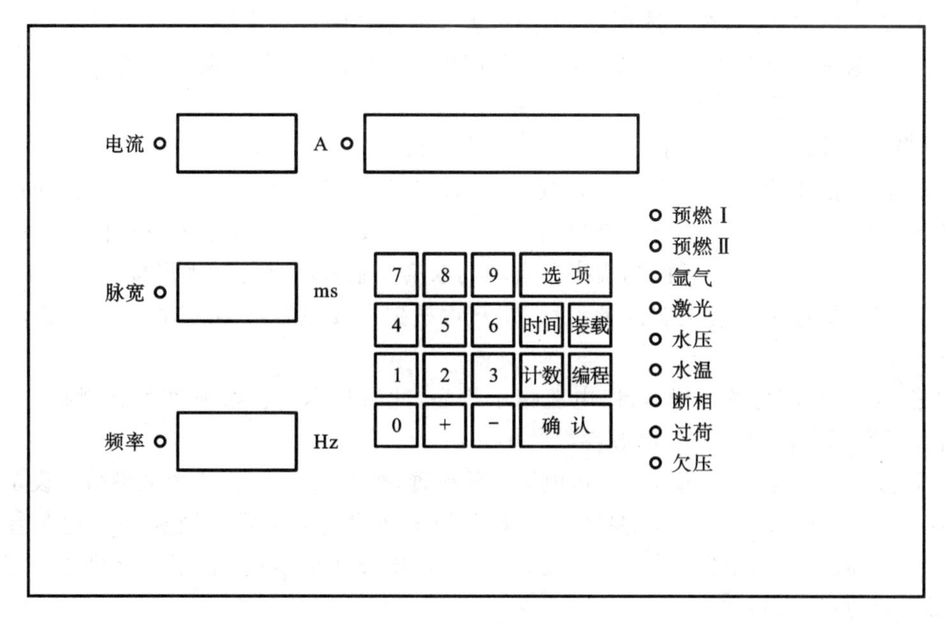

图 5-1 电源面板

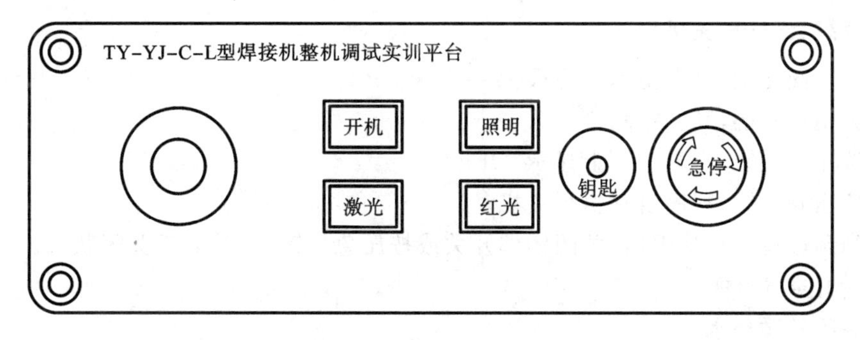

图 5-2 工作台操作面板

(2) 接通三相交流电源，合上主机空气开关。

(3) 释放急停，然后旋转钥匙开关键，按下开机按键，此时电源面板显示灯亮，屏幕上显示“P”。

(4) 按压选项键，屏幕上显示“ON”，再按压确认键，电源开始自动执行充电、预燃等程序1～2 min，预燃显示灯亮，表示氙灯被点燃。

(5) 按压装载键，屏幕上的电流、脉宽、频率显示数值，如屏幕上显示的是所需数值，则按压确认键，显示屏上 L 后的灯亮，同时激光指示灯亮，此时激光由激光器侧开关控制，可以出激光了。

(6) 如屏幕上显示的不是所需数值，可按压编程键，设定自己所需的电流、脉宽、频率等数值。

① 按压编程键，再按压确认键，电流指示灯亮，这时可以设置所需要的电流值。

② 按压选项键，脉宽指示灯亮，可设置脉宽。

③ 按压确认键，频率指示灯亮，可设置频率。

④ 如仍有更改必要，按压选项键，可任意更改电流、脉宽、频率等数值。

⑤ 本机电流、脉宽、频率三者的乘积在程序中已有限定，不会出现错误操作。

(7) 编程完毕，按压确认键，大屏幕指示灯亮。

(8) 按压确认键，直至显示屏上 L 后的灯亮，可以出激光了。

(9) 另外，由于机中贮存器内可装载 100 组固定数据组，用户可将自己实验好的各种材料的激光工艺参数，按数字顺序编制数据组。开机、装载后，根据所焊接的材料的特性，选择合适的数据组，例如按压"5"键，则程序会自动调取第 5 组数据进行激光焊接。

(10) 本电源还可以对电源波形编程，用户可根据需要设置最多 15 段电源参数，操作程序如下。

① 按压编程键，再按压确认键，电流指示灯亮，此时显示电流和脉宽为常规状态下的工作电流和脉宽，同时也是 15 段电源参数的第一段。

② 再按压编程键，此时进入第二段电源参数设置，按步骤(6)设定需要的参数。设定好后，再按压编程键，可进入第三段电源参数设置，以此类推，可根据需要设置最多 15 段电源参数。

③ 按压确认键，频率指示灯亮，可设置频率，再次按压确认键，直至显示屏上 L 后的灯亮，电源已做好准备，可以出激光了。

(11) 分别按压时间、次数键，可显示整机工作时间或激光放电次数。

4. 电源操作——关机操作

(1) 关闭激光键，其上指示灯熄灭。

(2) 关闭红光键，其上指示灯熄灭。

(3) 按压选项键，直至屏幕上显示"OFF"。

(4) 按压确认键，程序自动执行关机。

(5) 当预燃指示灯熄灭后，关闭钥匙开关或按压急停键，使其处于关闭状态。

(6) 断开空气开关。

(7) 关闭外循环水。

5. 面板操作

面板上共有四个按键、一个急停开关、一个钥匙开关和一个十字方向操纵杆。

按下红光键，指示基准光点亮。

按下照明键，照明灯开始工作，松开后，照明灯熄灭。

在灯预燃成功，设置好工作参数后，按下激光键，可按设置频率出光。

6. 控制系统

设备需连接 TY-YJ-C-L-ZKZP 型中控实训平台，方可完成设备运动控制加工及逻辑程序编辑等功能。设备主机连接中控实训平台，采用 SMC-6480 四轴位置控制器控制，编辑程序所使用的 G 指令的说明如表 5-7 所示。

参数选择：Xm、Yn、Zi、Uj(可以任意选择四参数)。

7. 日常维护

激光焊接机是精密的设备，只有仔细维护，才能确保设备的正常运行和延长其使用寿命。

表 5-7 G 指令说明

G 指令	功 能	G 指令	功 能
G00	快速定位	M80	输出口开
G01	直线插补	M81	输出口关
G02	顺圆插补	M82	等待输入口有效
G03	圆弧插补,逆圆	M83	等待输入口无效
G04	延时	M90	局部循环结束
G05	圆弧中点	M91	局部循环开始
G06	圆弧终点	M84	连续运动
G26	回零	M85	关闭连续运动
G28	回工件零点	M98	子程序调用
G53	机械坐标	M99	子程序返回
G54	还原为工件坐标	M02	程序结束
G90	绝对坐标	M11	输出口 3 开
G91	相对坐标	M12	输出口 3 关
G92	重定义坐标	M86	变量加一个数
F	F 指令,速度设置	M87	变量赋值
M00	程序暂停	M89	等待通过某一点
M07	输出口 1 开	M92	强制修改工件坐标
M08	输出口 1 关	M94	根据条件跳转
M09	输出口 2 开	M95	强制跳转
M10	输出口 2 关	M96	根据条件调用子程序
M30	程序结束并循环	M97	多任务调用

1）设备的清洁

设备在使用前后都要做好设备的清洁,使其保持干燥,确保设备上无杂物,镜片需保持干净。

定期检查激光电源及电柜,如有电气元件老化的现象,请及时更换。

2）冷却系统的维护

定期检查冷却水的水质,及时更换新水。同时检查水箱的水量,做到及时添加冷却水。对于该系统,建议使用去离子水或纯净水。

定期检查水路接口处有无漏水,做到及时堵漏。当氙灯和激光棒与腔体封接处漏水时,检查橡胶密封圈是否变形、老化,做到及时更换。

3）激光光路的维护

设备内部系统光路如有灰尘进入,会影响焊接质量。在清洁镜片时,不可用力过大,以免刮伤镜片。镜片清洁步骤如下。

(1) 卸下镜架压圈及保护套筒,小心取下光学镜片。

(2) 用吹气的方式吹去透镜表面的浮尘。

(3) 用镊子小心夹住脱脂棉球蘸取无水酒精或专用镜片清洁剂轻轻擦拭,要从内到外朝一个方向轻轻擦拭。

8. 简单故障处理

故障处理方法如表 5-8 所示。

表 5-8 故障处理方法

故障现象	故障原因	应对措施
开机后机器不启动	① 水流继电器未接通; ② 380V 交流电未接好	检查制冷系统、循环水路和 380V 交流电
主电路接通后,泵浦灯不能触发和预燃	① 泵浦灯老化; ② 灯管发黑; ③ 预燃电路出现故障	① 根据前文介绍,按照正确的步骤更换泵浦灯; ② 更换去离子水; ③ 按图纸检查各点电压,并排除故障
合上空气开关后,风扇不转	风扇电机已坏	更换风扇
预燃指示灯不亮	① 灯电极接触不良; ② 指示灯已损坏; ③ 预燃电路出现故障	检查灯电极接触是否良好;按图纸检查各点电压,并排除故障
激光输出功率明显降低	① 水箱内的循环水已脏; ② 泵浦灯老化; ③ 镀金瓦块的镀金层脱落	① 更换去离子水; ② 更换泵浦灯; ③ 更换镀金瓦块
泵浦灯不能放电	放电控制回路出现故障	检查放电控制回路,进行检修

5.3 光纤激光焊接设备的调试

5.3.1 软件主界面概述

启动软件后,首先会进入软件主界面,如图 5-3 所示,根据显示器分辨率的不同(宽屏和窄屏),主界面的区域布局会略有区别。

软件主界面被分为如下六个区域。

① 功能按钮区:显示软件菜单、功能按钮。

② 状态监视区:显示轴运动的位移、速度,以及系统的运动状态。

③ 代码编辑区:显示并编辑加工 G 代码。

④ 图形显示区:显示待加工的图形,并在示教模式中提供交互。

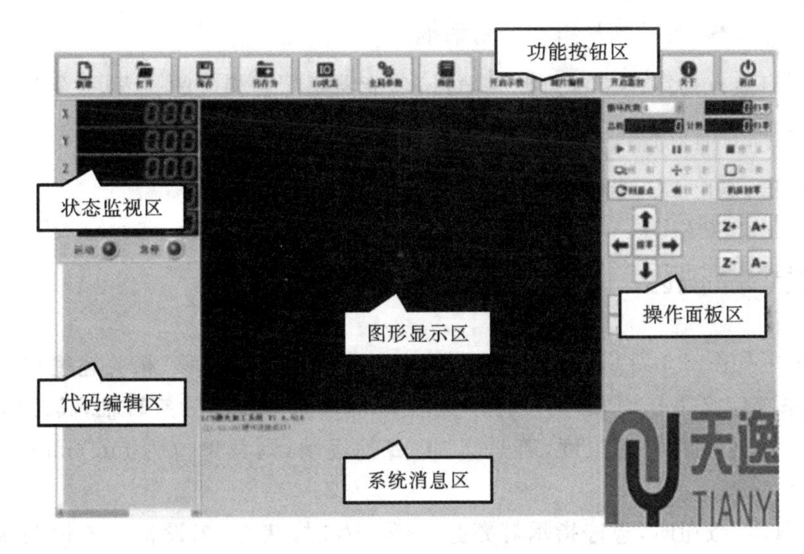

图 5-3　软件主界面

⑤ 系统消息区：显示软件的操作状态与提示信息。

⑥ 操作面板区：显示控制硬件加工的功能按钮。

5.3.2　功能按钮区

功能按钮区提供了软件的基本交互功能，如图 5-4 所示。

图 5-4　功能按钮区界面

每个按钮的具体功能如下。

- 新建：新建一个全新的加工 G 代码程序。
- 打开：打开一个现有的 G 代码程序(.txt)或者示教编程程序(.ltf)，打开后，该程序会显示在代码编辑区，同时代码所对应的加工图案会显示在图形显示区。
- 保存：保存正在编辑的 G 代码程序，如果是新建的 G 代码，那么保存时会提示选择保存路径及文件名。
- 另存为：将正在编辑的 G 代码程序保存到用户指定的路径。
- IO 状态：实时监控系统中的各个数字量输入/输出(DI/DO)状态。
- 全局参数：设置系统运行参数，包括加工参数、轴参数、数字量输入/输出中的端口号与实际功能的对应关系。
- 画图：启动绘图软件 LCCAM，该软件可以绘制待加工图形，同时也可以将 CAD 工具中提前绘制好的加工图形(DXF 格式)自动生成为加工 G 代码。
- 开启示教：开启示教编程模式。

- 划片编程：启动划片编程的对话框。
- 开启监控：打开 CCD 监控界面，该功能需要配套相应的 CCD 采集模块。
- 关于：查看软件的相关信息，软件名称，版本号，版权，授权 ID 等。
- 退出：退出 LC5 激光控制系统。

5.3.3 状态监视区

状态监视区如图 5-5 所示，用于显示系统中每个轴的实时位移、相关速度以及运动状态。X、Y、Z 轴被系统定义为平面轴，其位移单位为 mm，A 轴被定义为旋转轴，其位移单位为“°”。V 显示当前正在运动的轴的速度，若是 X、Y、Z 轴运动，则其单位为 mm/min；若是 A 轴运动，则其单位为°/min。

当按下“急停”按钮时，急停指示灯亮起，显示为红灯状态；当设备处于运动状态时，运动指示灯亮起，显示为绿灯状态；当设备停止运动时，运动指示灯熄灭。

5.3.4 代码编辑区

代码编辑区用于显示并编辑加工 G 代码，其界面如图 5-6 所示。

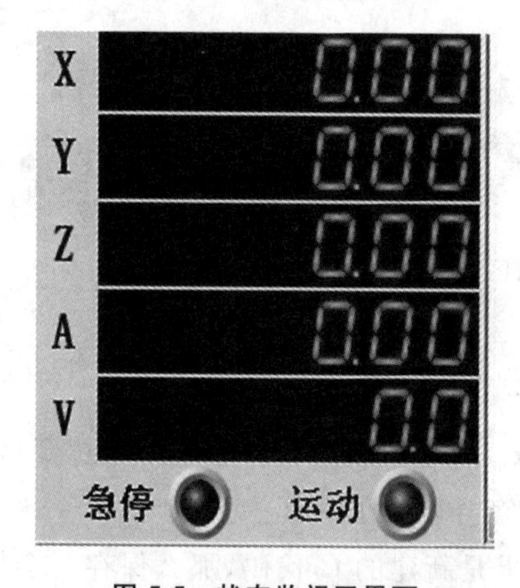

图 5-5 状态监视区界面

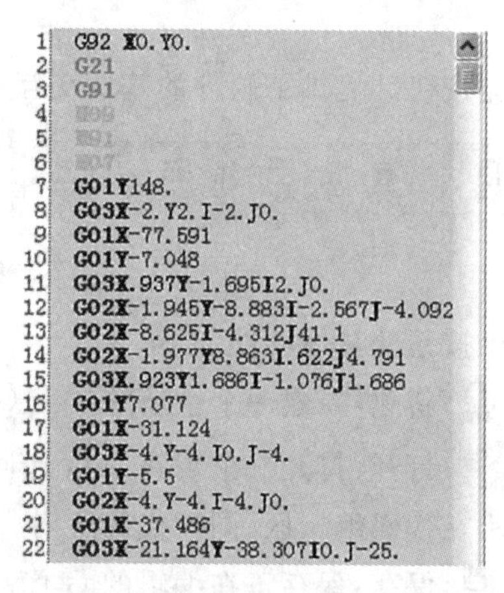

图 5-6 代码编辑区界面

5.3.5 图形显示区

图形显示区用于显示 XY 平面上实际加工的图形轮廓、刀头位置、模拟数据等信息，在图形显示区内，拨动鼠标滚轮，可以实现对图形的放大和缩小。鼠标中键＋拖动鼠标可以实现图形的平移。图形显示区界面如图 5-7 所示。

图 5-7 中有如下几种不同的元素：红线，绿线，实线，密集虚线，宽松虚线，红点。不同元素所表示的意义不同，如下所示。

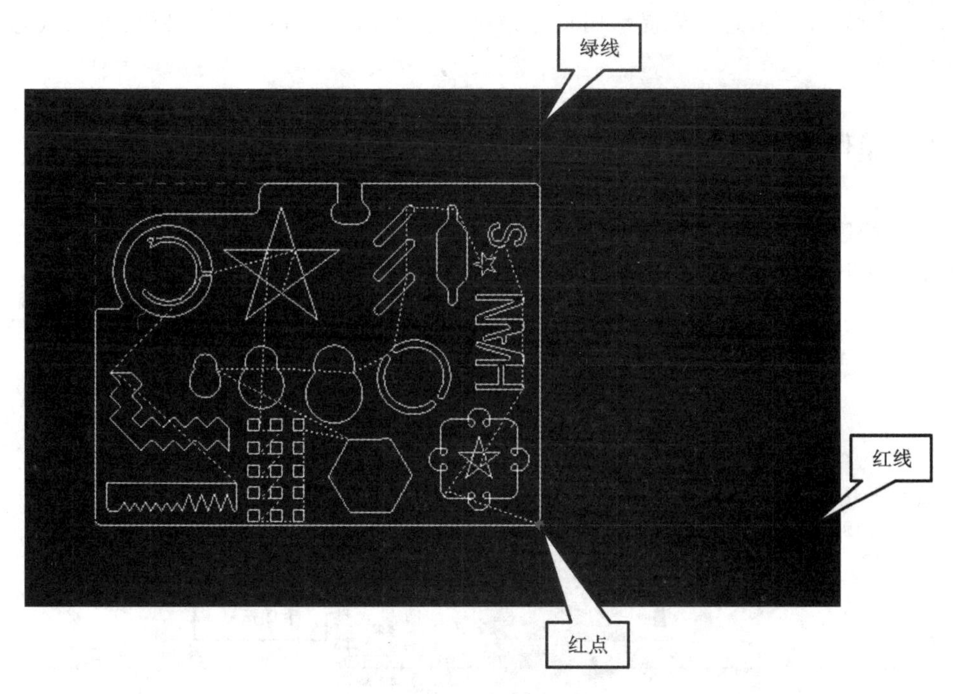

图5-7　图形显示区界面

● 红线：基准坐标系X轴。

● 绿线：基准坐标系Y轴，红线与绿线的交叉点为整个坐标系统的零位，回零位即为回到这个交叉点。

● 实线：实际加工路径，在加工过程中，实际加工路径上会有激光打出。

● 密集虚线：空走路径，在加工过程中，空走路径上不会有激光打出，其作用是让激光头从一段实际加工路径移动到下一段实际加工路径上。

● 宽松虚线：加工轮廓的包围框，用于表示加工区域的大小。

● 红点：刀头（激光头）当前所处位置。

5.3.6　系统消息区

系统消息区用于显示软件的操作状态与相关提示信息，系统启动后，其显示的主要信息如图5-8所示。主要信息包括运行版本、软硬件的连接状态、软件的授权状态（是否有使用

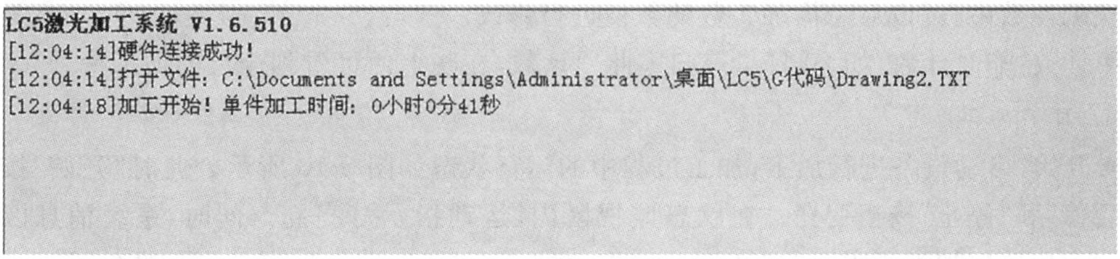

LC5激光加工系统 V1.6.510
[12:04:14]硬件连接成功!
[12:04:14]打开文件: C:\Documents and Settings\Administrator\桌面\LC5\G代码\Drawing2.TXT
[12:04:18]加工开始! 单件加工时间: 0小时0分41秒

图5-8　系统消息区界面

权)等。系统运行时,消息区会提示用户与系统的交互信息,如 G 代码路径、加工状态、加工时间等。

5.3.7 操作面板区

操作面板区提供了用于控制硬件加工的操作按钮,可以方便地对加工过程进行控制,其界面如图 5-9 所示。

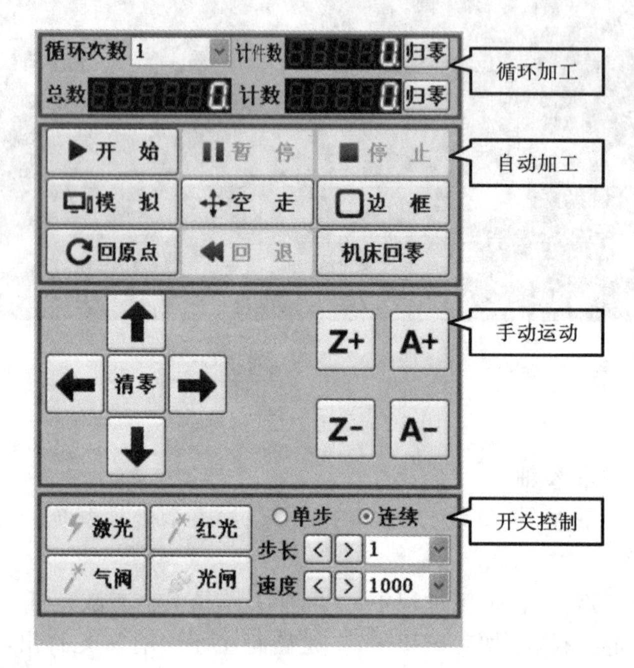

图 5-9 操作面板区界面

操作面板区根据功能范围,又可以分为 4 个小区域。

1) 循环加工

● 循环次数:当前图形所需循环加工的次数。循环加工时,两次加工的时间间隔可以在全局参数中进行设置。

● 计件数:当前已完成的循环加工的次数。利用后面的"归零"按钮可以将当前的计件数归零,即重新开始计数。

● 总数:从系统出厂开始,总共运行加工的次数。此项数据在操作面板区不可被归零,但是在全局参数中,可以对总体加工数的数值进行修改。

● 计数:临时计数,如 20 日早晨归零此项计数,在晚上便可看到今天的加工量。

2) 自动加工

● 开始:启动设备进行加工,加工过程中的运行状态如图 5-10 所示。此时"开始"按钮变暗,"暂停"和"停止"按钮变亮。在状态监视区内,运动指示灯亮起。同时,系统消息区内会显示出完成单次加工所需要的时间。

● 空走:与"开始"按钮功能类似,区别是按下"空走"按钮不会开启激光。

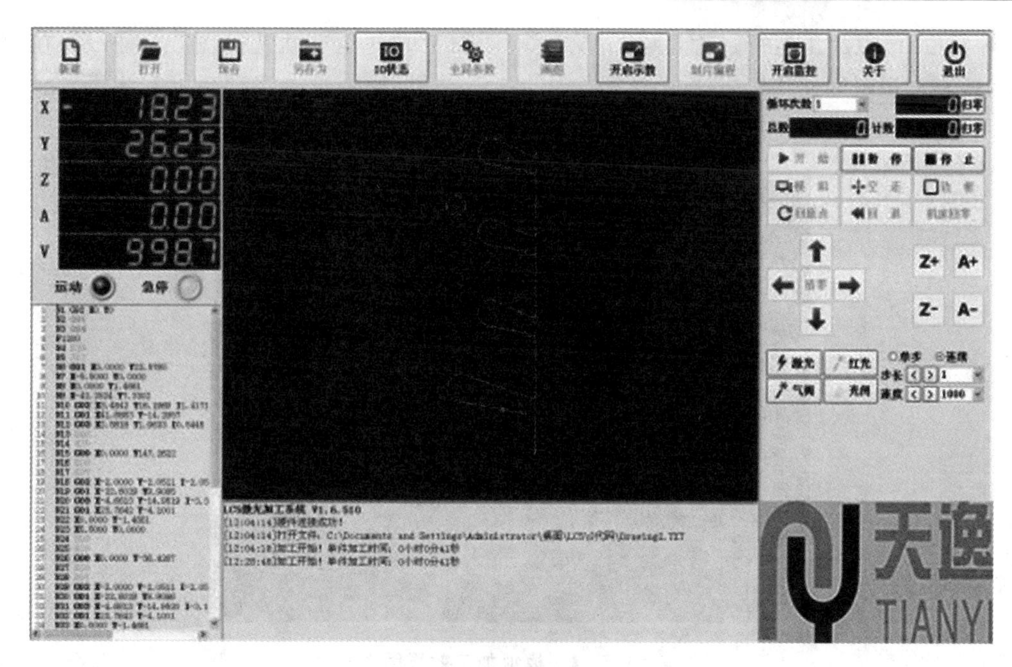

图 5-10 开始加工后的运行状态

● 停止:停止当前加工,使系统进入待机状态,运动将会停止,同时“激光”、“气阀”开关均会关闭。

● 暂停\继续:暂停当前加工,使系统进入暂停状态,此时运动指示灯熄灭,原“暂停”按钮会变为“继续”按钮。系统暂停后,可以通过按下“继续”按钮来恢复加工。图 5-11 所示的为开始加工后按下“暂停”按钮后的效果。

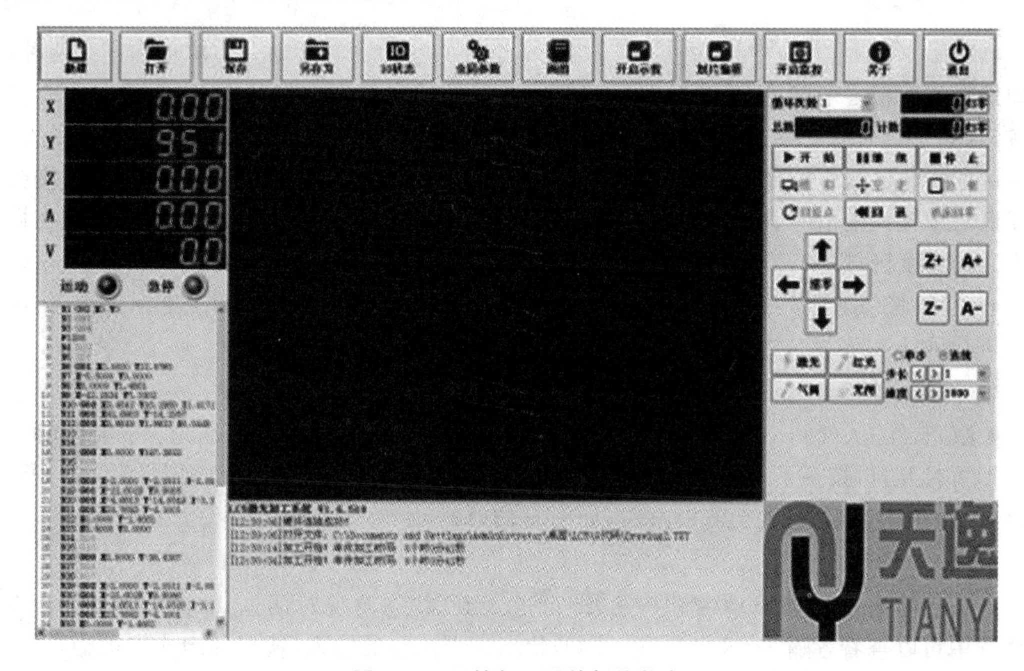

图 5-11 开始加工后的暂停状态

● 模拟：模拟加工运行过程，供用户方便验证加工时的运动轨迹。图 5-12 所示，在模拟加工过程中，视图区使用“×”来模拟激光头的移动过程，加工过的路径会以实线表示。在模拟加工过程中，也可以使用“暂停\继续”、“停止”按钮来控制模拟过程。

图 5-12 模拟加工效果图

● 边框：使运动平台沿图形包围轮廓运动，以确定加工的最终范围。

● 回原点：使切割头回到当前的坐标原点。

● 回退：该功能只能在系统暂停时使用，使系统沿着与正常加工路径相反的轨迹运动。

● 机床回零：该功能需要有轴装配零位开关，运动平台运动到零位开关处后，再运动一个偏移位置（参数设置），把该坐标置为原点坐标。

3）手动运动

● X、Y、Z、A 的方向控制按钮：手动控制单个轴的运动。其运动分为单步和连续两种，通过勾选操作面板右下部的“单步”、“连续”选项来选择。在单步工作状态下，每按一次方向控制按钮（如“A＋”、“A－”按钮），相应的轴就会朝预定的方向运动一个步长，步长可以在操作面板区的步长区域进行设置；在连续工作状态下，只要按着方向控制按钮，对应的轴就会以速度区域中预设的值一直运动，松开按钮之后，轴的运动也会停止。运动的速度可以在操作面板区的速度区域进行设置。所有的运动都可以使用“停止”按钮立即停止。

● 清零：将当前激光位置设定为系统的新坐标原点（该操作会导致加工坐标系重置，因此需要进行确认）。

4）开关控制

● 激光、红光、气阀、光阀开关按钮：用来手动控制打开和关闭激光、红光、气阀和光阀，按一下即可打开，再按一下就关闭。当该 IO 被打开时，界面上会高亮显示，如图 5-13(a)所示。当该 IO 被关闭时，界面上会灰白显示，如图 5-13(b)所示。

5）IO 状态设定

点击功能按钮区的“IO 状态”按钮，即可进入 IO 状态监视对话框，如图 5-14 所示，在该对话框中可以查看各输入/输出口（DI/DO）状态。当该口的输入/输出关闭或未被触发时，其显示为灰色；当输入被触发，输出打开时，其对应端口的灯会被点亮。

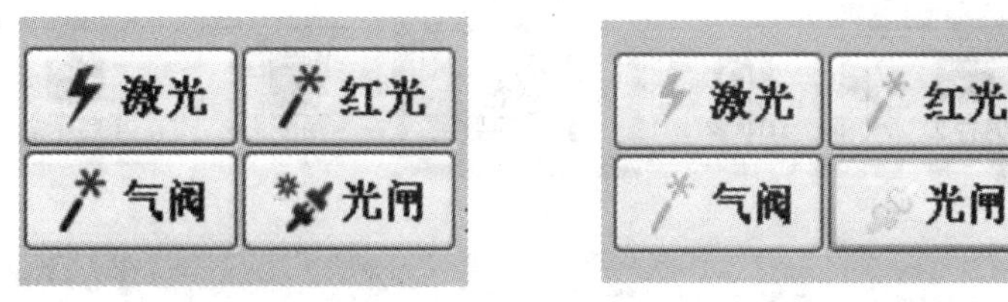

（a）输出打开状态图　　（b）输出关闭状态图

图 5-13　控制输出口按钮状态

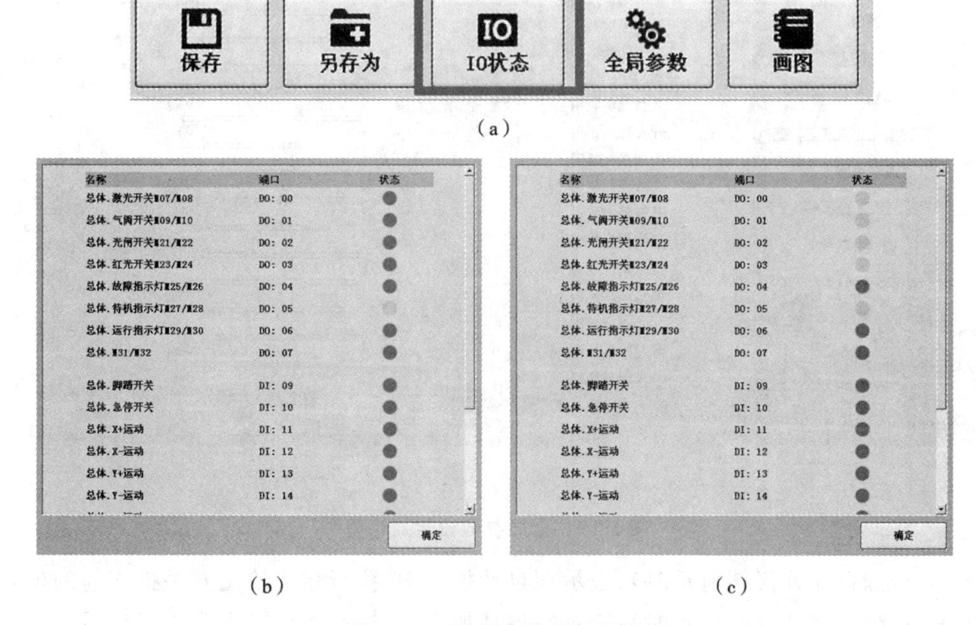

图 5-14　IO 状态监视对话框

6）全局参数设定

点击功能按钮区的“全局参数”按钮，即可进入全局参数设置界面，在该界面中可以对加工参数、轴参数、输入/输出口与硬件的对应关系等进行设定，如图 5-15 所示。全局参数包括加工参数、轴参数、输出、输入、高级参数、调试参数等。

(1) 加工参数。

- 加工速度：表示激光头在加工实际路径时的运动速度（激光开启）。
- 空走速度：表示激光头在空走路径时的运动速度（激光关闭）。
- 循环加工时间间隔：表示在循环加工模式中，下一次加工之前所需要等待的时间。
- 是否为单步加工模式：开启该模式后，系统不会加工完整的图形，而是会按照每行的加工代码进行单步加工。
- 加工结束后是否回原点：如选择是，则一个加工周期结束后，刀头停止位置在坐标原点处，否则在加工结束的位置。
- 总加工次数：表示从机器开始启用到当前时刻的总加工次数。
- 加工次数：表示从系统开机到当前时刻的加工次数。

(a)

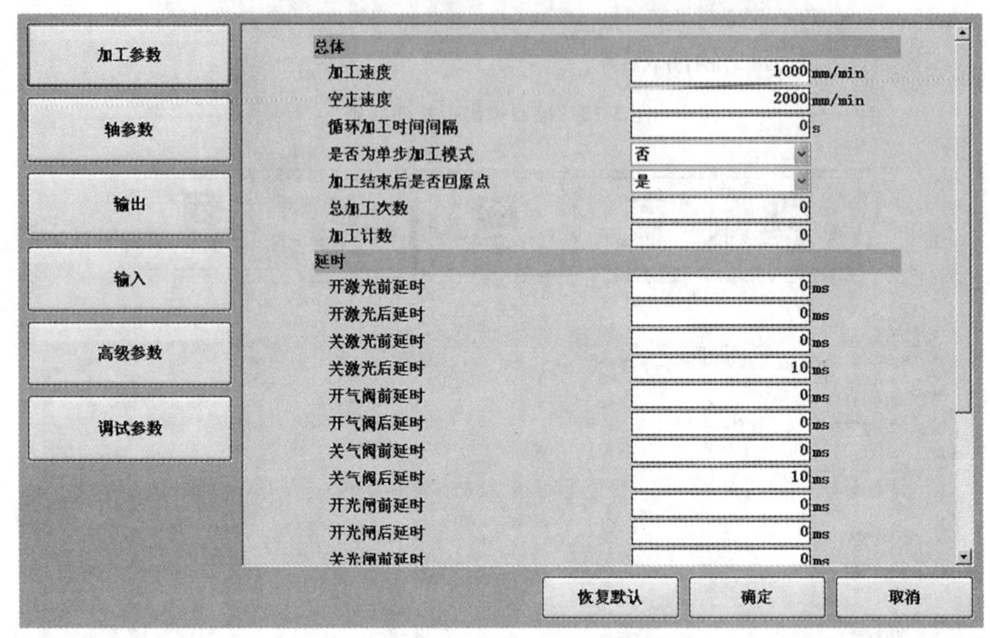

(b)

图 5-15 全局参数设定对话框

- ＊前延时(如开气阀前延时):表示在自动加工中,执行相应输出开关操作前的延时。
- ＊后延时(如开气阀后延时):表示在自动加工中,执行相应输出开关操作后的延时。
- 整圆过焊比例:在示教编程中,焊接整圆时,为保证焊接起点质量,激光头需要多走的一段圆弧距离,该段距离以所需加工整圆的百分比来表示。
- 整圆偏置距离:在设置该值以后,示教编程中示教的整圆将会偏置该段距离。

(2) 轴参数。

因轴参数和输入、输出端口的设置涉及平台运动的安全性,因此设置这些均需要密码,如图 5-16(a)所示,系统默认密码为“0000”。通过轴参数设置界面,如图 5-16(b)所示,可以对每个轴的运动参数进行设定(X、Y、Z 轴为平面轴,A、B、C 轴为旋转轴)。

以 X 轴为例,详细说明各个参数的意义。

- 脉冲当量:对于平面轴其单位为“p/mm”,指该轴每运动 1 mm,所需要接收到的脉冲个数。对于旋转轴,其单位为“p/360°”,指该轴每旋转一圈(360°),所需要接收的脉冲个数。

对于给定脉冲的驱动器。直线轴:脉冲当量=驱动器脉冲/丝杆螺距。旋转轴:脉冲当量=驱动器脉冲×减速箱减速比分母。

对于细分数型的驱动器。直线轴:脉冲当量=细分数×200/丝杆螺距。旋转轴:脉冲当量=细分数×200×减速箱减速比分母。

(a)

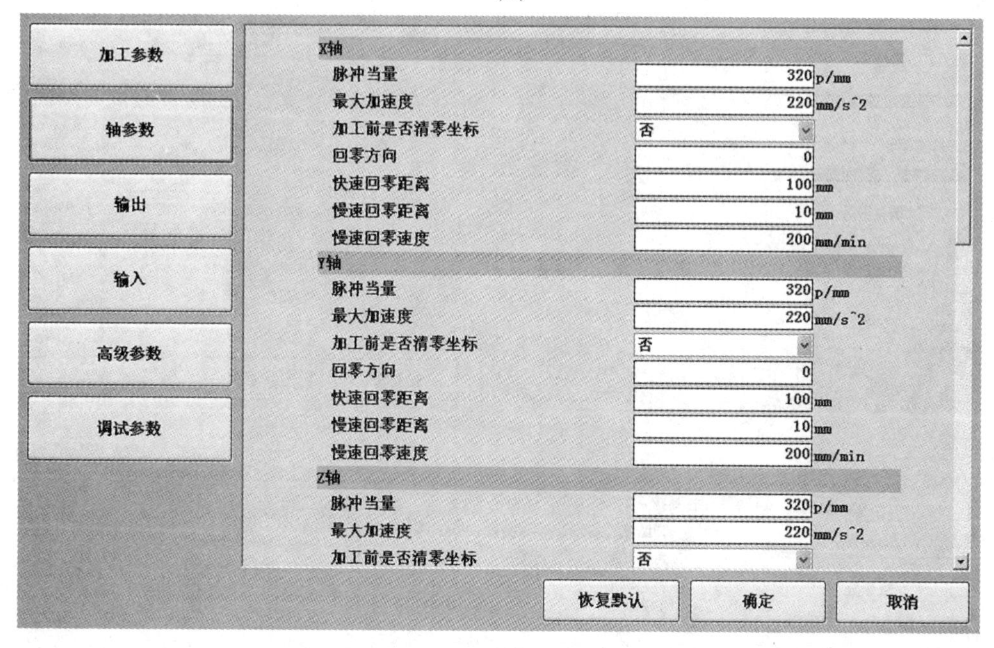

(b)

图 5-16 轴参数设置界面

● 最大加速度:表示该轴允许最大的加速度,在实际运动过程中系统会进行加减速规划,增大该参数可以减少系统加速所需的时间。

● 加工前是否清零坐标:表示加工开始前是否自动将该轴坐标清零。

● 回零方向:表示硬件回零的方向,可以设置为1、−1、0,当设置为1时,则为正方向回零;当设置为−1时,则为负方向回零;当设置为0时,则不开启硬件回零功能。

● 快速回零距离:表示硬件回零中的快速回零段的距离。

● 慢速回零距离:表示硬件回零中的慢速回零段的距离。

● 慢速回零速度:表示硬件回零中的慢速回零段的速度。

(3) 输入、输出端口。

系统中总共包括8个数字输出端口(DO0~DO7)和20个数字输入端口(DI0~DI19),且所有的IO端口均可以动态配置(方便用户根据自己的习惯来指定接线端口),如图5-17所示。参数设定中的数字代表其对应的端口号,假定用户需要将X轴的正限位设定为通过第0个DI口触发,则只需要将“X轴-正限位”参数后所对应的值设为“0”即可,如果将该值设为“关闭”,则表示该功能不被开启。

“X+运动”、“X−运动”等类似参数代表可以通过连接外部输入信号来触发轴的正负向

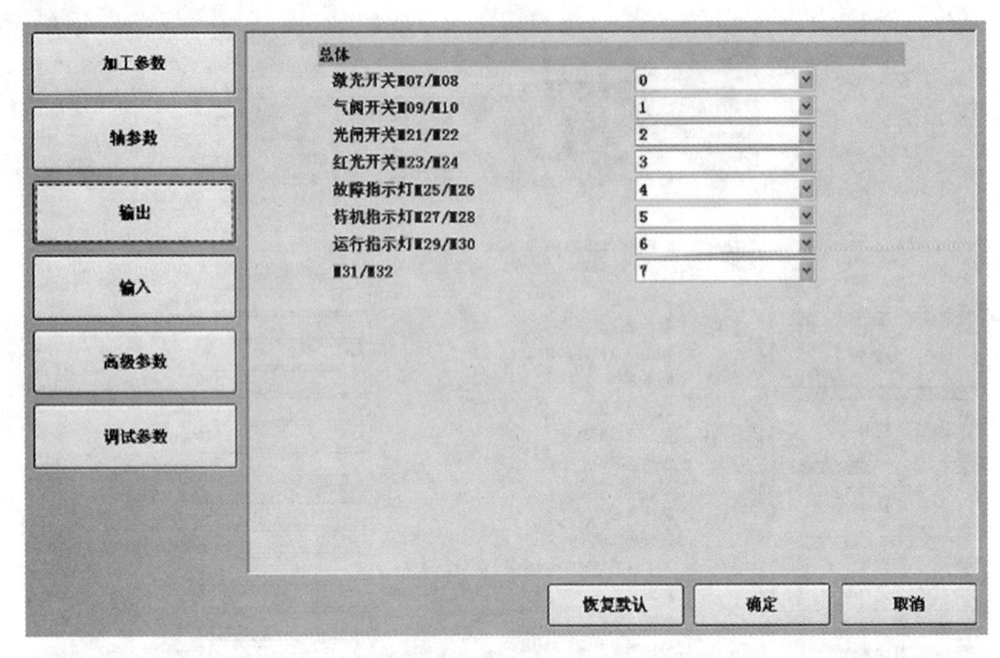

(a)

(b)

图 5-17 输入、输出端口设置界面

运动(默认高电平有效)。

(4) 高级参数。

高级参数主要涉及一些比较复杂的参数,如图 5-18 所示,请用户不要随意改动。该参数意义如下。

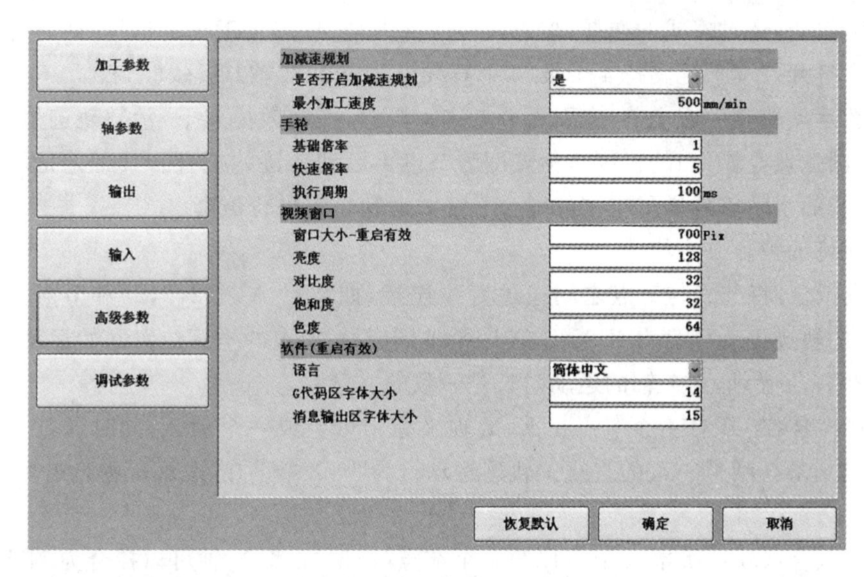

图 5-18 高级参数设置界面

● 是否开启加减速规划：开启后系统会对加工路径进行自动的加减速规划，对于精度要求高的加工情况，其效果会比较明显。

● 最小加工速度：在加减速规划中，进行转向等需要减速的动作时，系统可设置的最小加工速度。

● 基础倍率：外接手轮时，系统接收的脉冲量＝手轮发送的脉冲数×基础倍率，也就是说，倍率越大，手轮控制机台的运动速度越快。

● 快速倍率：表示手轮快速挡与慢速挡的速度比。

● 窗口大小：表示 CCD 视频窗口的大小。

● 亮度：表示 CCD 采集的亮度。

● 对比度：表示 CCD 采集的对比度。

● 饱和度：表示 CCD 采集的饱和度。

● 色度：表示 CCD 采集的色度。

● 语言：表示软件的语言选择。

● G 代码区字体大小：表示 G 代码编辑区域的字体大小。

● 消息输出区字体大小：表示消息输出区域的字体大小。

(5) 调试参数。

调试参数为底层参数，非专业人员请不要随意改动。

5.3.8 示教编程

1) 功能概述

通过示教编程，可以人工引导机台的运动路径生成加工路径与加工工艺，从而轻松实现对不规则图形的加工编程。在示教过程中，通过对选取节点（机台位置坐标点）的拟合生成加工的运动轨迹，通过模式的选择（加工、空走、点焊）实现加工工艺的选择，此时，激光、气阀等开关不会打开。本系统支持 4 个轴（3 个直线轴、1 个旋转轴）的联动示教。

在介绍运动轨迹生成之前，先引入节点这一概念，在示教模式下，示教轨迹生成（通过增加直线点、圆弧点等操作）的机床坐标点即为节点。运动轨迹的拟合和其工艺是示教编程的核心，本系统的示教编程通过丰富的拟合方法对运动轨迹进行仿真。

运动轨迹的拟合方法如下。

- 直线拟合：将节点与节点之间通过直线连接，如节点 A(0,2,0,5) 和节点 B(10,8,6,9)，拟合后的轨迹运动行为为 X、Y、Z、A 四个轴同时从 A 点的坐标位置开始运动，并同时停止在 B 点坐标位置，即 4 个轴的运动时长是一致的。
- 圆弧拟合：A、B、C 三个节点在 X、Y 轴坐标中可生成一个圆弧，同时通过 B 节点与 Z 轴连接生成一条与圆弧一致的直线。轨迹运动行为为：X、Y 轴的运动轨迹为圆弧，Z、B 轴的运动轨迹为直线。
- 曲线拟合：（软件版本大于 V1.7）多个节点（>3）在 X、Y 轴可以拟合为 NURBS 曲线轨迹，同时在 Z、B 轴可以拟合为直线。

工艺信息的示教主要是通过选择来实现的。本系统支持空走、加工、点焊 3 种工艺模式。

- 加工模式：此模式下添加的节点生成轨迹在实际加工中会自动开启激光、气阀开关。
- 空走模式：此模式下添加的节点生成轨迹只支持直线拟合，在实际加工中，不会自动开启任何开关。
- 点焊模式：此模式下添加的节点生成轨迹只支持直线拟合，在实际加工中，空走到节点处后会自动开启激光、气阀开关，在延时制定时间后关闭他们。

2）视图说明

在示教模式，视图只能显示 XY 平面的图形，视图可进行放缩、平移操作。各细节的意义如下。

- 红色点：表示当前刀头在工作台坐标系中打标的位置。
- 白色点：表示示教的节点。
- 绿色点：表示当前操作的节点（当前活动节点）。
- 黄色点：表示点焊节点。
- 白色实线：表示加工轨迹。
- 白色虚线：表示空跳轨迹。
- 黄色虚线：表示空跳到点焊节点。
- 白色数字：表示节点序号。
- 红色数字：表示点焊的延时时间，单位为毫秒（ms）。

3）操作方法

点击功能按钮区的“开启示教”按钮，即可进入示教编程模式，此模式下，操作面板区的下部分出现示教编程操作面板，如图 5-19 所示。

面板的功能按钮介绍如下。

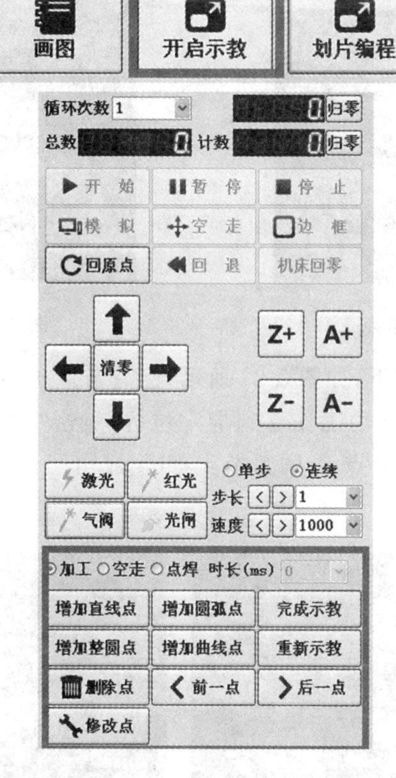

图 5-19 示教编程操作面板

- 增加直线点：表示把当前刀头坐标点增加为一个直线类型节点。
- 增加圆弧点：表示把当前刀头坐标点增加为一个圆弧类型节点。
- 增加整圆点：表示把当前刀头坐标点增加为一个整圆类型节点。
- 增加曲线点：表示把当前刀头坐标点增加为一个曲线类型节点。
- 删除点：表示删除当前活动节点。
- 修改点：表示把当前活动节点的坐标改为当前刀头坐标。
- 前一点：表示使后一个节点成为当前活动节点，同时刀头移动到后一个节点的位置。
- 后一点：表示功能类似上一条。
- 完成示教：表示完成示教编程。
- 重新示教：表示清除当前示教内容，重新示教。

加工轨迹的生成方法如下。

● 直线：在加工模式下，如图 5-20 所示，已有节点 1，增加一个直线节点 2，生成一条线段加工轨迹。并把新增加的节点作为当前活动节点。

● 圆弧：在加工/空走模式下，如图 5-21 所示，已有节点 1，增加两个圆弧节点分别为圆弧节点 2 和圆弧节点 3，即三个 XY 平面的节点(已有节点 1、圆弧节点 2、圆弧节点 3)生成一个圆弧加工轨迹。

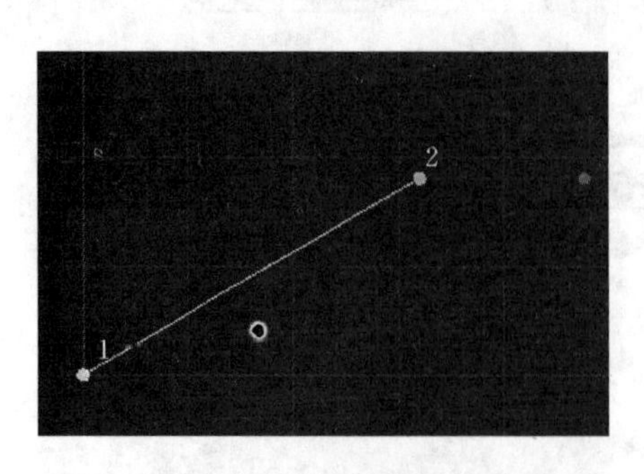

图 5-20 增加直线节点

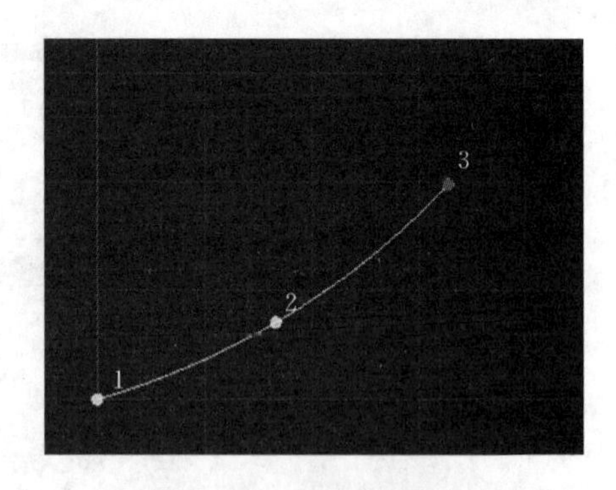

图 5-21 增加圆弧节点

● 整圆：在加工/空走模式下，如图 5-22 所示，已有节点 1，先增加一个圆弧节点或整圆节点 2，再增加一个整圆节点 3（移动工作台到指定位置，点击“增加整圆点”按钮），3 个 XY 平面的节点（已有的节点 1、圆弧节点 2、圆弧节点 3）生成由两个同半径、同圆心的圆弧组成的圆形加工轨迹。

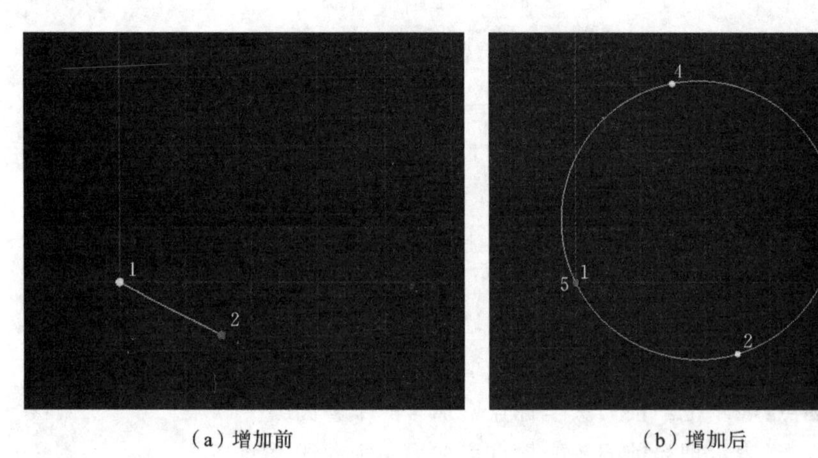

（a）增加前 （b）增加后

图 5-22 增加整圆节点

● 曲线：在加工/空走模式下，连续增加 4 个或 4 个以上的曲线点，多个曲线点生成一条 NURBS 曲线加工路径。

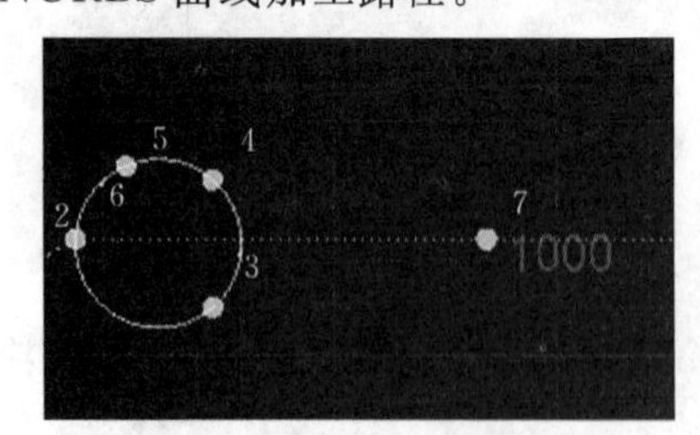

图 5-23 增加点焊节点

● 点焊：在点焊模式下，如图 5-23 所示，增加点焊节点 7，即生成在节点处的点焊加工，点焊时间为时长的输入框指定的 1000，其单位为 ms。

● 空跳：在空走模式，移动工作台到指定位置，点击“增加直线点”按钮，即可让刀头空跳到节点位置。

4）编辑修改示教程序

● 修改当前点：在示教过程中，可能会发现以前设置的点不合理，需要修改或者删除某些点。

修改当前点的步骤如下。

① 在“图形显示区”中点击需要修改的点(也可通过点击“前一点”、“后一点”来实现选点),激光头会立刻走到该点所处的实际位置,同时该点也会变为绿色,表示当前选中。

② 移动激光头到实际需要加工的目的点。点击“修改点”按钮即可对当前点进行修改,修改后,图形轨迹会立即变化。修改前后的对照图如图5-24所示。

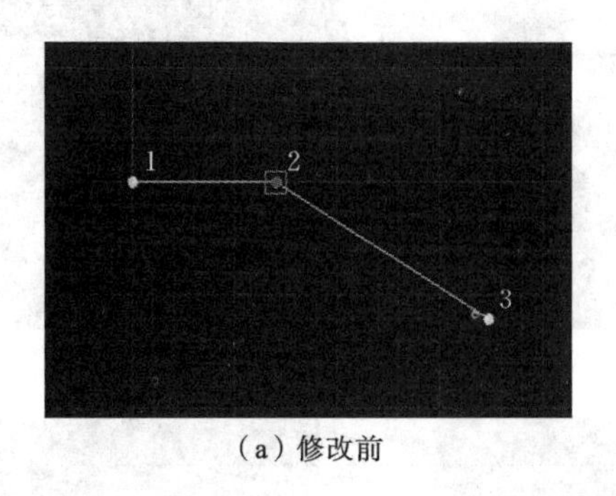

(a) 修改前

(b) 修改后

图5-24 修改当前点

● 删除当前点:点击需要删除的节点(也可通过点击“前一点”、“后一点”来实现选点)。点击“删除点”按钮即可删除当前节点。删除前后的对照图如图5-25所示。

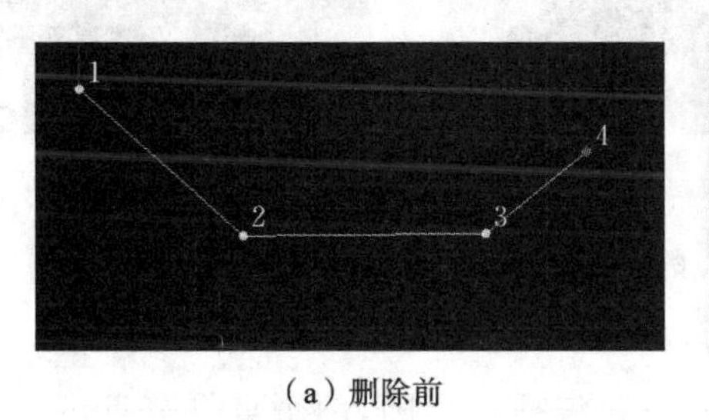

(a) 删除前

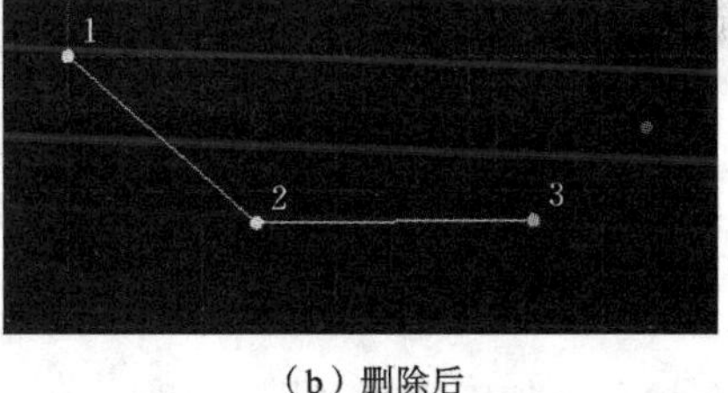

(b) 删除后

图5-25 删除当前点

5) 典型案例

案例1

案例1的目标加工轨迹如图5-26所示,加工步骤如下。

(1) 如图5-27(a)所示,移动刀头到一个基准点,归零坐标,增加支线节点1,再移动刀头到第2个点,选择空走模式,然后增加直线节点2,生成一条空跳轨迹。

(2) 如图5-27(b)所示,增加直线节点3、圆弧节点4、圆弧节点5,生成一条直线加工轨迹及一条圆弧加工轨迹。

(3) 如图5-27(c)所示,同步骤(2),生成一条直线加工轨迹及一条圆弧加工轨迹。

(4) 如图5-27(d)所示,完成第一条加工轨迹,并增加一条空跳轨迹。

(5) 如图5-27(e)所示,增加一个圆弧节点或整圆节点11。

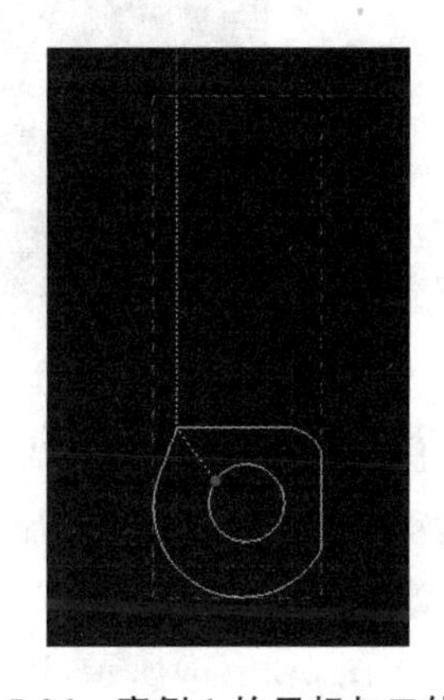

图5-26 案例1的目标加工轨迹

(6) 如图 5-27(f)所示，增加整圆节点 12，生成一个整圆，刀头自动移动到节点 14。

(7) 完成示教即可得到加工路径的 G 代码。

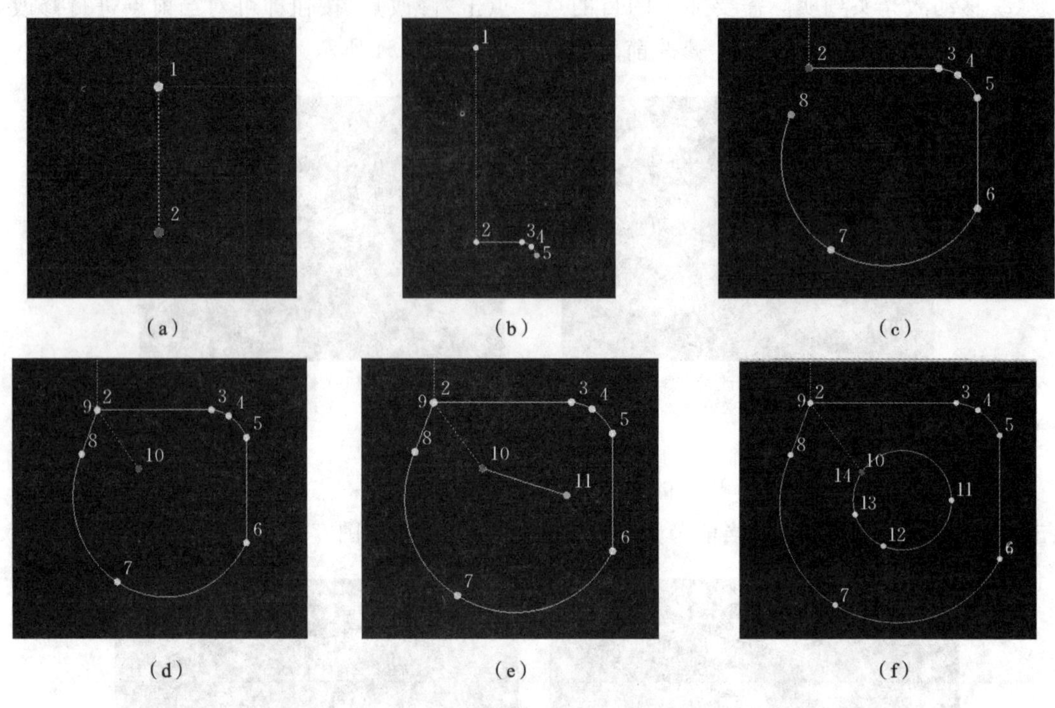

图 5-27　案例 1 的加工步骤图示

案例 2

案例 2 的目标加工轨迹如图 5-28 所示，其内容包括一个圆，两个点焊节点，一个方形轮廓，一个圆弧轨迹，加工步骤如下。

图 5-28　案例 2 的目标加工轨迹

(1) 图 5-29(a)所示，圆轨迹及直线轨迹与案例 1 中的相似，区别在于此案例增加了点焊的示教功能。在完成圆弧加工轨迹后，移动刀头到节点 7，设置点焊时长为 1000 ms，切换示教模式为点焊，增加直线节点，即可实现激光头节点 7 持续 1000 ms 的开启时间。

(2) 图 5-29(b)所示，增加空跳节点 13，及圆弧节点 14、15。

(3) 完成示教即可得到加工路径的 G 代码。

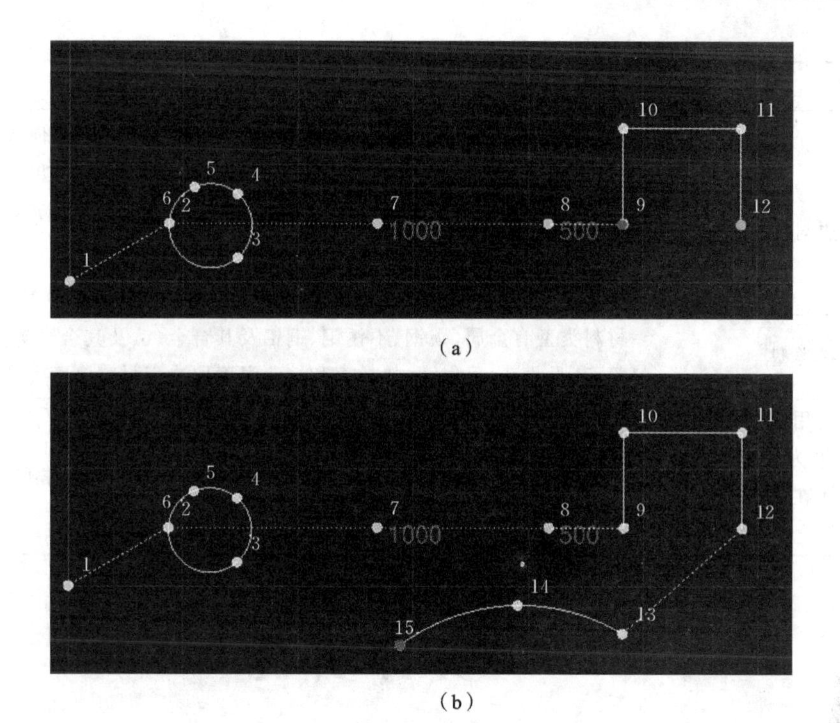

图 5-29 案例 2 的加工步骤图示

5.4 激光焊接工艺实训

激光焊接参数如表 5-8 所示。

表 5-8 激光焊接参数

参　　数		说明、注解
激光	激光功率	对于较低的功率密度，材料表层温度达到沸点需要经历数毫秒，在表层汽化前，底层温度达到熔点，易形成良好的熔融焊接。在传导型激光焊接中，功率密度范围为 $10^4 \sim 10^6$ W/cm²，而激光深熔焊的激光功率密度更高（$10^6 \sim 10^7$ W/cm²）
	激光脉冲波形	激光脉冲波形在激光焊接中是一个重要问题，尤其对于薄片焊接更为重要。当高强度激光束射至材料表面时，金属表面将会有 60%～98%的激光能量因为反射而损失掉，其反射率随表面温度变化而变化。在一个激光脉冲作用期间内，金属反射率的变化很大
	激光脉冲宽度	脉宽是脉冲激光焊接的重要参数之一，它既是区别于材料去除和材料熔化的重要参数，也是决定焊接设备价格的关键参数
焊接参数	焊接速度	在其他参数都相同的情况下，增加激光功率可以提高焊接速度，增大焊接熔深

续表

参数		说明、注解
焊接参数	离焦方式有两种：正离焦与负离焦	焦平面位于工件上方为正离焦，反之为负离焦。按照几何光学理论，当正、负离焦平面与焊接平面的距离相等时，所对应平面上的功率密度近似相同，但实际上所获得的熔池形状却不同。在离焦方式为负离焦时，可获得更大的熔深，这与熔池的形成过程有关。当要求熔深较大时，采用负离焦；当焊接薄材料时，采用正离焦
材料	材料类型	材料类型有金属（碳钢、不锈钢、铜铝及其合金、钛及其合金等）、非金属塑料等，其吸收率、反射率、热导率和熔化温度取决于材料厚度和表面状态
保护气体	常使用氦、氩、氮等气体作为保护气体，使工件在焊接过程中免受氧化	激光焊接过程常使用惰性气体来保护熔池，当某些材料焊接可不计较表面氧化时则可不考虑保护熔池，但对大多数应用场合而言常使用氦、氩、氮等气体作保护，使工件在焊接过程中免受氧化

5.5 项目实施

(1) 激光焊接设备的操作（开关机操作顺序及注意事项—加工工艺流程—分析激光焊接可行性—产品焊接软件操作—焊接工艺参数调试—产品焊接质量检验）。

(2) 焊接图形编程及处理。

(3) 激光焊接加工工艺实训：记录激光焊接工艺参数。

项目 6

皮秒激光加工实训

6.1 项目任务要求与目标

(1) 掌握皮秒激光切割设备的操作。

(2) 掌握皮秒切割工艺。

6.2 皮秒激光加工技术介绍

皮秒激光作为超短脉冲激光的典型代表,具有超短脉宽和超高的峰值功率,其加工对象广泛,尤其适合加工蓝宝石、玻璃、陶瓷等脆性材料和热敏性材料,因此适合于电子产业与微细加工行业。近两年对皮秒加工设备的需求迅速提升,主要原因是指纹识别模组在手机上的应用带动了皮秒激光专用设备的采购。指纹模组涉及激光加工的环节有:晶圆划片、芯片切割、盖板切割、FPC 软板外形切割钻孔、激光打标等。其中主要是蓝宝石/玻璃盖板和 IC 芯片的加工。苹果 6 从 2015 年开始正式使用指纹识别系统,同时带动了一批国产品牌的普及,目前手机市场上指纹识别系统的渗透率不足 50%,因此用于加工指纹识别模组的皮秒机仍有较大的发展空间。随着未来手机中蓝宝石和陶瓷等高附加值脆性材料的应用,皮秒激光加工设备将成为 3C 自动化设备中重要的组成部分。在 3C 自动化加工设备领域,未来皮秒激光或将扮演一个广泛而深刻的角色。

激光照射到材料表面时,除一部分光被反射外,其余光都能进入材料内部,其中的一部分被材料本身吸收,另一部分则透过材料(对于不透明物质,透射光则被吸收)。普通的长脉冲激光在与材料相互作用的过程中,随作用时间的推移,通常经历以下几个阶段:固态加热及表层熔化阶段;形成增强吸收等离子体云阶段;形成小孔和阻隔激光的等离子体云阶段。对于金属材料,皮秒激光的能量被材料内的自由电子线性吸收,并通过激发之后产生等离子体,在等离子体与皮秒激光的共同作用下,材料内部膨胀、爆炸产生冲击波,使得受作用区域材料脱离母材,从而完成材料加工过程。对于有机材料,当聚合物的多键吸收激光的能量过多时,其键发生断裂，从而实现材料的去除。一般地，皮秒激光的热损伤极小，在适当工艺条件下可实现无损伤加工，但是当对同一部位进行皮秒激光重复加工时，则容易损伤和破坏该材料。

在微纳加工的应用中皮秒激光有很多优点。一方面，皮秒激光可加工材料的范围广，从理论上来讲，只要皮秒激光的脉冲足够短、能量足够大，就可以对任何材料进行精细加工和处理。另一方面，皮秒激光的微纳加工精度高，激光的准直度好，皮秒激光的光斑大小又是微米量级，因此在实际加工过程中易于控制，可重复性较好。同时，皮秒激光加工所需的脉冲能量一般为毫焦耳量级或微焦耳量级，相比于传统激光加工，其消耗的能量大大降低，具有能耗低的优点。

（1）加工速度更快：正业的皮秒激光技术采用 400 kHz 的皮秒激光器（1 kHz～1000 kHz 可调），振镜速度可以达到 2000～3200 mm/s，远大于市面上的纳秒机台的加工速度（1800 mm/s），其加工速度更快，生产效率更高。

（2）切割品质更高：拥有高效率、高品质的皮秒激光器，其加工效果更优秀，切割品质更好，产品的良率更高，对软板/覆盖膜切割的周边碳化、烧焦现象更加轻微，可满足客户更高的精密加工需求。

（3）加工范围更广：因为皮秒激光技术的峰值功率更大（可达 20 MW），其切割功能更强，所以能加工的材料范围就更广。它可以轻易突破纳秒激光对陶瓷、玻璃等材料的加工难题，并且崩边效果非常良好。

6.3 超短皮秒脉冲激光切割调试

6.3.1 皮秒激光切割设备

皮秒激光切割设备是由切割机主体、烟尘净化器、激光控制器和 CO_2 激光器冰水机组成的，如图 6-1 所示。其中，切割机主体负责加工生产部分；烟尘净化器负责烟尘去除以及平台

图 6-1 皮秒激光切割设备

吸附、烟尘净化和空气循环;激光控制器负责更改皮秒激光的主要参数;CO_2 激光器冰水机负责为 CO_2 激光器降温。

6.3.2 皮秒激光切割设备的操作

1) 开启设备

(1) 开机。

① 为 CO_2 激光器冰水机通电后,按下启动按钮启动,等待温度降至指定温度,如图 6-2 所示。

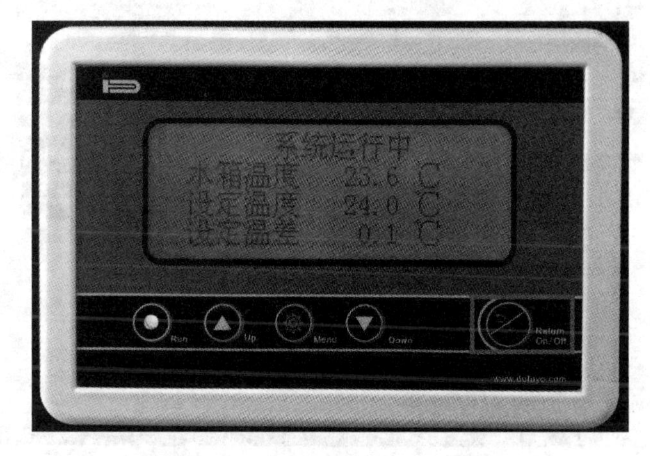

图 6-2 CO_2 激光器冰水机功能键

② 为主机通电后,旋起紧急停止、钥匙开关,等待计算机启动完毕(如果不能正常通电,请检查电源总开关、机台后的机台总开关、稳压器开关和急停按钮等)。

(2) 开启激光器:旋起紧急停止、钥匙开关,如图 6-3 所示。

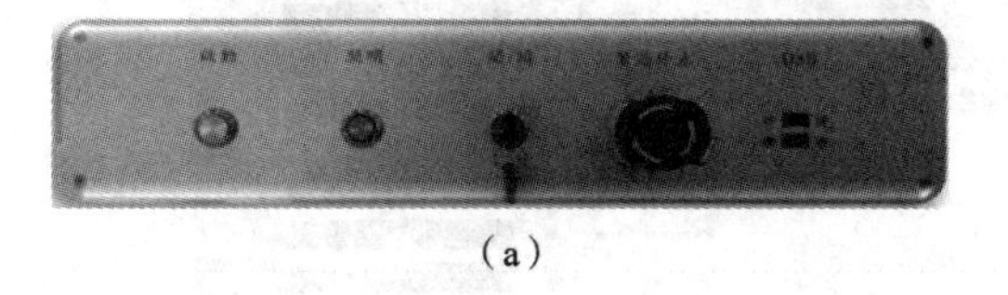

(a)

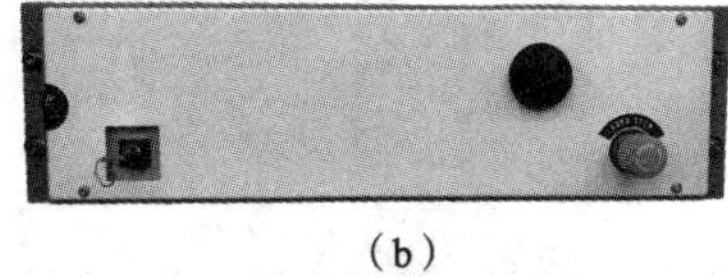

(b)

图 6-3 激光器开关

图 6-4 所示,旋转激光控制器上方总开关,等待 LaserConsole 软件自动开启后,按下激光控制器"SYSTEM START"按钮。为保证出光质量,静待 15 分钟,这期间无须点击"OK"或做其他操作,等待激光器软件自动启动完毕。等待开启界面如图 6-5 所示。

点击"Open Shutter"或"Close Shutter",控制光闸开启或关闭,如图 6-6 所示。

2) 开启设备后的操作

(1) 在电脑桌面上双击 APT MicroCut 切割软件图标以开启软件(该过程需要 1 分钟

图 6-4　激光控制器开关

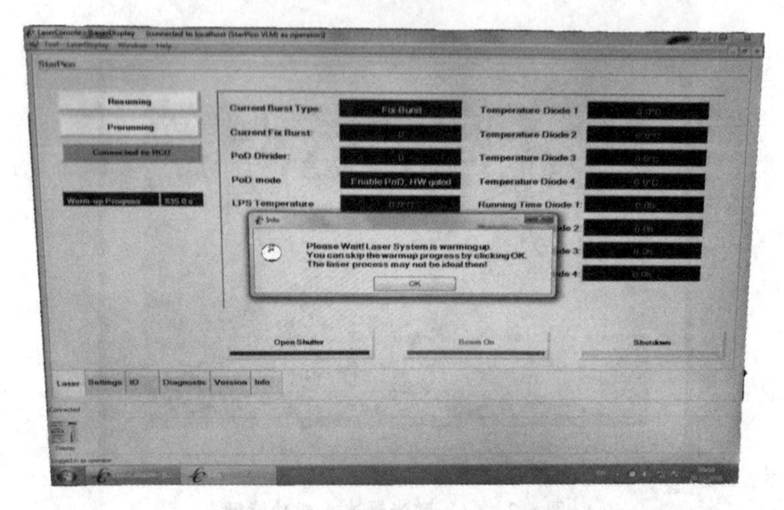

图 6-5　激光器软件等待开启界面

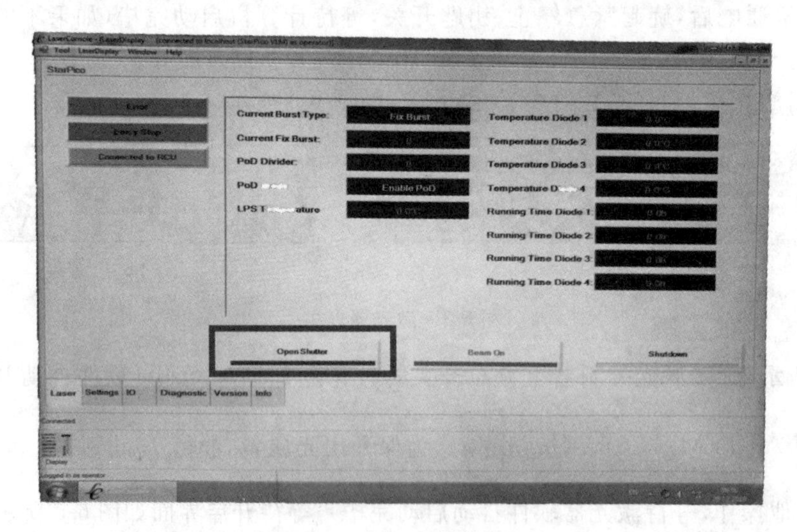

图 6-6　光闸开启或关闭

左右)，选择相应的用户登录进入软件(本实训大纲以“打样组 Proofer”权限进行讲解)，如图 6-7 所示。

(2) 通电后第一次进入系统会提示强制回零操作，所以在出现相关提示时请检查平台上

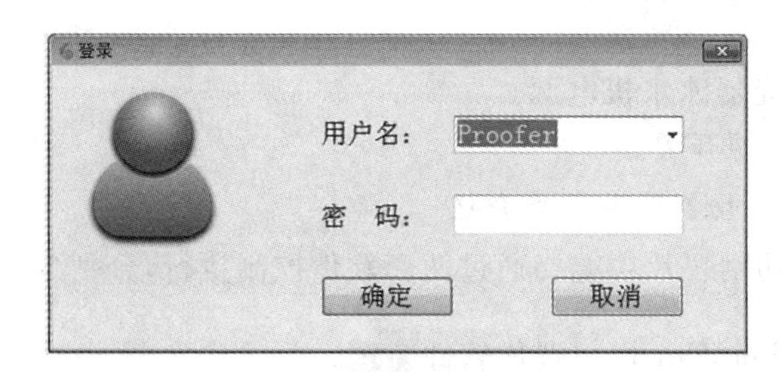

图 6-7　用户登录界面

是否有异物，以免影响平台的回零，点击“确认”按钮完成回零动作，如图 6-8 所示。

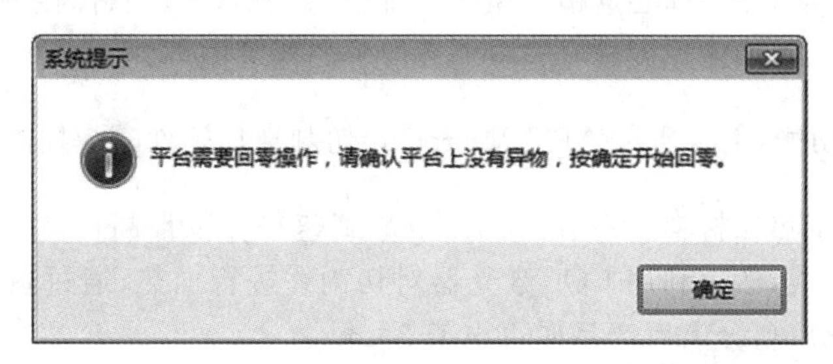

图 6-8　回零操作

3) 关闭设备

关闭设备和开启设备的步骤相反。

(1) 在 LaserConsole 软件中，点击“Shutdown”按钮，如图 6-9 所示，在弹出的对话框中点击“确定”，等待激光控制器关闭，这期间不能做其他操作，最后关闭激光控制器总开关。

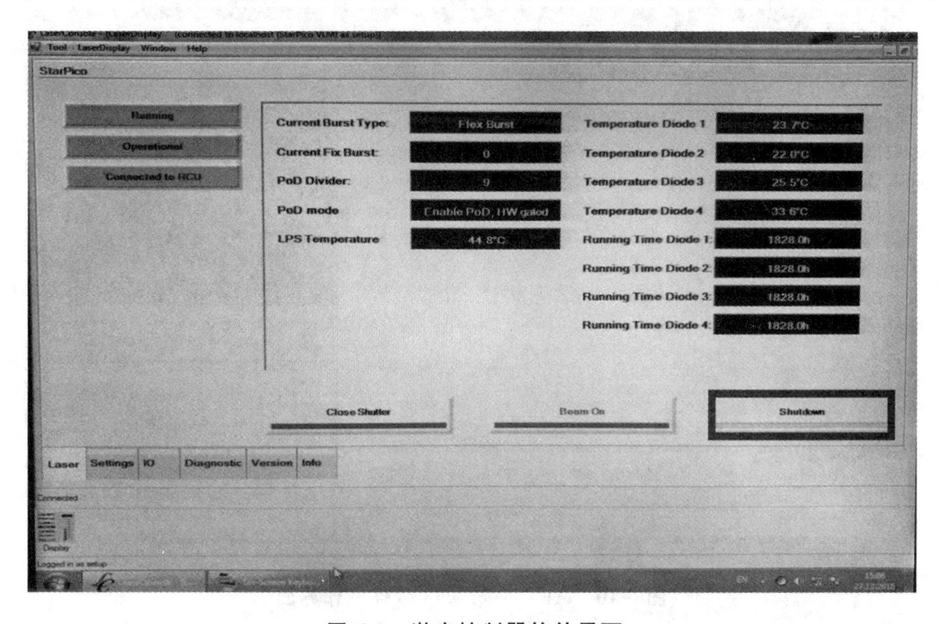

图 6-9　激光控制器软件界面

(2) 主机退出 APT MicroCut 软件后依次关闭计算机、机台钥匙开关，并按下紧急制动按钮。

(3) 关闭 CO_2 激光器冰水机电源。

(4) 关闭稳压器电源开关。

4) 振镜消融功能和切割裂片功能介绍

振镜消融功能和切割裂片功能要通过两套软件控制执行，分别是 APT MicroCut 振镜消融软件和 APT MicroCut 切割裂片软件。

(1) 振镜消融功能：主要通过 APT MicroCut 振镜消融软件控制皮秒激光器光束通过振镜控制做 X/Y 向移动，经过远心透镜后聚焦到加工件表面，通过软件控制激光头在加工件上做各种图形的加工。其加工速度在 0～3000 mm/s 的范围内可调。

(2) 切割裂片功能：主要通过 APT MicroCut 切割裂片软件控制皮秒激光器光束经过激光成丝切割头聚焦在材料上穿孔，配合 X/Y 高速平台以最高可达 300 mm/s 的速度移动，形成所需的切割线，然后利用 CO_2 激光器对切割线进行加热，通过热胀冷缩的原理使产品与废料实现快速分离，分离后产品崩边小于 5 μm。

(3) 两种功能的切换：在 PC 端控制软件，通过单轴机械手实现自动切换，当使用振镜消融功能时，切割裂片功能自动关闭，切割头不出光，反之亦然。

5) APT MicroCut 软件简介

(1) 打开软件，进入 Proofer 账户后，用户将看到如图 6-10 所示的界面，亦即为 APT MicroCut 软件操作界面。

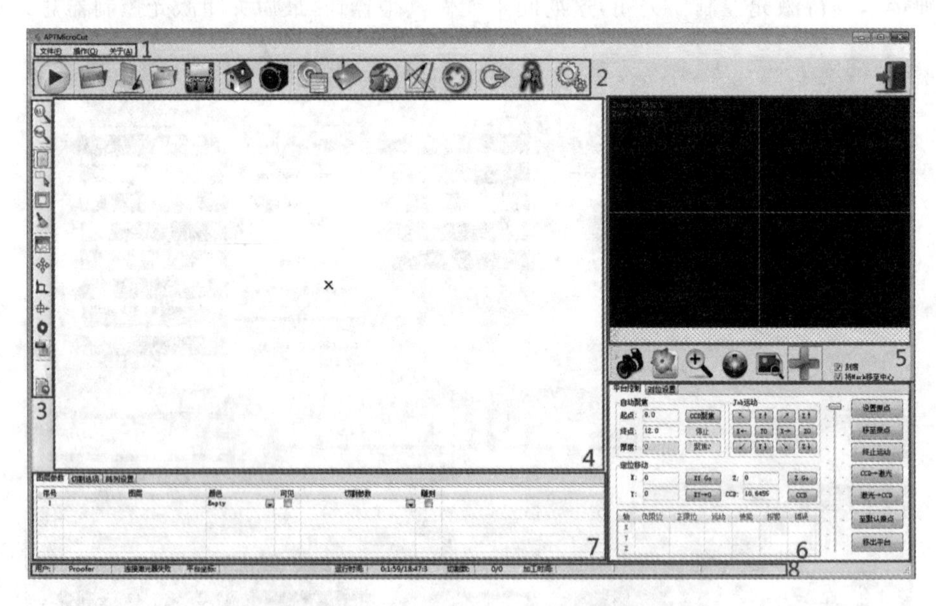

图 6-10 APT MicroCut 软件操作界面

(2) 图 6-10 所示，1 区为软件菜单栏；2 区为软件工具栏；3 区为图档工具栏；4 区为图档显示区；5 区是 CCD 显像区和对应的工具栏；6 区分为平台控制面板和对位设置面板；7 区分为图层参数面板、切割选项面板和阵列设置面板；8区为状态栏。

6）软件快捷键介绍

点击“操作”菜单，在下拉菜单上对应各功能项右边有相应的快捷键显示，当输入焦点在主窗体上时有效。

- F5：表示开始/停止切割。
- F6：表示 Mark 自动对位。
- F3：表示抽风吸附。
- F4：表示显示切割参数窗体。
- Ctrl＋H：表示回零。
- Ctrl＋Shift＋O：表示设置原点。
- Ctrl＋O：表示移至原点。
- Ctrl＋A：表示图档进入显示模式。
- Ctrl＋S：表示图档进入选择模式。
- Ctrl＋D：表示清除选择。
- F10：表示加快平滑移动的速度。
- F9：表示降低平滑移动的速度。
- F8：表示增加 CCD 光源的亮度。
- F7：表示降低 CCD 光源的亮度。
- Shift＋方向键：表示步进移动平台，在各个界面下都有效。
- Ctrl＋方向键：表示平滑移动平台，当输入焦点在平台控制面板上时有效。

7）控制平台运动

在软件主界面右下角部分的平台控制面板可进行平台的运动控制，如图6-11所示。

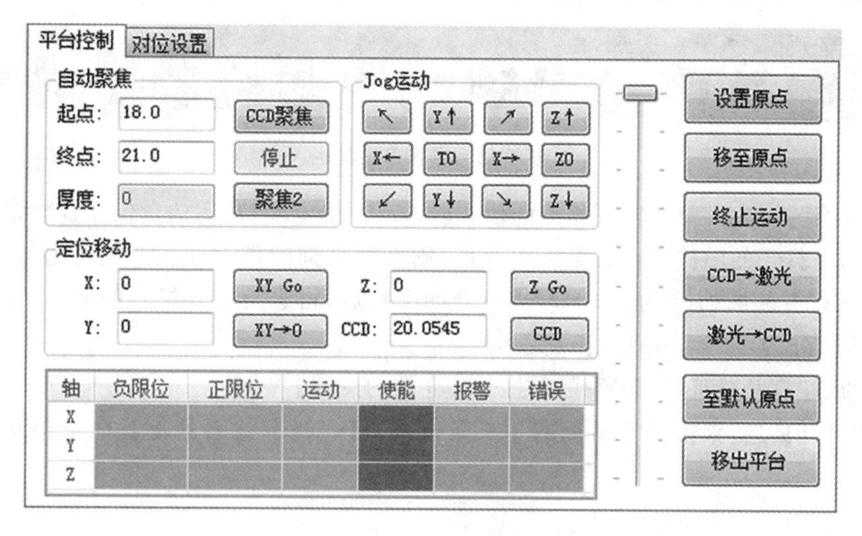

图6-11　平台控制面板

（1）Jog运动：点击面板上的方向按钮，既可以控制平台的平滑运动，也可以通过上下拖动滑块调节速度。

(2) 在点击过面板上的方向键后可以用键盘的"Ctrl+方向键" 控制平台的平滑运动。

(3) 用键盘的"Shift+方向键"可以控制平台的步进运动,步长可以通过上下拖动滑块进行调节。

(4) 滑块可以通过 F9、F10 调节:F9 为降低;F10 为升高。

(5) 在定位移动中,根据设置的原点,可以通过输入 X、Y 坐标准确定位平台(在打样测试时较常用到)。

(6) CCD→激光:将 CCD 移到激光所在的位置。激光→CCD:将激光移到 CCD 所在的位置。

(7) 移出平台:将平台移出到方便取放工作的位置(该位置可以由设备管理员在菜单"设置"→"其他设置"中进行设置)。

注意:在控制平台运动的过程中,须事先确保激光头不会与治具发生干涉。

8) 切割图档的要求

其格式有 DXF、DWG、GBR、EZM 等,本软件的特有格式是 EZM。

(1) 图元数应尽可能少,当图元超过 5000 个时会明显感觉到处理速度较慢,可将不需要雕刻的图层删除。

(2) 将异形孔合并成一个图元,会少量提升切割时间,如果需要量产图档,建议将异形孔合并(可用 AutoCAD 的 PE 命令处理)。

(3) 标靶放于一个命名为 Mark 的图层中,当标靶数符合 2～4 个时,软件会自动将标靶坐标读入,Mark 图元必须是单一图元,系统默认将该图元中心作为 Mark 中心位置。

9) 打开图档

(1) 通过主界面工具栏(见图 6-12)的打开按钮打开图档,如果该图档是第一次被打开,则会弹出"程式信息"登记窗体。

图 6-12 主界面工具栏

(2) 在"程式信息"窗体输入相关的信息后,点击"确定"将这些信息保存到数据库中。

(3) 如果打开的图档已在数据库中存档,则系统会询问是否导入存档的图档,如果选择"否"则导入打开的图档(注意:如果导入打开的图档后,再进行保存操作的话,新图档会替换已存档的图档)。

(4) 通过"打开最近"按钮可以打开已存档的图档。

(5) "打开最近"默认显示最近的 100 条记录,可通过程式名的部分或全部来搜索切割程式。

10) 无 Mark 对位切割

(1) 打开图档(要求图档为 2004 版的 DXF,原点在图的左下角),在"图层参数"面板中按图层设置切割参数,如果没有所需的切割参数,则可以在"切割参数"界面中新建参数项。

(2) 在"切割选项"中,需要设置无 Mark 对位切割,并根据需求设置分图大小、切割完成是否移出平台、切割前后是否自动开关抽风机、切割时是否提高切边品质等。

(3) 根据打开的图档，设置切割的原点，并确定切割范围在产品内，便可以开始切割。

11) 确定切割范围

(1) 点击主界面的鼠标跟随按钮，该图标处会多出一个蓝色的框，此时该按钮处于选择状态。

(2) 在主界面的图档显示区上点击鼠标，CCD 会移动到相应位置。

(3) 通过 CCD 查看鼠标点击的位置是否超出了工件范围。

12) 通过 CCD 查看切割效果

(1) 用鼠标点击需要查看的切割线位置，平台则将该位置移至 CCD 视野内，以查看切割效果。

(2) 通过工具栏上的距离测量按钮可以测量切割线的宽度。

13) 选择切割

(1) 点击图档区左边工具栏上的选择模式按钮，进行模式选择，然后用鼠标点选/框选需要切割的图元。

(2) 按住"Shift"键可以继续增加选择的图元。

(3) 切割时如果发现有选择的图元，则只切割选中部分。

(4) 可以用选择切割查看切割效果，如果切割效果满意，则再通过反选按钮切割剩余部分。

14) 有 Mark 对位切割

(1) 在图档中设置图层名为"Mark"的图层，该图层上的图元个数为 2～4 个，则读入图档时会自动识别为 Mark，并设置好 Mark 信息，要求 Mark1 的坐标为(0,0)。

(2) 如果不能自动识别 Mark 信息，则可以在对位设置面板中设置 Mark 个数，然后点击对位的"CAD"按钮选取对应的图元作为 Mark。

(3) 设置完 Mark 信息后，找到加工件对应的 Mark1 位置作为加工原点，并进行 Mark 教导学习。

(4) 点击"自动对位"(或按快捷键 F6)，检查是否能自动对 Mark 进行抓取，并确认缩放比与倾斜角度是否在合理范围内。

(5) 如果能正常抓取所有的 Mark，则可以勾选切割选项面板上的"Mark 对位"选项，当开始切割(按快捷键 F5 或机台上的"启动"按钮)时，就会自动抓取 Mark 对位。

15) Mark 模板学习

(1) 将需要学习的标靶移到 CCD 视野内并完成聚焦，使图像清晰可辨。

(2) 点击 CCD 显示区下方的工具栏上的"标靶学习"按钮，出现模板学习窗体。

(3) 在"Step 1"面板上指定一标靶索引，本软件支持 0～15 号的标靶索引，即 16 个标靶模板(第 15 号标靶被振镜校正占用，所以不可以更改)。

(4) 标靶的形状有圆形、矩形和特定图样等。

(5) 通常的标靶为圆形标靶，当鼠标进入 CCD 显示区时，指针会变成十字形，在圆形 Mark 边缘上点击三个点则会根据这三个点生成一个圆形识别框。

(6) 如果绿色的识别线不在 Mark 的边缘上，则切换到“Step 2”中，按照标靶的特征设置“由内往外”或“由外往内”的搜索方向和“由亮到暗”或“由暗到亮”的亮度变化，点击“套用”完成设置。

(7) 如果绿色的识别线正好在 Mark 的边缘上，则直接切换到“Step 3”中，输入“相似度”的值(75%～90%为佳)，点击“教导完成”即可完成标靶学习。

(8) 如果标靶的形状不是圆形，则可以通过特定图样设定标靶，在“Step 1”中选定标靶索引，设置寻找个数。

(9) 在 CCD 界面中会显示一大一小两个方框，将大框拉到最大，以确定寻标靶范围，同时移动小框使其中间的十字叉丝位于标靶正中心，以确定寻标靶位置。然后在“Step 2”中点击“完成教导”即可。

16) 对位时抓不到 Mark 的处理

(1) 在弹出的“再次抓 Mark”界面上，如果 Mark 没有出现在 CCD 视野内，则调出“导航 CCD”将 Mark 移进主 CCD 视野内，点击“再次寻 Mark”。

(2) 如果 Mark 在 CCD 视野内，但是 Mark 已损坏而不能自动抓取时可采取以下两种解决方法。

① 可以通过改步长，用方向键将 Mark 移至 CCD 的中心处，点击“捕获”按钮，获取 Mark 坐标。

② 根据 Mark 的尺寸设置“同心圆”的尺寸，点击“鼠标定位”按钮，在 CCD 成像区点击鼠标左键，手动调节十字同心圆到 Mark 位置，释放鼠标，即可获取 Mark 坐标。

17) 手动对位

(1) 按前文“Mark 模板学习”的方法设置好 Mark 信息。

(2) 勾选对位设置面板上的“手动指定标靶位置”复选框。

(3) 在切割时将弹出“再次抓 Mark”界面，即可用鼠标定位功能进行 Mark 定位。

18) 图元偏移

(1) 将 CCD 移至偏位的部位。

(2) 在图档区选中对应的图元。

(3) 点击图档区的“偏移选中的图元”按钮，弹出“图元偏移”窗体。

(4) 可以直接输入 X、Y 的偏移量，也可以点击“捕获实际切割点”，在 CCD 中捕获坐标，然后点击“捕获希望切割点”，则会求取两点的偏移量并填入 X、Y 偏移量中。

(5) 点击“确定”则可以实现偏移。

(6) 偏移后软件会询问“是否将修改保存到 DXF”，可以根据实际情况确定是否保存。

(7) 此外，偏移后，如果在工具栏中点击“保存”，则偏移数据会被保存到存档中，以后在“打开最近”中打开该档案时，会默认将偏移数据导入档案。所以在修改图档后请确定图档位置以及尺寸符合要求后再保存。

19) 修改图档的原点

(1) 点击图档区工具栏上的“图档左下角设原点”按钮，即以图档的最小 X 值和 Y 值处作为原点，一般用于无 Mark 对位的切割。

(2) 选中一个图元后，点击图档区工具栏上的“以图元中心设原点”按钮即可，一般用于

Mark1不是原点时，此时可将Mark1的中心作为图档的原点。

(3) 点击图档区工具栏上的“鼠标单击设原点”按钮，并确保该按钮是处于可选择状态，然后在图档区选择任一位置作为原点并点击鼠标，即以该位置作为图档的原点。

20) 循环切割

(1) 通过嵌套阵列的相关设置可以实现循环切割。

(2) 勾选循环切割的“启用”即将切割模式改为循环切割。

(3) 在软件上点击“开始切割”后，如果没有定制传感器触发，可以通过机台上的启动按钮触发切割。

(4) 如果有定制传感器则可以通过定制的治具在上下料时自动触发切割。

21) CCD像素长度比的校正

(1) 在纸上雕刻一个直径为0.8 mm的圆孔，或找一个有圆形标靶的工件，将其移到CCD的中心，作标靶学习，并设置其为原点。

(2) 设置X、Y步长为0.5 mm(注意：如果标靶在校正的过程中超出CCD视野，即不能抓取到标靶，则需要将步长改小，理论上步长越大越好)。

(3) 点击“像素长度校正”，则会自动进行校正。

22) 切割振镜和裂片振镜的校正

(1) 一般可用A4纸作为校正材料。

(2) 将振镜下的吸尘罩调节到离A4纸1 cm左右处。

(3) 将出光点移到A4纸的左下角部分(留出至少5 cm的边距)。

(4) 如果还没有对格点作标靶学习，则在格点数上选择“3×3”，点击“雕刻格点”按钮，对打出的格点作标靶学习(注意：为了保证抓取标靶的准确性，请采用较高的功率和200 mm/s的加工速度在白纸上雕刻格点，以减少孔壁的毛边，可通过多次雕刻将白纸打穿，令格点成像黑白分明)。

(5) 保持该位置，点击“按格点数校正”，即系统会自动采集校正数据并补偿到打标卡中。

(6) 然后再进行若干次“21×21”的“按格点数校正”，直到校正完后弹出的校正偏差值中没有红色的(即校正偏差值都小于20 μm)。

23) 确认振镜切割高度

(1) 将CCD视野移到需要切割的面上(根据需要是否要开平台吸附)，点击Z轴的升降按钮，以大致确认CCD拍摄清晰内容的高度范围。

(2) 根据此时的Z坐标，上下浮动1 mm，将该值输入到“自动聚焦”的起点处和终点处。

(3) 点击“CCD聚焦”，稍等片刻，CCD会找出成像最清晰的位置，该位置就是激光的加工高度。

(4) 附加功能：可以通过CCD聚焦功能求出工件的厚度，先在工件上聚焦，然后将CCD视野移到平台上，点击“聚焦2”，求出的厚度就是工件的厚度。

24) 振镜切割参数的设置

(1) 切割参数是按图层进行设置的。

(2) 在工具栏上点击切割参数按钮，则可打开切割参数设置窗口，如图6-13所示。

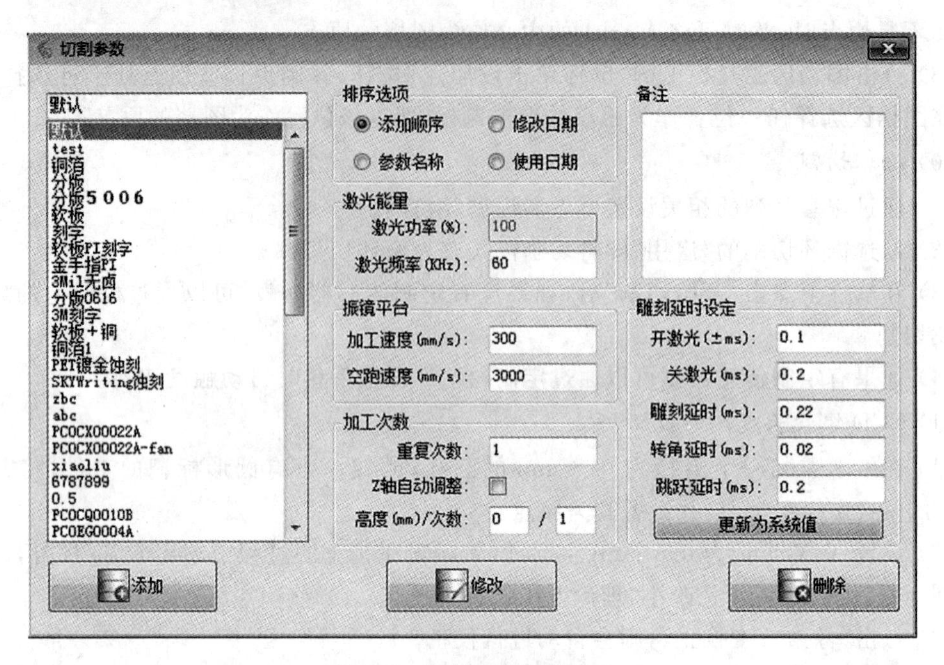

图 6-13 切割参数设置窗口

(3) 切割参数以参数名作为索引,且参数名不能重复。

(4) 添加参数:选中任意一个参数且修改参数名后,点击“添加”按钮,即完成参数的添加(注意:本软件不限制参数的条目数,如果新程序需要的切割参数与原有的不同,建议添加新的切割参数,否则会修改其他已存盘的程序参数)。

(5) 修改参数:选中需要修改的参数名,然后修改相应的参数,在修改完成后点击“修改”按钮。

(6) 删除参数:选中需要删除的参数名,然后点击“删除”按钮则可删除选择的参数(注意:除非确实不需要该参数,否则建议不要删除,以免破坏数据的完整性)。

(7) 切割参数可按多种方式排序。

25) 分图大小的设置

(1) 在主接口左下角的切割选项栏可以改变分图大小,如图 6-14 所示。

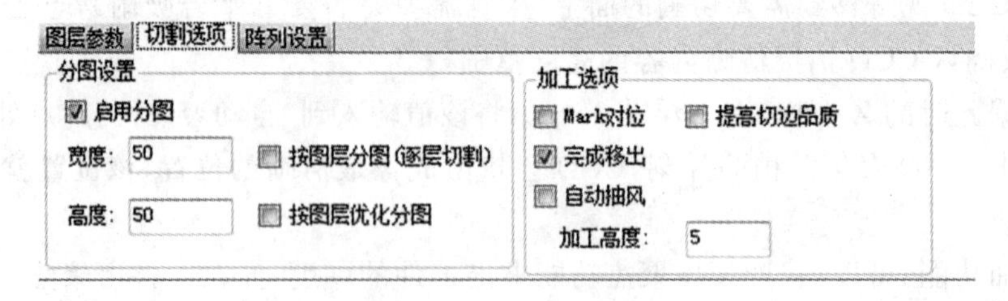

图 6-14 切割选项栏

(2) 一般用最大的分图尺寸会对提高切割效率有帮助。

(3) 可通过改变分图大小尽可能使分图边界避开像素,以减少接图产生的影响,此外,修改分图前要关闭 Mark 图层的“可见”选项,因为切割时 Mark 图层不参与分图。

(4) 如果通过设置分图大小后还不能避开像素，可勾选“按图层优化分图”，让处于在线的分图并且小于分图尺寸的像素避免分图，以保证像素切割的完整性。

26) 对位切割时偏位的处理

(1) 确认 CCD 偏移量是否正确。

(2) 确认图纸上的 Mark 中心位置是否与实物相同，以及 Mark 对位坐标是否与实物相同，缩放比是否在合理范围内。

(3) 如果只有两个标靶，则可以通过增加标靶数，观察是否能改善性能(注意：只有两个标靶时，如果 X/Y 的缩放量不一致，则会出现问题)。

(4) 如果偏移的位置固定，则需要修改图档，根据切割的位置进行相应的偏移。

(5) 作振镜校正。

27) 阵列切割

(1) 在主界面左下角的阵列设置栏可进行相关设置，如图 6-15 所示。

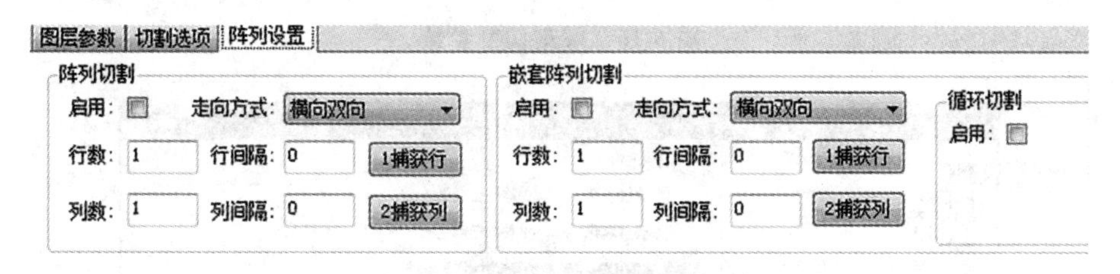

图 6-15 阵列设置栏

(2) 勾选“启用”复选框，其走向方式分为：横向双向(默认)、横向单向、纵向双向和纵向单向四种。

(3) 设置阵列的行数、列数和相应的间距，即可以实现阵列切割。

(4) 一般行间距大于列间距时，用横向走位更省时；列间距大于行间距时，用纵向走位更省时。

(5) 行、列间距可以设置为负数。

(6) 阵列切割也支持 Mark 对位的切割和选择切割等。

(7) 本软件还支持嵌套的阵列切割。

28) 设置裂片参数和切割头切割参数

(1) 所有切割参数是按图层进行设置的。

(2) 在工具栏上点击切割参数按钮，则可打开切割参数设置界面，点选左下角的“雕刻切割参数”，弹出如图 6-16 所示的界面，即为裂片参数；点选“平台切割参数”，弹出如图 6-17 所示的界面，即为切割头切割参数(对于皮秒激光，主要的能量参数设置参见“皮秒激光能量参数的设置”)。

(3) 通过手轮调节裂片高度。

(4) 所有切割参数以参数名作为索引，且参数名不能重复。

(5) 添加参数：选中任意一个参数且修改参数名后，点击“添加”按钮，即完成参数的添加(注意：本软件不限制参数的条目数，如果新程式需要的切割参数与原有的不同，建议添加新

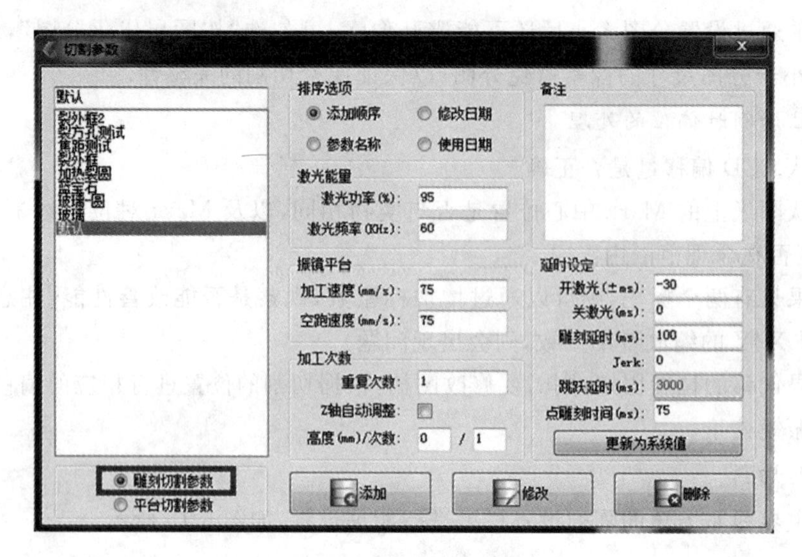

图 6-16　雕刻切割参数

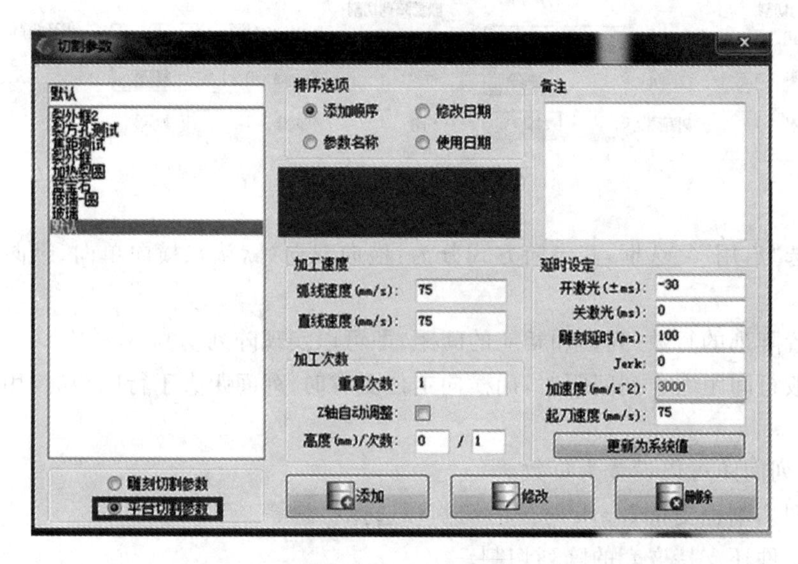

图 6-17　平台切割参数

的切割参数，否则会修改其他已存档的程式参数）。

（6）修改参数：选中需要修改的参数名，然后修改相应的参数，在修改完成后点击“修改”按钮。

（7）删除参数：选中需要删除的参数名，然后点击“删除”按钮则可删除选择的参数（注意：除非确实不需要该参数，否则建议不要删除，以免破坏数据的完整性）。

（8）切割参数可按多种方式排序。

29）*皮秒激光能量参数的设置*

（1）当 LaserConsole 软件准备就绪后，在左上角的菜单栏选择工具（Tool），点击“Log-out”，更换登录用户名，如图 6-18 所示。

（2）点选“Log-in”登录，如图6-19所示。

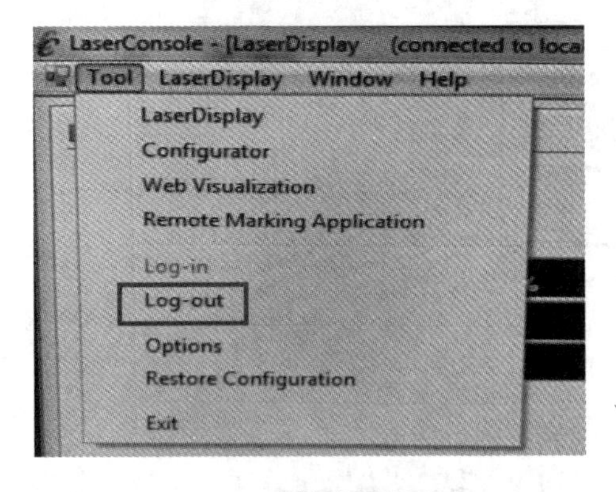

图6-18 更换登录用户名

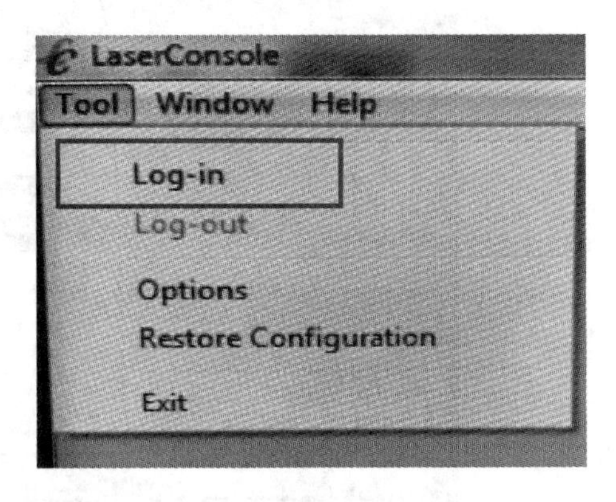

图6-19 点选“Log-in”登录

（3）选择用户名为“setup”，输入密码“rofin”登录，如图6-20所示。

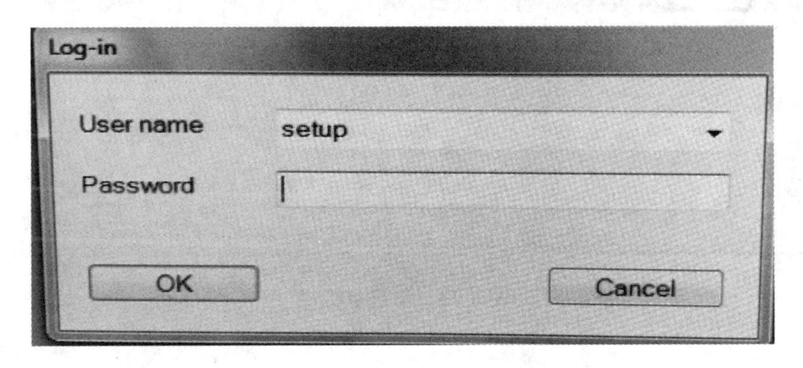

图6-20 选择用户并登录

（4）在工具栏中选择“LaserDisplay”，如图6-21所示，在弹出的对话框中点击“OK”。

（5）在“Settings”中可以更改皮秒激光的主要参数，如：“主要模式”、“输出能量”、“分频”等，如图6-22所示。

30）图层参数栏设置

（1）图层参数栏如图6-23所示，皮秒激光的切割顺序是按照序号排列的。

（2）在颜色选项中，点击黑色小三角形符号可以更改图层颜色。

（3）勾选或取消勾选“可见”，可以显示或隐藏图层。

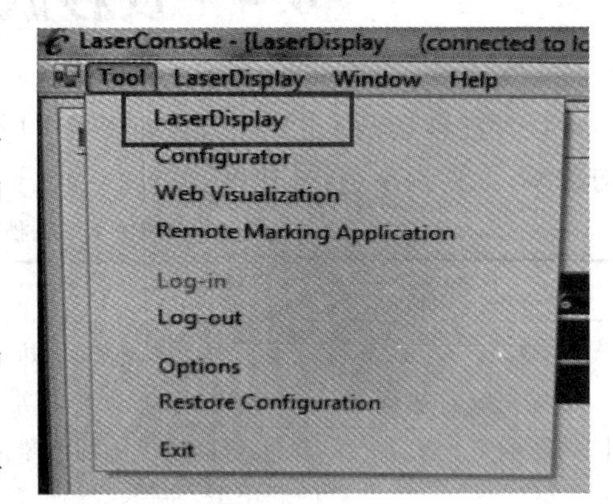

图6-21 选择LaserDisplay

（4）勾选“雕刻”应选用裂片参数，而勾选“切割”则应选择皮秒切割参数。

（5）须保证“切割”在前，“裂片”在后的切割原则。

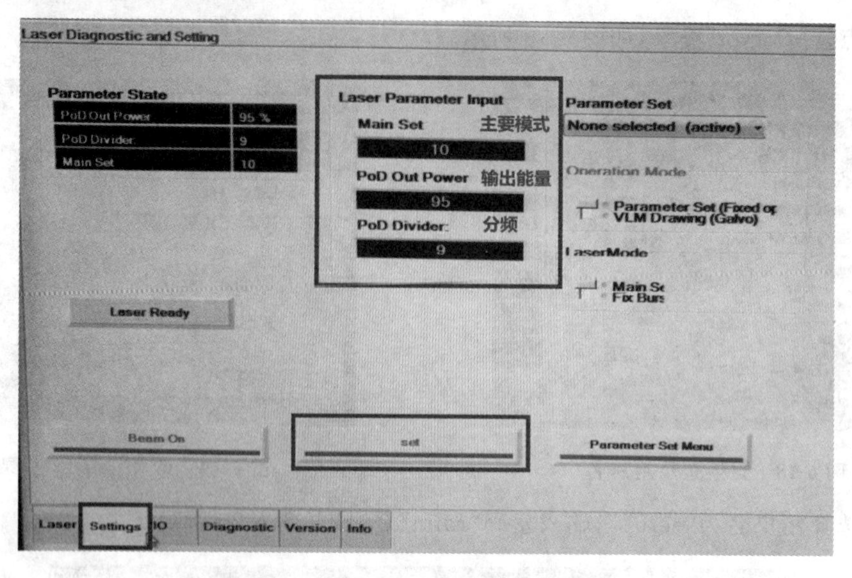

图 6-22 皮秒激光的参数设置界面

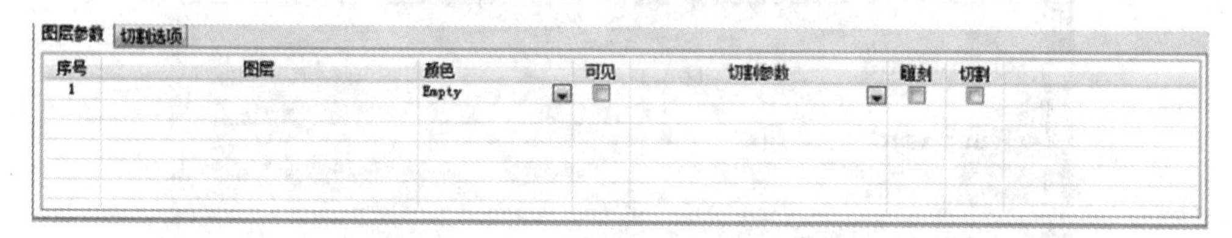

图 6-23 图层参数栏

6.4 皮秒激光切割工艺实训

设计皮秒切割工艺参数表，如表 6-1 所示，为进行实验做准备。实验参数表格应包括平均功率、重复频率、扫描速度、循环扫描次数等项目，在实验中对表格中的参数进行逐步调整。

表 6-1 皮秒激光切割工艺参数表

工 艺 参 数	工 艺 效 果
平均功率对热影响区的影响	当平均功率增加时，热影响区逐渐减小，最后趋于稳定。由于在重复频率、扫描速度不变时，随着平均功率的增加，单脉冲能量增大，达到材料烧蚀阈值的能量也增大，所以激光脉冲能量用于脆性材料的去除效率更高，这有利于提高单脉冲能量的利用率，使得热损伤减小，从而使热影响区减小
重复频率对热影响区的影响	重复频率为 0.4 MHz～5 MHz 时，热影响区与重复频率几乎成正比关系，随着重复频率的继续增加，热影响区增大并趋于平稳。主要是因为在平均功率、扫描速度不变时，随着重复频率的增加，单脉冲能量减少，达到材料烧蚀阈值的能量也减少，所以激光脉冲能量用于脆性材料的去除效率更低，使得热损伤增大，从而使热影响区增大

续表

工 艺 参 数	工 艺 效 果
扫描速度对热影响区的影响	随着扫描速度的增大,热影响区逐渐减小。当扫描速度大于 10 m/s 时,随着扫描速度的继续增大,热影响区保持在 20 μm 左右。这主要是因为,在扫描速度较低时,单位时间内获得的能量大,在扫描过程中累积的热量较多,导致产生严重的热损伤,表现出热影响区增大;而当扫描速度过大时,单位时间内获得的能量小,激光脉冲能量用于脆性材料的去除效率低,使得热损伤增大,从而使热影响区略有增大
循环扫描次数对材料去除的影响	当深度扫描的次数较多时,扫描深度的增加速度变慢。这主要是因为,随着扫描次数的增加和切缝深度的增加,进入切缝内材料表面的激光能量越少。同时,随着切缝深度的增加,气化的材料更难从切缝中飞溅出来,导致扫描深度的增加速度明显减缓
材料	蓝宝石、陶瓷、碳化硅等脆性材料

6.5 项目实施

(1) 皮秒激光切割设备操作(开关机操作顺序及注意事项—加工工艺流程—分析激光焊接可行性—产品切割软件操作—工艺参数调试—产品切割质量检验)。

(2) 图形编程及处理。

(3) 激光皮秒加工工艺实训:记录激光加工工艺参数。通过调节激光的重复频率、点阵间隔、激光功率、加工速率等参数可以最终实现较好的切割。图 6-24、图 6-25 所示的为用皮秒激光分别切割玻璃薄片和陶瓷。皮秒激光的平均功率为 40 W,气体压力为0.8 MPa, 实验采用超景深三维显微镜观测扫描深度和热影响区。

图 6-24 皮秒激光切割玻璃薄片

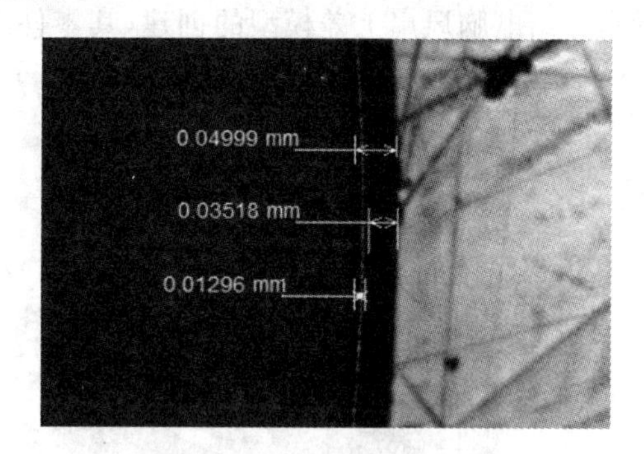

图 6-25 皮秒激光切割陶瓷

项目 7

UG 三维造型及 3D 打印实训

7.1 项目任务要求与目标

(1) 掌握 UG 三维造型设计。

(2) 掌握桌面 3D 打印。

7.2 电脑风扇上盖造型

1. 建立三维模型

目前常用的三维建模软件有 UG、Pro/E、SolidWorks 等。本任务以 UG NX4.0 版本为例，介绍电脑风扇上盖模型的创建，其零件图如图 7-1 所示。

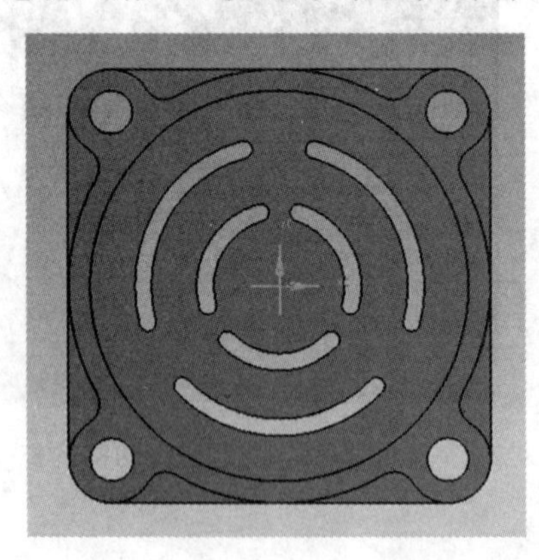

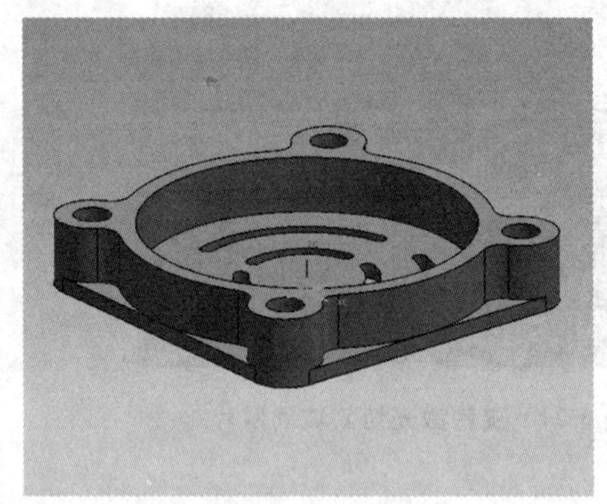

图 7-1 电脑风扇上盖零件图

(1) 双击打开 UG NX4.0 初始化环境界面，如图 7-2 所示。

(2) 新建文件：在 UG NX4.0 初始化环境界面左上角点击，弹出界面如图 7-3 所示，在新建部件对话框的文件名处输入“ShangGai”(文件名称及保存路径不能包含中文文字)，文

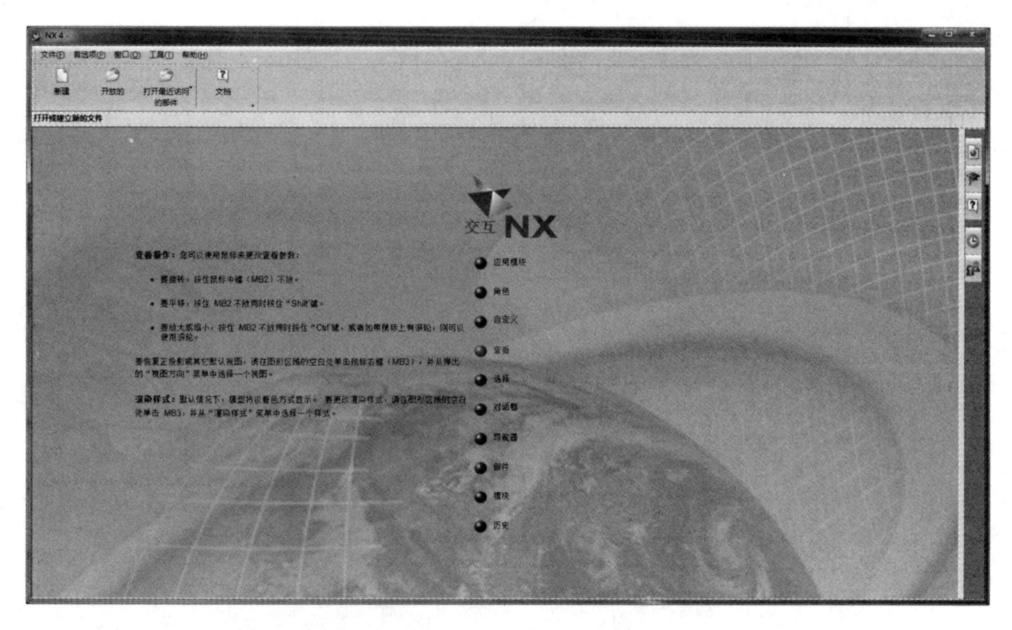

图 7-2　UG NX4.0 初始化环境界面

件类型默认为“部件文件（*.prt）”选项，在单位选项栏处选择“毫米”。点击“OK”，弹出零件模型创建工作界面，如图 7-4 所示。

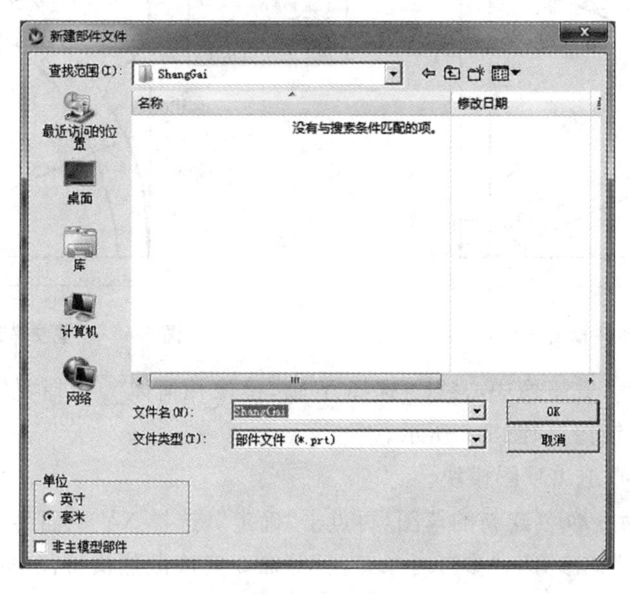

图 7-3　新建文件名为“ShangGai”

（3）创建草图：点击草图命令创建草图，再点击“确定”选择 XY 平面为草图绘制平面，使用“直线”、“圆”、“圆角”、“修剪”、“延伸”等命令完成零件草图，如图 7-5 所示。

（4）选择参考对象工具，分别将 X 轴和 Y 轴共线转换为参考线，如图 7-6 所示。

（5）选择镜像，其镜像中心线选择 X 轴，镜像几何体选择要镜像的图形，然后点击“确定”，完成左半部分镜像。

图 7-4　零件模型创建工作界面

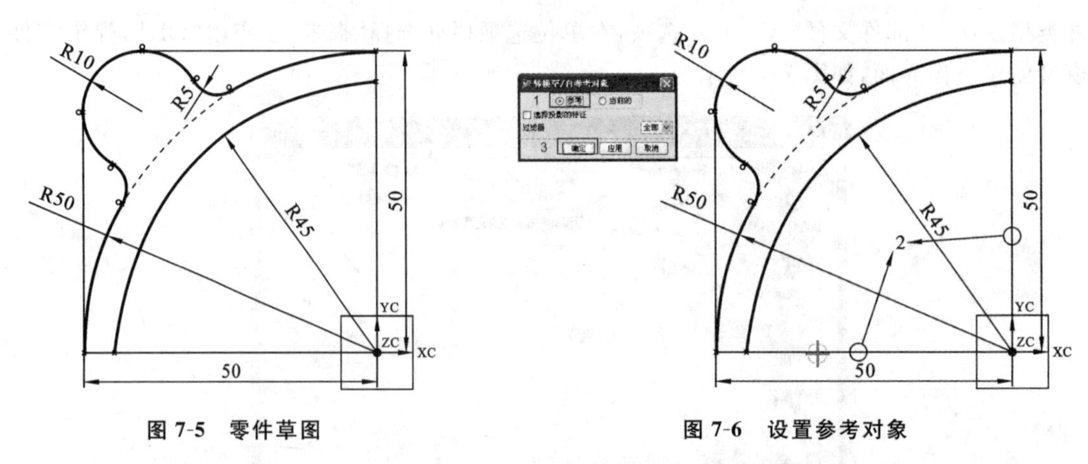

图 7-5　零件草图　　　　图 7-6　设置参考对象

(6) 选择镜像，其镜像中心线选择 Y 轴，镜像几何体选择要镜像的图形，然后点击“确定”，完成整体镜像，如图 7-7 所示。

(7) 点击完成草图，退出草图模块。

(8) 点击草图命令创建新的草图，再点击“确定”，选择 XY 平面为草图绘制平面，使用“直线”、“圆”、“偏置”、“修剪”、“参考对象工具”等命令完成散热槽特征草图，如图 7-8 所示。

(9) 点击完成草图，退出草图模块。

(10) 点击拉伸工具，选择底座的草图，往 ZC+方向拉伸 4 mm 的高度，如图 7-9 所示。

(11) 点击拉伸工具，选择外壳的草图，往 ZC+方向拉伸 19 mm 的高度并与底座特征进行求和，如图 7-10 所示。

(12) 点击拉伸工具，选择散热槽的草图，往 ZC+方向拉伸 42 mm 的高度并与图 7-10 所示的特征进行求差，如图 7-11 所示。

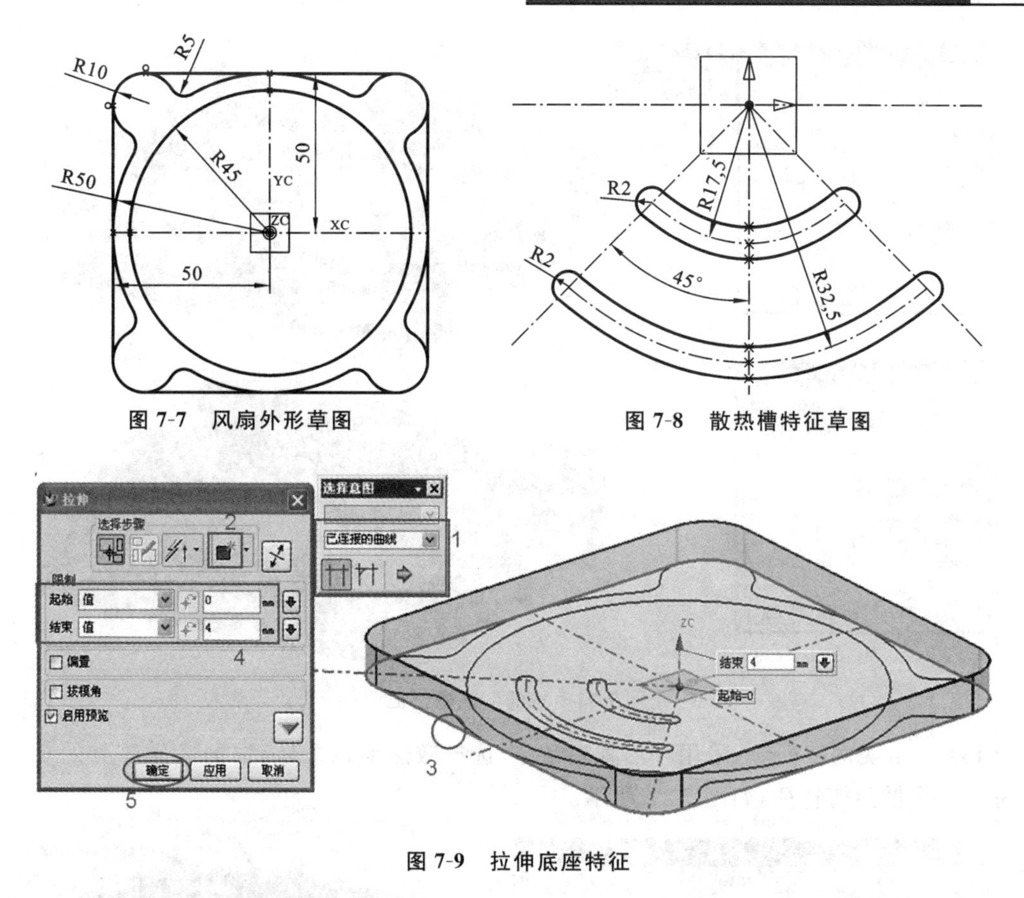

图7-7　风扇外形草图

图7-8　散热槽特征草图

图7-9　拉伸底座特征

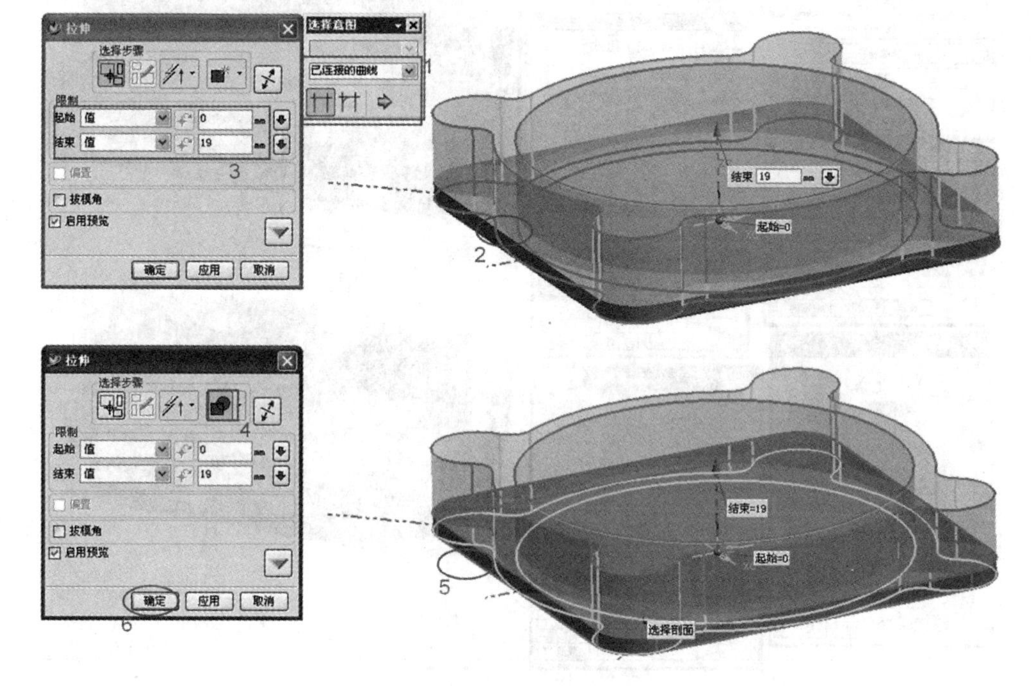

图7-10　拉伸外壳特征

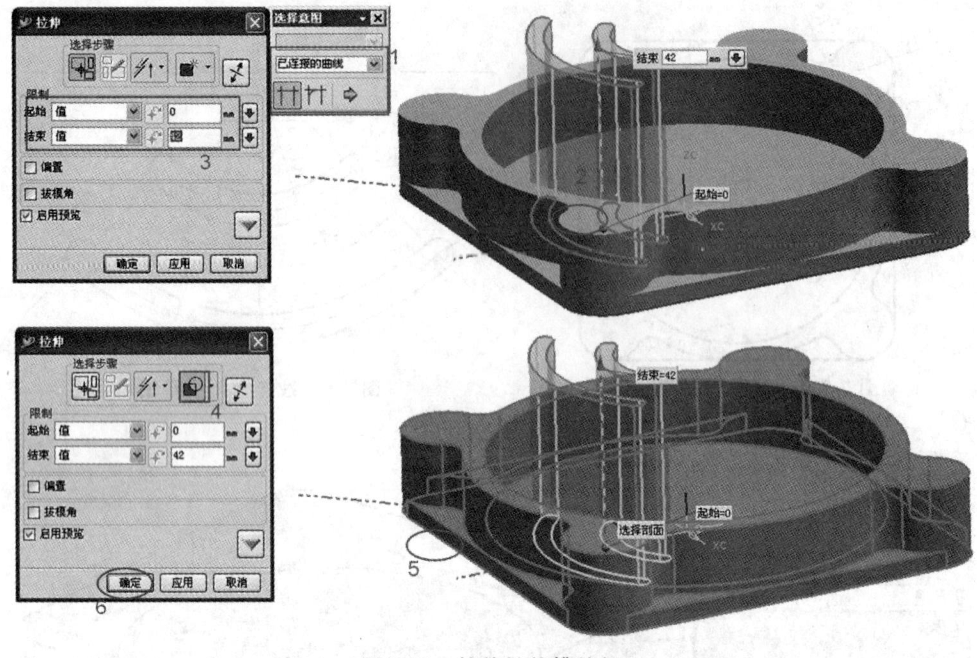

图 7-11 拉伸散热槽特征

(13) 点击实例特征，采用环形阵列命令，选择散热槽特征体，根据 Z 轴阵列的 3 个特征，完成 3 个散热槽特征，如图 7-12 所示。

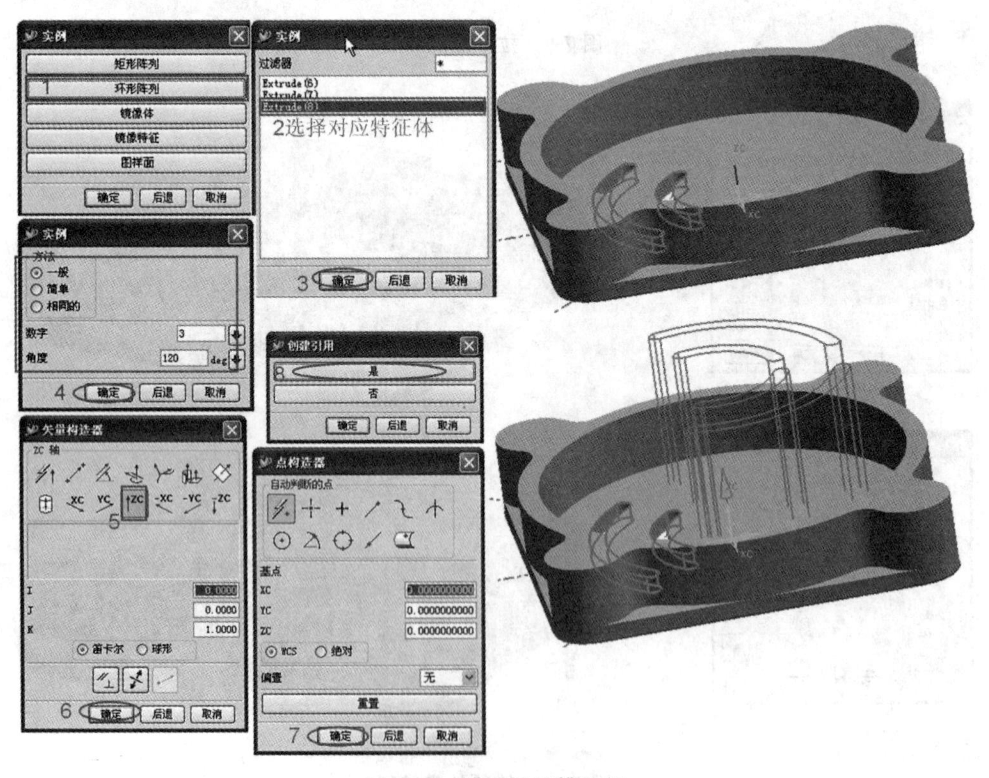

图 7-12 阵列散热槽特征

(14) 点击孔功能，选择电脑风扇上盖的顶面，设置圆角圆弧的圆心为孔的中心，完成直径为 10 mm 的通孔，如图 7-13 所示。

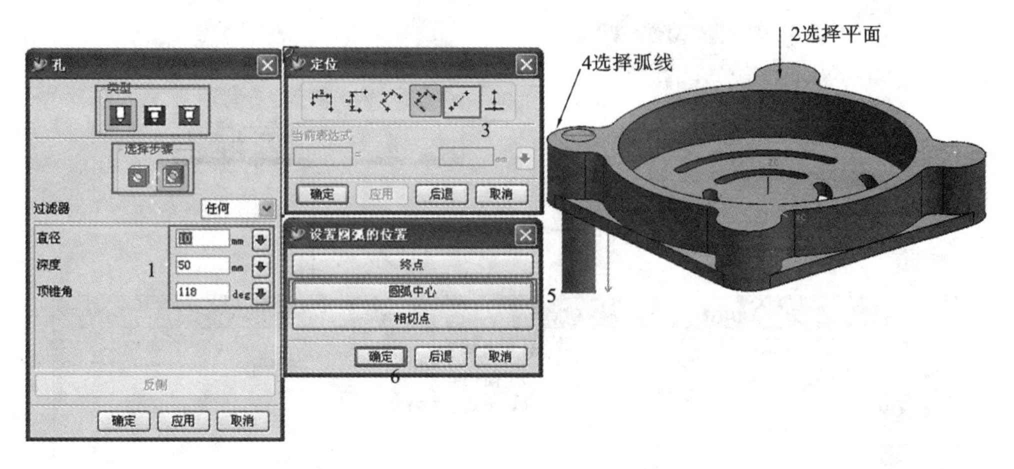

图 7-13　螺丝孔特征

(15) 其余三个孔可以用孔功能或实例特征来完成，效果如图 7-14 所示。

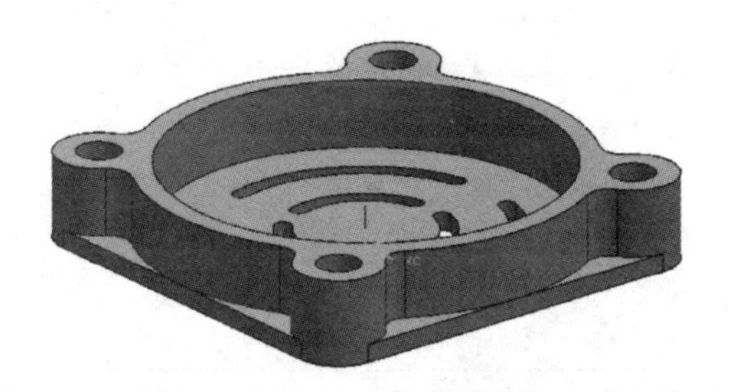

图 7-14　电脑风扇上盖造型效果图

(16) 完成电脑风扇上盖造型后，选择文件菜单栏进行保存操作。

2. 打印格式转换

UP Plus 2 3D 打印机支持 UP3、UPS、STL、OBJ、3MF、PLY、OFF、3DS、GCODE 等格式，本任务将电脑风扇上盖造型的. prt 文件，导出成 STL 格式的文件。

点击“文件”，在菜单“导出”处选择“STL”命令，将电脑风扇上盖造型导出成 STL 格式的文件，操作步骤如图 7-15 所示。

图 7-15　STL 格式的文件转换步骤

7.3　三维(3D)打印填充实体

本次任务以电脑风扇上盖造型为例，介绍实体模型的 3D 打印操作流程及注意事项。

1. 载入三维模型与自动调整打印位置

1）载入三维模型

双击打开控制软件，然后在工具栏上点击打开按钮，弹出对话框如图 7-16 所示，根据保存路径选择要打印的三维模型（电脑风扇上盖模型）的文件“ShangGai. stl”，点击“打开”。

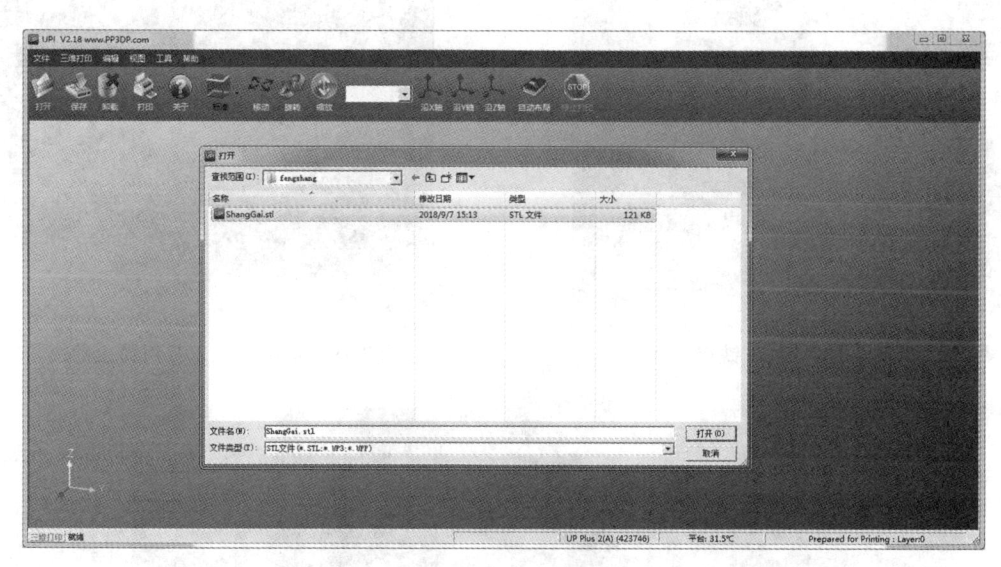

图 7-16　载入三维模型

2）自动调整打印位置

点击控制软件的自动布局按钮，自动调整模型至默认最佳打印位置。打开三维模型后，首先分析模型的大小及结构。合理的模型摆放位置如图 7-17(b)所示。如采用图 7-17

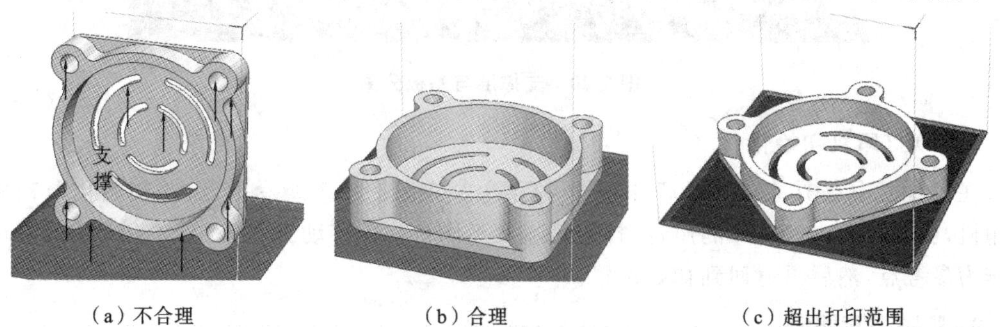

（a）不合理　　（b）合理　　（c）超出打印范围

图 7-17　模型摆放位置说明

(a)所示的位置打印，则悬空的部分会生成支撑材料，会增加打印耗材的用量和打印时间，而且圆环模型表面的纹理较差。如采用如图 7-17(c)所示的摆放方式，模型则会超出打印机的有效范围。这时可通过工具栏的“移动”、“旋转”命令调整三维模型的打印位置、角度和方向。

2. 清理打印机基板

拆卸 3D 打印机工作台上的基板以及使用 3D 打印机的配套手套、铁铲工具，如图 7-18 所示，将基板正反两面上的废料清除干净，避免打印机平台水平度出现较大的误差，如图7-19 所示。当打印面积较大的零件时，容易发生材料与基板之间黏合不紧，从而出现翘边的情况，如图 7-20 所示。同时也要控制室内的温度，因为材料在快速热胀冷缩的过程中较容易出现上述情况。

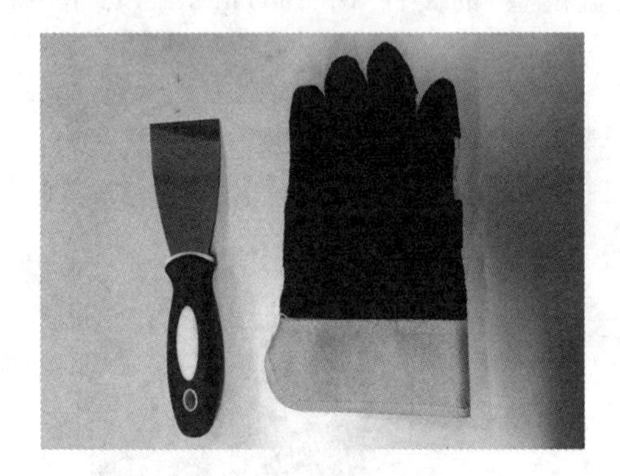

图 7-18　手套、铁铲

图 7-19　清除基板正反两面上的废料

图 7-20　支撑层与基板分离

3. 3D 打印机初始化

在工具栏中点击“三维打印”，出现下拉菜单栏，如图 7-21 所示。点击“初始化”，初始化打印机，机器将发出“哔哔”的声音，打印喷嘴及工作台将先移动到 X＋、Y＋、Z＋轴的限位开关作为参考点，然后再返回到初始位置。

4. 喷嘴高度测试

(1) 清理喷嘴上的废料，并使用 3D 打印机配套的传感器导线，将打印机背部基座和工作

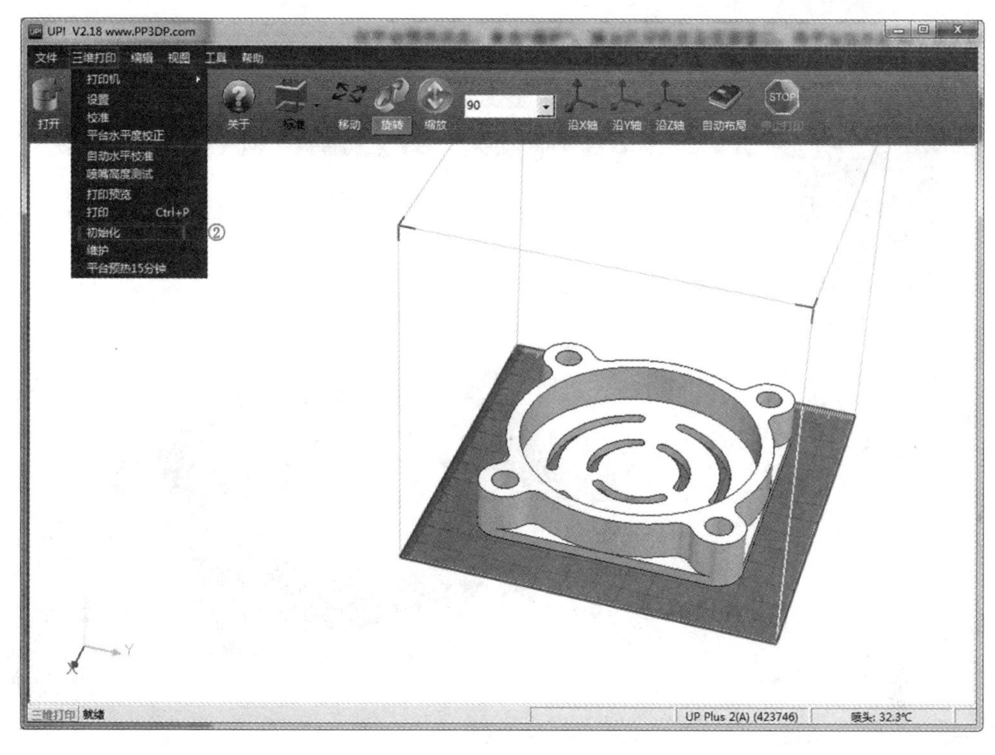

图 7-21　3D 打印机初始化操作

台上的传感器插口连接，如图 7-22 所示。

(2) 在工具栏中点击“三维打印”，出现下拉菜单栏，点击“喷嘴高度测试”如图 7-23 所示。此时工作台上升，喷嘴将移动到工作台的高度测试传感器上，如图 7-24 所示。当喷嘴将弹片下压至接触点后，软件弹出基板类型选择界面。点击选择已安装在工作台上的基板类型，软件弹出喷嘴高度测试数值对话框，如图 7-25 所示，然后点击“是”，X、Y、Z 轴将进行复位，当工作台停留在 80 mm 的高度时，3D 打印机等待下一步的平台水平度校正。

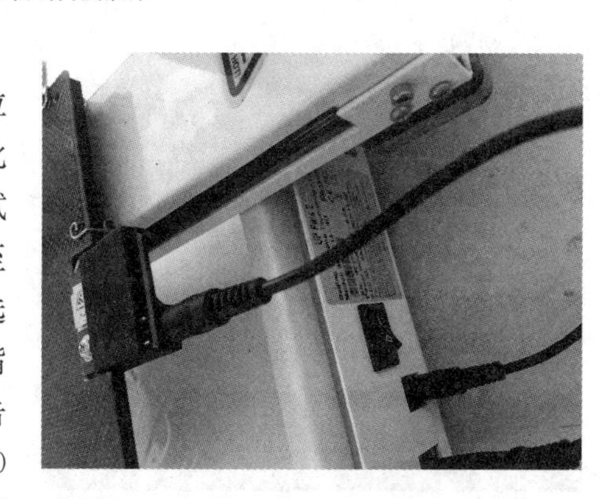

图 7-22　用导线连接高度测试传感器

5. 平台水平度校正

(1) 在工具栏中点击“三维打印”，出现下拉菜单栏，再点击“平台水平度校正”，如图 7-26 所示，弹出参数设置窗口。

(2) 点击 ↑ 把工作台上升至“当前高度”与“设定喷嘴高度”相同的数值，将 A4 纸插入工作台基板与喷嘴之间，点击“设定喷嘴高度：136.33”，此时“设定喷嘴高度：136.33”按钮不可选，可对对话框第 2 项的 9 个点的下拉菜单栏的数值进行更变，如图 7-27 所示。点击“1”按钮出现下拉对话框，选择 0.1～0.2 范围内的数值后，移动 A4 纸进行测试(如 A4 纸能轻松滑动，则继续增大数值，反之则减小数值，直至 A4 纸出现较难滑动的效果)，如图 7-28 所示。

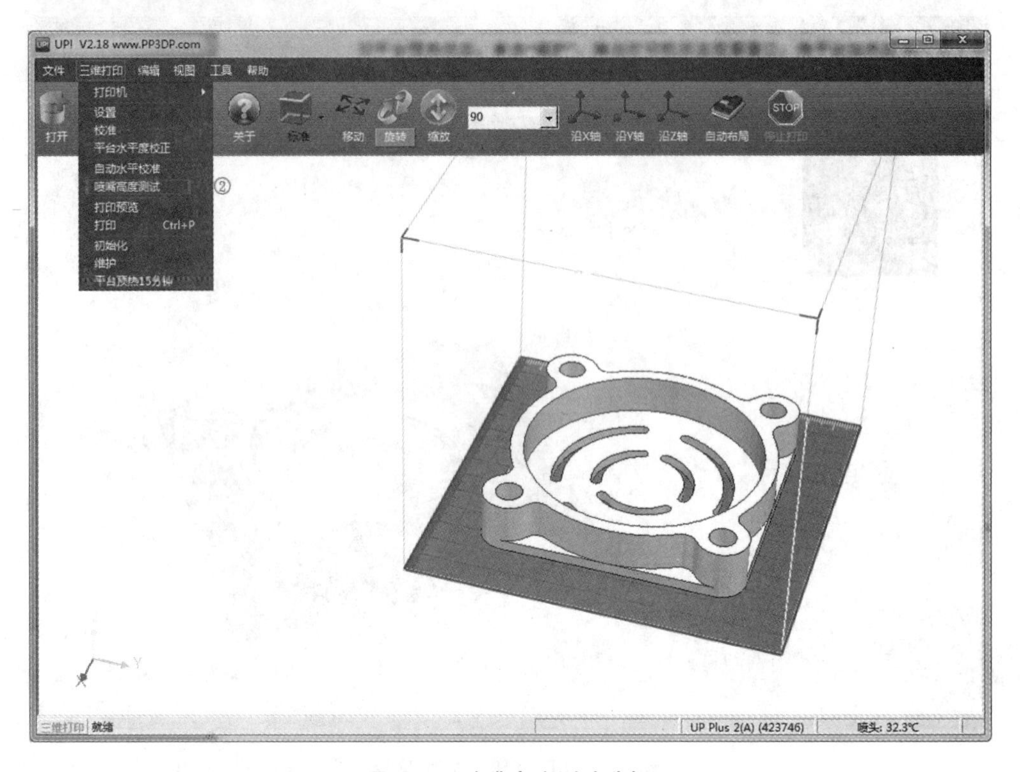

图 7-23 喷嘴高度测试选择

图 7-24 喷嘴高度测试

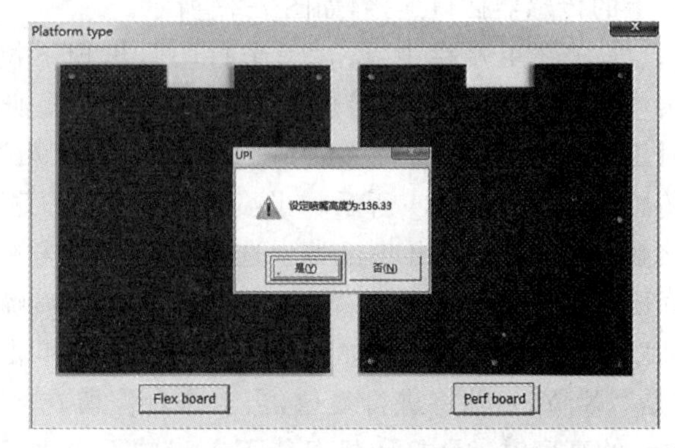

图 7-25 喷嘴高度测试数值对话框

如此类推，测试完 9 个点的高度后，点击“Apply/Save current values”按钮，弹出如图 7-29 所示的对话框，点击“是”，完成平台水平度校正。

6. 打印参数设置与打印预览

(1) 在工具栏中点击“三维打印”，出现下拉菜单栏，如图 7-30 所示，再点击“设置”，弹出打印参数设置窗口。

(2) 在打印参数设置窗口进行以下设置：层片厚度(或称为层片高度)设为 0.25 mm，填充选择第三种模式(Hollow)。点击“确定”完成参数设置。

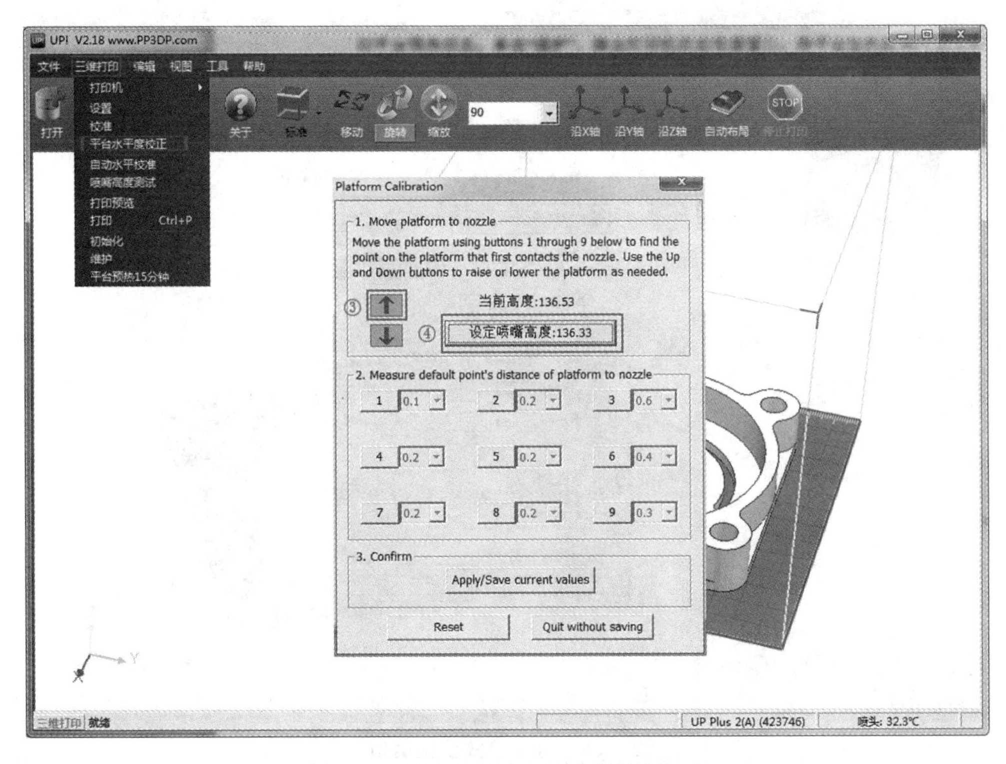

图 7-26　平台水平度校正参数设置窗口

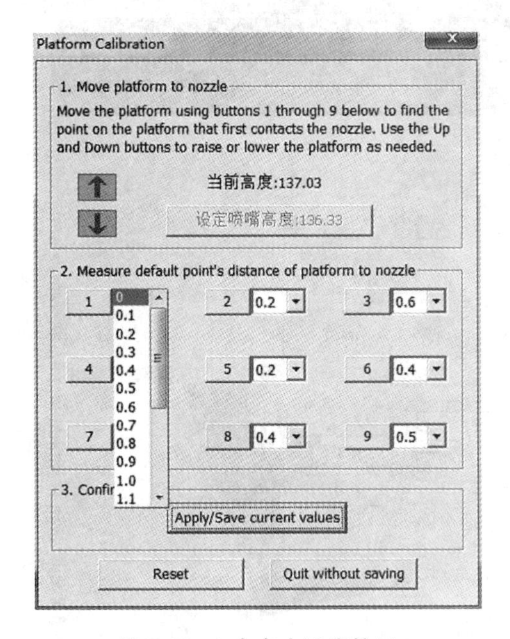

图 7-27　9 个点水平度校正

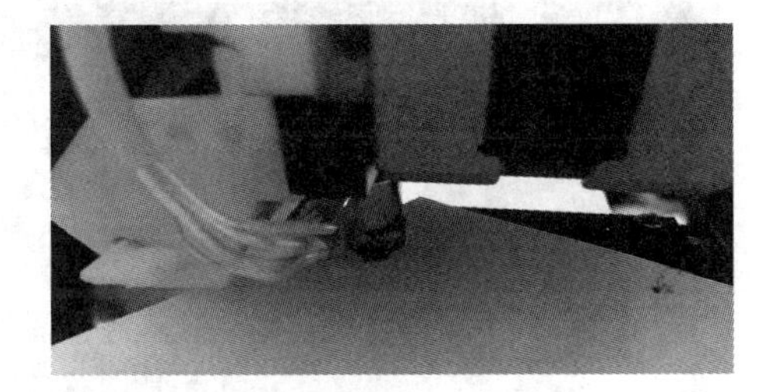

图 7-28　水平度校正方测试

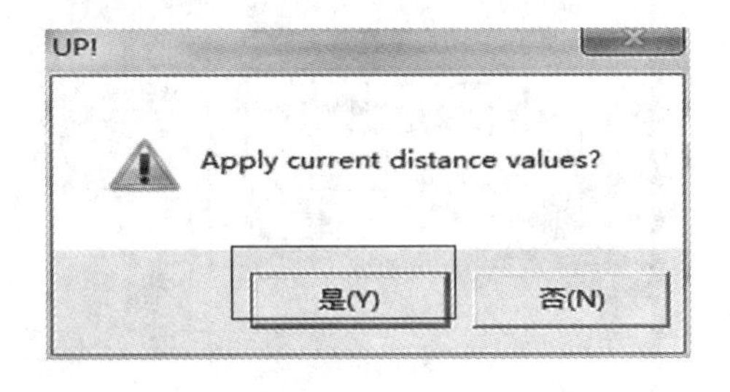

图 7-29　确定完成水平度调整

(3) 在工具栏中点击“三维打印”，出现下拉菜单栏，再点击“打印预览”，如图 7-31 所示，弹出打印预览设置窗口。在质量选项栏中选择“Fast”，点击“确定”，系统将会自动对三维模

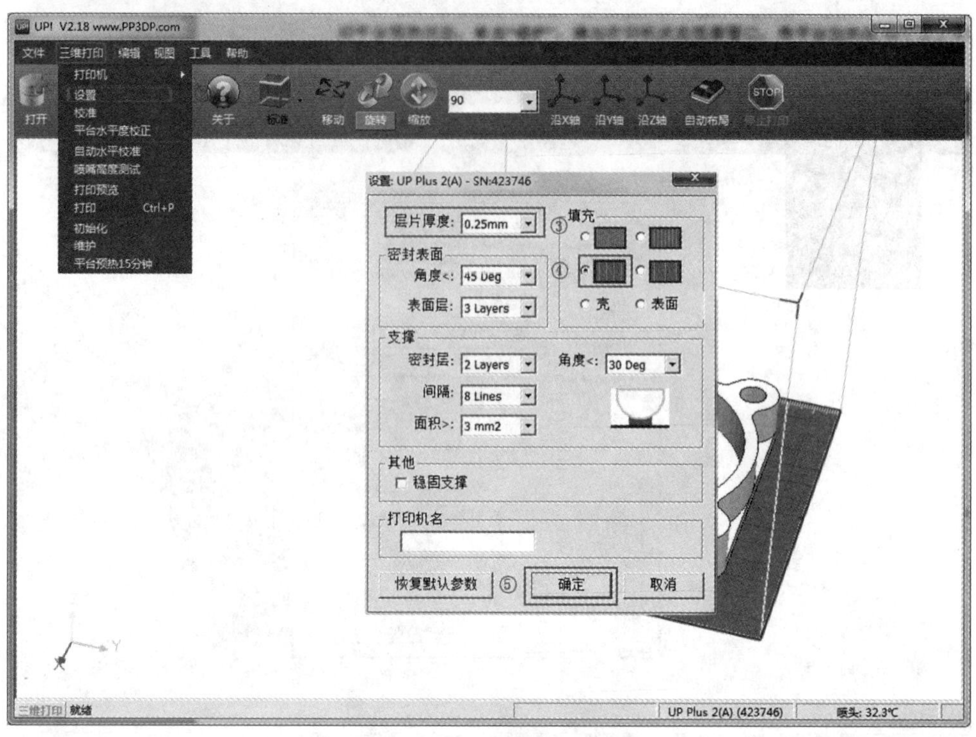

图 7-30 打印参数设置窗口

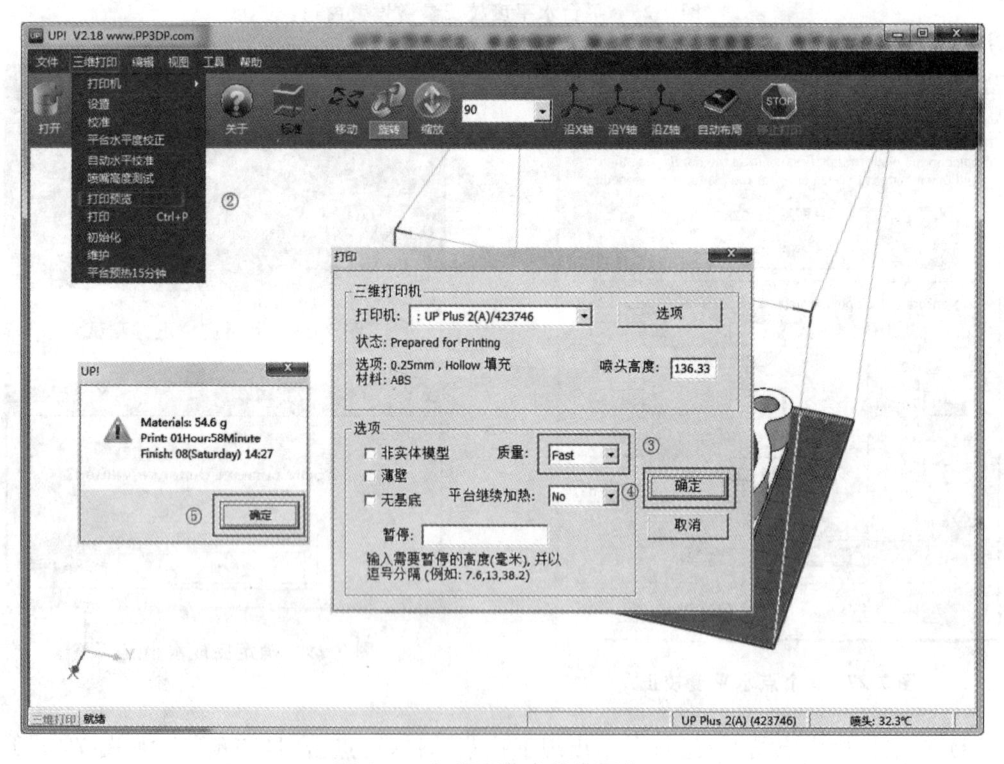

图 7-31 打印预览参数设置窗口

型进行分层和增加支撑结构，分层完毕后弹出打印信息预算框。由预算框可知，该模型被3D打印成形需使用丝材54.6 g，打印时间为1小时58分钟。

（4）点击“确定”，退出打印预览。

（5）在三维打印下拉菜单中点击“平台预热15分钟”，进入打印平台预热状态，再点击“维护”，弹出打印机状态观察窗口，待平台加热到90 ℃以上即可点击“停止”，停止打印平台预热。

（6）确认打印与数据传输：确认参数无误后，即可进行打印数据的生成和传输。在工具栏中点击“三维打印”，出现下拉菜单栏，再点击“打印”，弹出打印设置窗口，检查参数无误后点击“确定”，系统自动进行三维模型分层并向打印机传输数据（打印机指示灯为闪烁状态），分层完毕后弹出打印信息预览框。数据传输完毕后，3D打印机进入加热状态。

（7）观察打印机状态：在工具栏中点击“三维打印”，出现下拉菜单栏，如图7-32所示，再点击“维护”，弹出打印机状态观察窗口，可了解“喷嘴”和“平台”的加热温度，此时“挤出”和“撤回”等按钮不可用，待“喷嘴”加热到ABS打印丝材的加工温度270 ℃时，3D打印机正式开始打印。

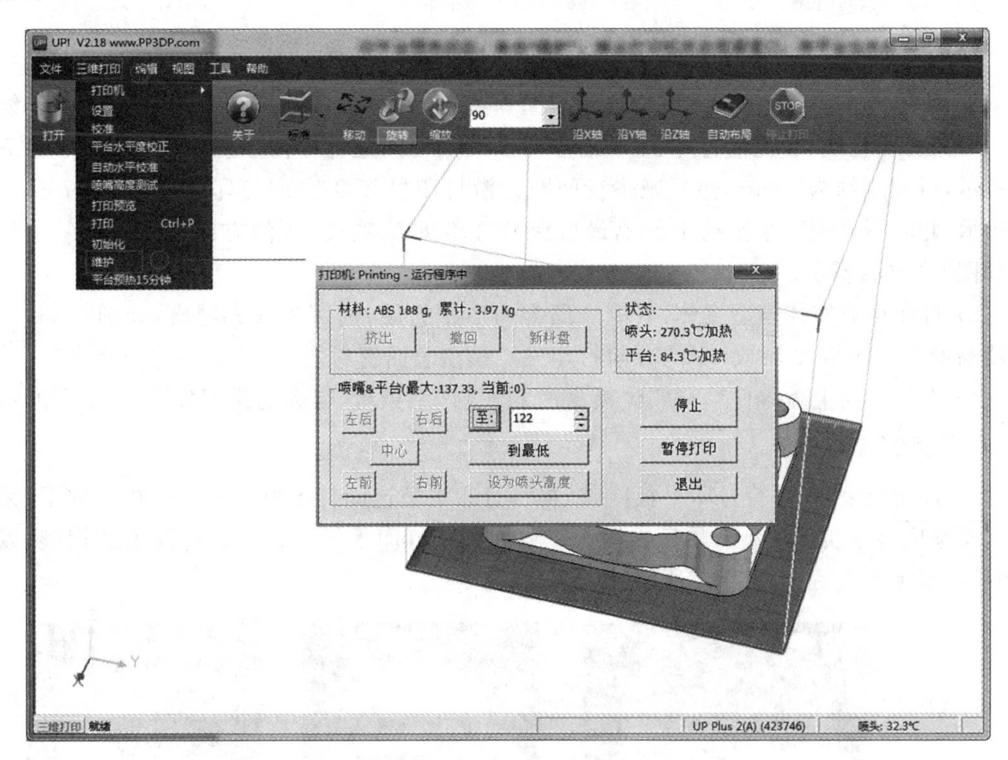

图7-32　打印机状态观察窗口

7. 三维(3D)打印成形过程

用UP Plus 2 3D打印机打印电脑风扇上盖实体模型的过程如图7-33所示。

（1）将喷嘴移至工作台空白区（非打印模型所在区域），同时将喷嘴高度下降至0 mm的位置，喷嘴挤出丝材并沿直线移动一定距离，再将喷嘴内多余的丝材清除如图7-33(a)所示。

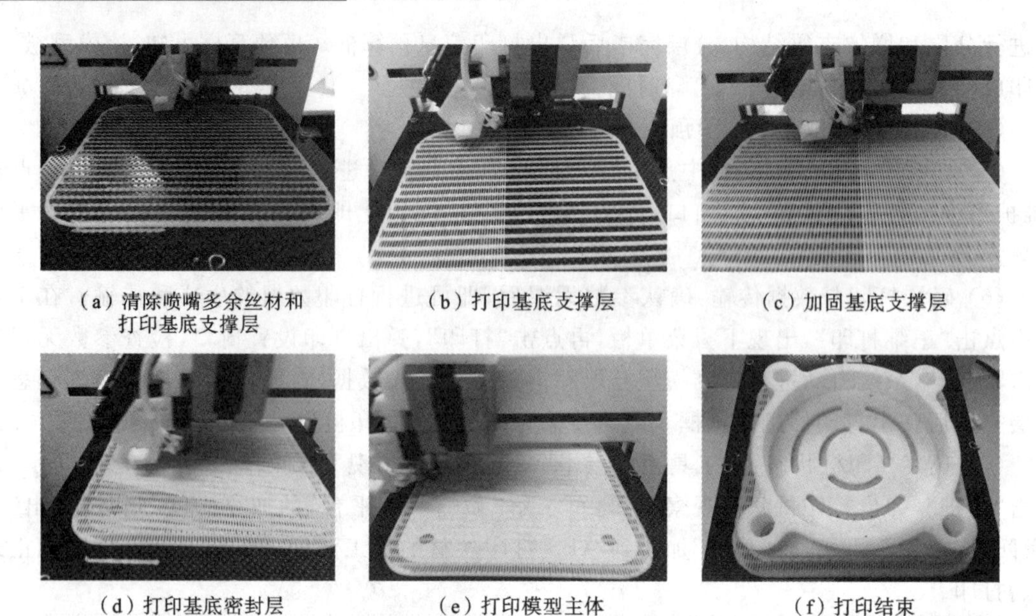
(a) 清除喷嘴多余丝材和打印基底支撑层　(b) 打印基底支撑层　(c) 加固基底支撑层
(d) 打印基底密封层　(e) 打印模型主体　(f) 打印结束

图 7-33　填充实体 3D 打印成形过程

(2) 喷嘴停止挤出丝材后，移至打印模型所在区域，再用喷嘴挤出丝材并按照设定线路移动，开始打印基底：首先沿打印机 X 轴方向以较大行间距打印两层基底支撑层，如图 7-33(a)所示，行间距约为 5 mm，然后减少行间距并沿打印机 Y 轴方向打印两层，如图 7-33(b)、(c)所示，此时行间距减小至约 1 mm，最后沿与打印机 Y 轴成 30°的方向打印三层基底密封层，如图 7-33(d)所示。

(3) 打印填充实体模型主体，其侧表面为两层密封层，内部为填充网格，如图 7-33(e)所示，喷嘴沿与打印机 Y 轴成 45°的方向打印三层模型表面密封层。

(4) 电脑风扇上盖零件填充实体模型的 3D 打印结束后，得到的模型如图 7-33(f)所示。

8. 模型拆卸与分析

(1) 打印结束后，等待打印平板冷却，再将打印平板连同打印模型从打印机上取下(采用铁铲，从基底拆下实体模型)，最后再用铁铲将基底从打印平板上铲下。拆卸前的模型，以及拆卸后的模型与基底如图 7-34 所示。

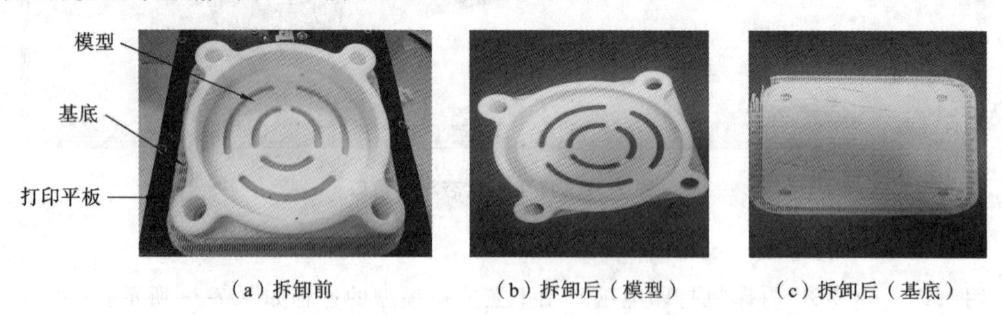

(a) 拆卸前　(b) 拆卸后(模型)　(c) 拆卸后(基底)

图 7-34　填充实体模型的拆卸

(2) 本模型有 0.25 mm 层厚，采用 Hollow 填充方式，通过快速 3D 打印成形。然后对模型尺寸进行测量，如图7-35所示，保证模型特征尺寸基本与绘图尺寸一致，其误差在0.1 mm～0.2 mm之间，能满足此类零件的使用要求。如果需要提高零件的强度和精度，可调整模型的填充密度、层高及质量等，此时打印所耗的时间将会大幅度增加，如表7-1所示。

图7-35　测量模型尺寸

表7-1　电脑风扇上盖零件模型打印时间对比分析表

层片厚度/mm	填充方式	耗材用量/g	耗时/min			填充时间影响	层数时间影响
			快速打印	正常打印	较好质量打印		
0.3	Big Hole	58.3	104	125	170	—	—
	Hollow	59.7	106	127	174	↑1%～2%	
	Loose	63.7	113	135	184	↑8%～9%	
	Solid	71.2	123	148	201	↑18%～22%	
0.25	Big Hole	53.2	116	139	191	—	↑12%～14%
	Hollow	54.6	118	143	195	↑2%～3%	
	Loose	58.7	127	152	207	↑8%～9%	
	Solid	66.9	141	170	230	↑20%～22%	
0.2	Big Hole	46.6	176	215	293	—	↑52%～67%
	Hollow	48.1	181	219	302	↑2%～3%	
	Loose	52.8	196	238	326	↑10%～11%	
	Solid	61.9	227	274	384	↑27%～31%	

7.4 项目实施

（1）UG图形设计。

（2）桌面3D操作：以丝材、线材熔化黏结原材料为固态的丝材或线材，通过升温使其熔化并按指定的路线堆砌出需要的形状。

（3）完成快速成形制造技术在模具、家用电器、汽车、航空航天、军事装备、材料工程、玩具、工业造型、建筑模型、医疗器具、人体器官模型、考古、电影制作等领域都得到了广泛应用。

(4) 对样品进行评价(外观评价、结构分析与装配校核、性能和功能测试)。评价样品是否美观,这往往决定了该产品是否能被市场接受。可以通过对模型的合理性分析、美感分析来检测CAD数据模型中是否存在未发现的错误,并加以改正。对打印的产品进行结构合理性分析、装配校核、干涉检查是非常重要的,它能对利用快速成形技术制作出的样品进行分析。

项目 8

激光内雕加工实训

8.1 项目任务要求与目标

(1) 掌握激光内雕机的操作。

(2) 掌握 3D 相机的使用。

(3) 掌握激光水晶内雕工艺。

8.2 激光内雕机的使用

1. 激光内雕机操作步骤

(1) 打开电脑主机和显示器，然后打开机器的 POWER(总电源开关)和 LASER(激光器电源开关)。

(2) 等电脑进入 Windows 系统后，打开桌面上的“水晶内雕”打点软件，在打开软件后点击“复位”。注意：以下 3 种情况必须复位。

① 断电后重开。

② 打点软件关闭后重开。

③ 工作台碰触限位开关。

(3) 在“水晶内雕”打点软件的文件菜单上打开需要内雕的图案，即已算好点的“*.dxf”文件。

(4) 输入需要内雕的水晶尺寸，如图 8-1 所示。

(5) 选中所要雕刻的“文件名”。

(6) 点击“整体居中”。

(7) 根据图案文件选择分块方式，如图 8-2 所示。确认后，点击“应用”。

(8) 将水晶表面擦干净，在水晶底部粘上双面胶，然后将水晶放入工作台右上角靠齐，并粘紧。

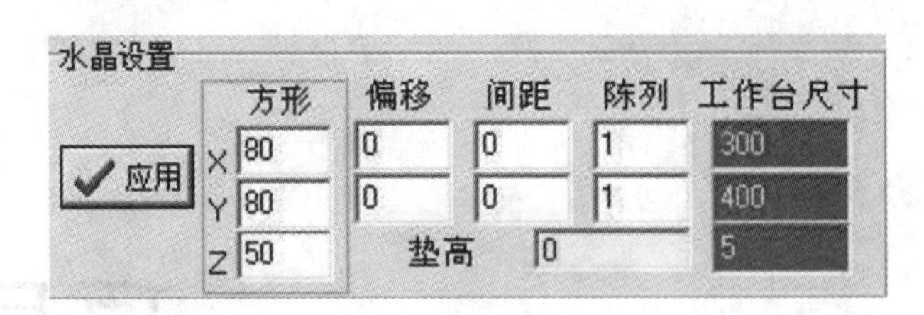

图 8-1 水晶尺寸

图 8-2 分块方式

(9) 点击“雕刻”。

(10) 雕刻完成。

(11) 关机操作步骤如下。

① 关闭 LASER、POWER。

② 关闭“水晶内雕”打点软件。

③ 关闭电脑。

④ 断开机器外部电源。

2. 激光内雕布点软件

(1) 主功能窗口如图 8-3 所示。图中的方框是水晶方体大小显示框；中间是三维坐标显示(X、Y、Z 轴)；框内是实际内雕图案显示区。

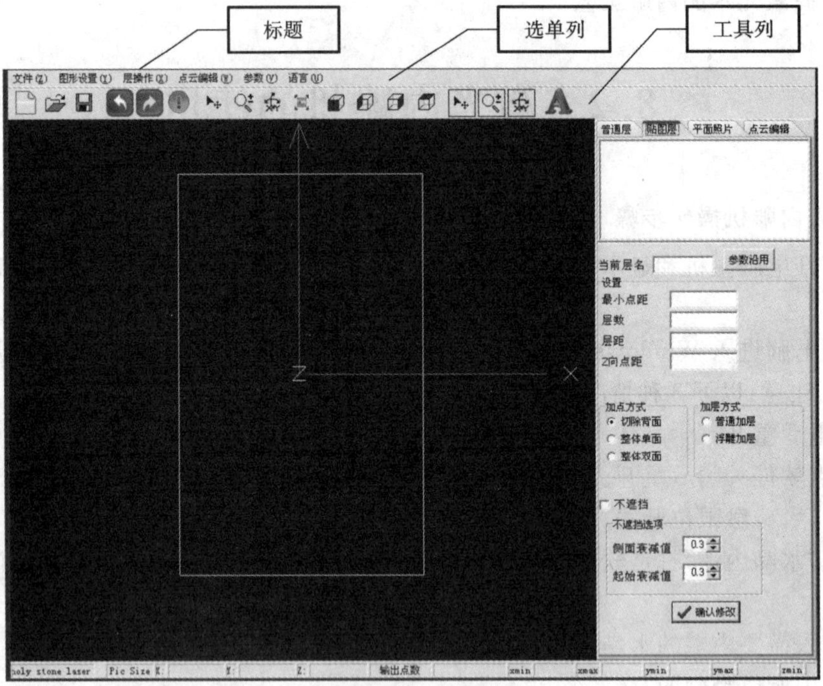

图 8-3 主功能窗口

(2) 模块窗口包括普通层模块、贴图层模块、平面照片模块、点云编辑模块，如图 8-4 所示。

(3) 标题列：显示程序版本及授权单位。

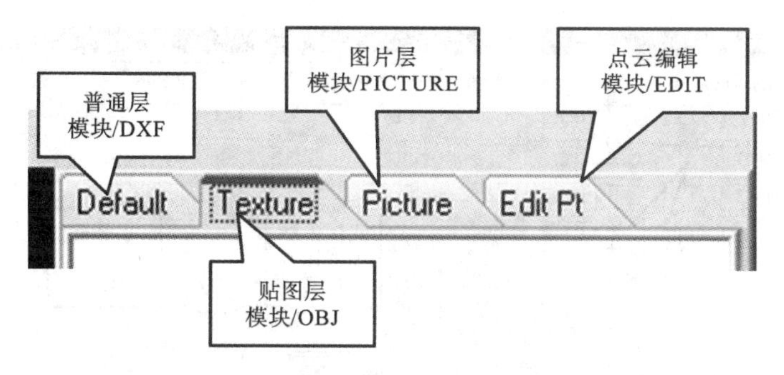

图 8-4　模块窗口

(4) 选单列如图 8-5 所示。

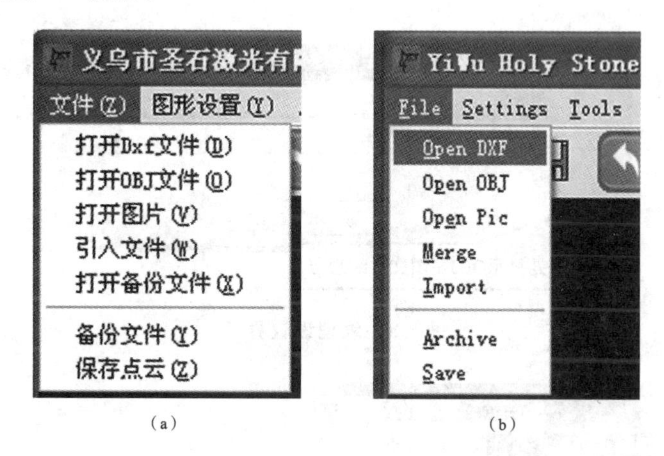

图 8-5　选单列

(5) 图形设置菜单如图 8-6 所示。

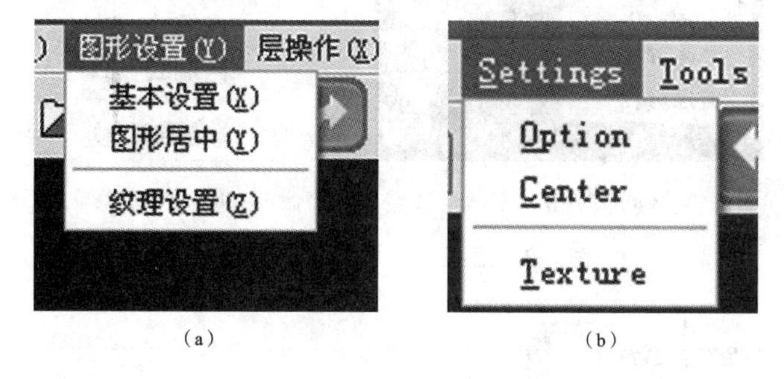

图 8-6　图形设置菜单

(6) 基本设置界面如图 8-7 所示。

(7) 纹理设置界面如图 8-8 所示。

(8) 层操作菜单和缩放层菜单如图 8-9 所示。

(9) 旋转层菜单和选择层面菜单如图 8-10 所示。

(10) 点云编辑菜单、参数菜单及语言菜单如图 8-11 所示。

(11) 激光内雕功能键如图 8-12 所示。

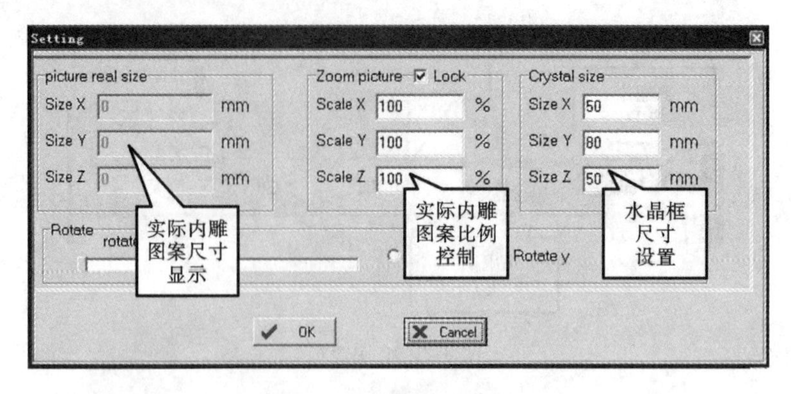

图 8-7　基本设置界面

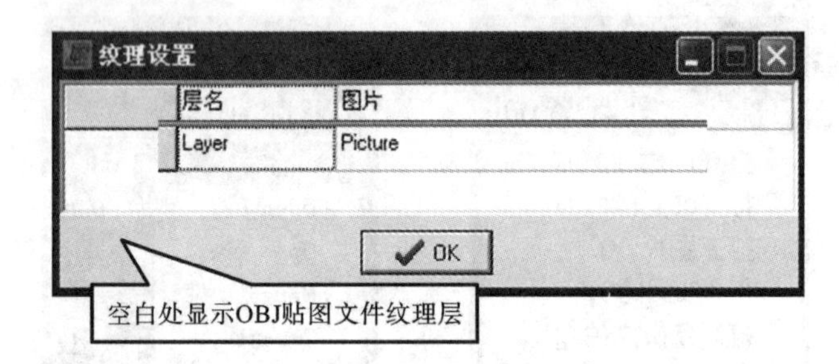

图 8-8　纹理设置界面

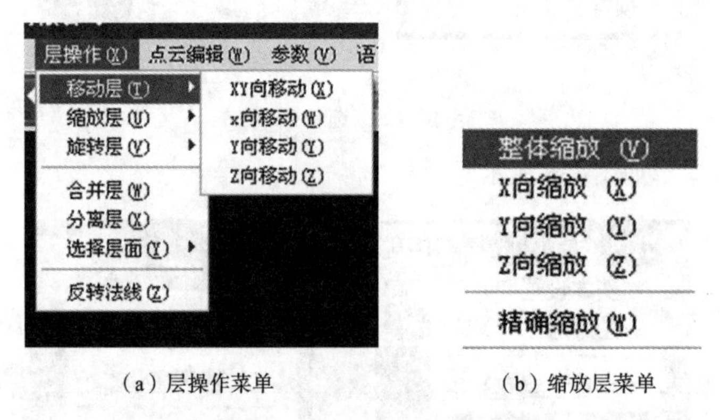

（a）层操作菜单　　　　（b）缩放层菜单

图 8-9　层操作菜单和缩放层菜单

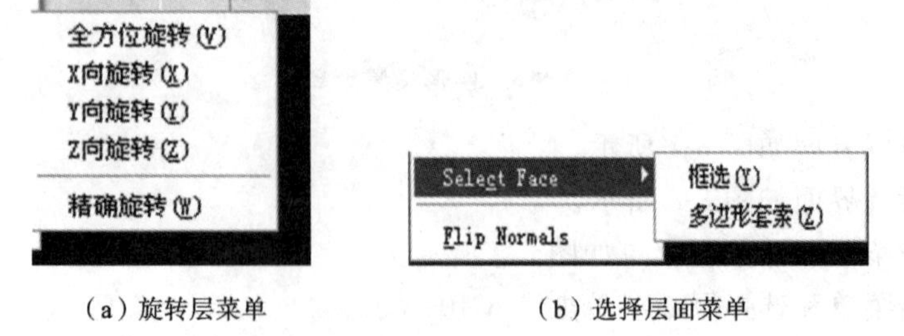

（a）旋转层菜单　　　　（b）选择层面菜单

图 8-10　旋转层菜单和选择层面菜单

(a) 点云编辑菜单　(b) 参数菜单　(c) 语言菜单

图 8-11　点云编辑菜单、参数菜单及语言菜单

(a) 清空工作区域　(b) 打开文件　(c) 保存点云文件

(d) 向后返回　(e) 向前返回　(f) 开始产生点云

(g) 显示界面移动　(h) 显示界面放大/缩小　(i) 显示界面旋转

(j) 界面居中　(k) 视图显示（正/左侧/右侧/顶面显示）

(l) 移动选中的图层　(m) 缩放选中的图层（控制内雕图案的大小和比例）　(n) 旋转选中的图层（一般不使用这个按钮，使用精确旋转工具）　(o) 输入文字

图 8-12　激光内雕功能键

3. 模块区域

(1) 普通层模块(for DXF file)如图 8-13 所示。

- 层显示：表示在层显示处选择层。
- 线加点：表示改线点距。

● 面加点：表示改面点距。

● 线面加点：表示线点距参数小，面点距参数大。

● 点型：表示侧面点距控制随机点算改 Z 向浓度；方形规则点 A、B 和菱形规则点 A、B 算改侧面点距，由规则测距控制（每次只能选择一种点型模式）。

● 参数沿用：表示主要用于同样参数设置的层。

● 加层设置：该参数全部设为默认值。

● 确认修改：表示在选择层设置好参数后需点一下“确认”，然后再选择下一层文件改参数。

（2）贴图层模块（for OBJ file）如图 8-14 所示。

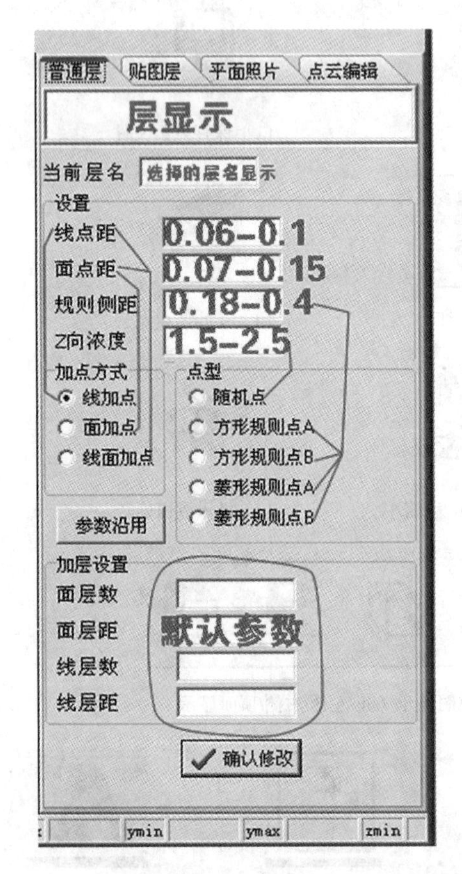

图 8-13　普通层模块

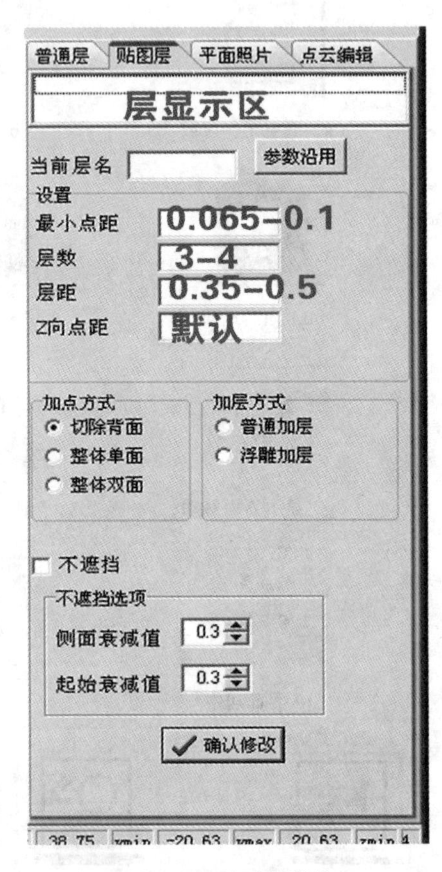

图 8-14　贴图层模块

● 最小点距和层数：表示控制内雕图案点数。

● 层距：表示侧面算点加层之间的距离。

● 切除背面：表示 180°算点模式。

● 整体单面：表示 360°成点（只有前面 180°是贴图）。

● 整体双面：表示前后贴图（360°贴图）。

● 加层方式：表示普通加层和浮雕加层的效果一样。

● 不遮挡：表示对贴图文件有遮挡的部分起作用（一般不勾选）。

(3) 平面照片模块(for picture file)如图 8-15 所示。

(4) 点云编辑模块如图 8-16 所示。

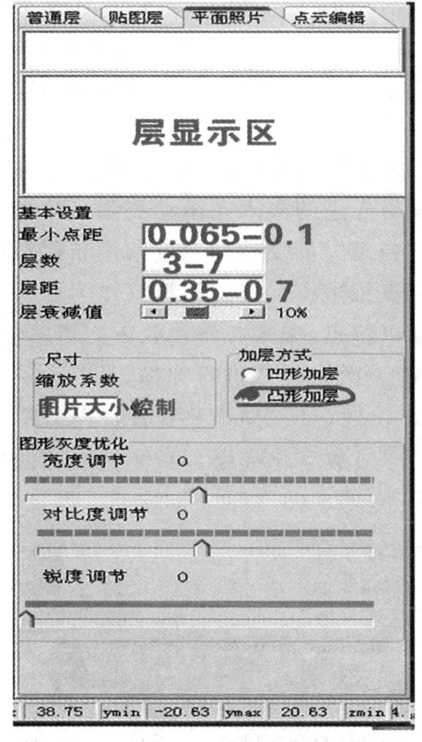

图 8-15 平面照片模块

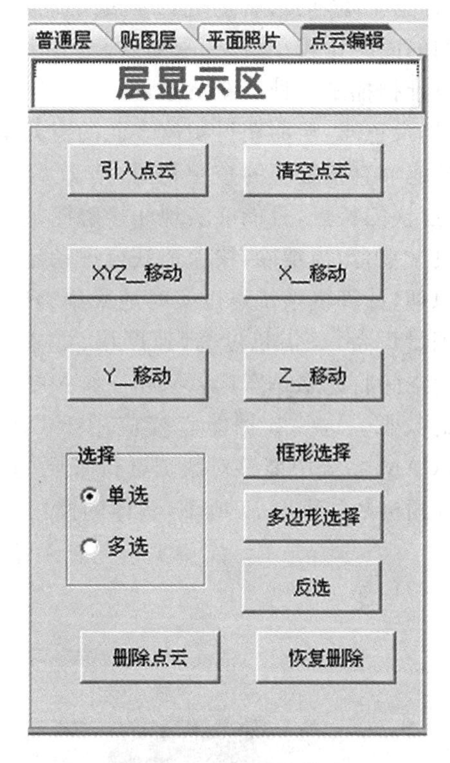

图 8-16 点云编辑模块

- 引入点云:表示算好点的文件需从这里引入;可以引入多个文件进行合并。
- 清空点云:表示清空引入的点云文件。
- XYZ_/X_/Y_/Z_移动:表示移动所选引入文件到需要的位置。
- 单选:表示只能选择一次。
- 多选:表示多次进行选择。
- 框形选择:表示用方框的形状选择。
- 多边形选择:表示用多点成形的方式选择。
- 反选:表示选择未选的文件。
- 删除点云:表示删除不用的点。
- 恢复删除:表示把删除的文件恢复。

8.3 三维激光扫描与激光内雕实训

物体表面受到激光照射时,会反射激光,而反射的激光会携带距离、方位等信息。如果按照某种轨迹对激光束进行扫描,那么它会边扫描、边记录反射的激光点信息,由于该扫描极为精细，因而可形成大量的激光点。通过测量仪器得到的产品外观表面的点数据集合也称之为点云。通常使用三维坐标测量机所得到的点云数量比较少且点与点之间的间距也比较大，称为稀疏点云；而使用三维激光扫描仪或照相式扫描仪得到的点云数量比较多且点与点之间的间距比较小，称为密集点云。

三维扫描是一种高新技术，该技术融合了光、机、电和计算机技术，通过扫描物体空间外形、结构及色彩，从而获得物体表面的空间坐标。该技术的原理是把实物的立体信息转换为计算机能够直接处理的数字信号，有效实现了实物数字化的目标。三维扫描技术具有精度高、速度快的特点，且能够实现非接触测量。机器具备先进的嵌入式运动控制系统和精密稳定的机械平台，为精确、快速地获得运动定位提供了强有力的支持。通过利用非接触的光电测量原理，计算机系统可以实时地采集、显示和记录三维数据。三维扫描仪作为一种快速的立体测量设备，凭借精度高、速度快、可非接触测量等特点，未来必将受到人们更多的青睐，其应用空间将越来越宽广。采用三维扫描仪对手板的样品、模型进行扫描，可以得到其立体尺寸的数据，这些数据能直接应用于 CAD/CAM 软件（UG、SURFACER、Pro/E 等），在 CAD/CAM 系统中能够对数据进行必要的处理，并形成数字化模型。激光内雕辅助成像设备（3D 相机），如图 8-17 所示，具体的操作过程如下。

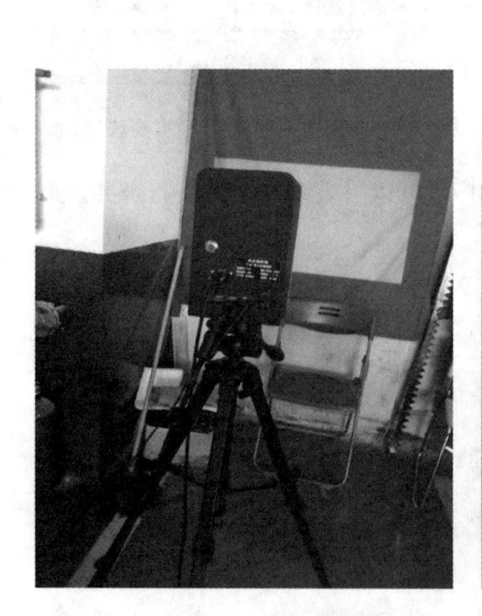

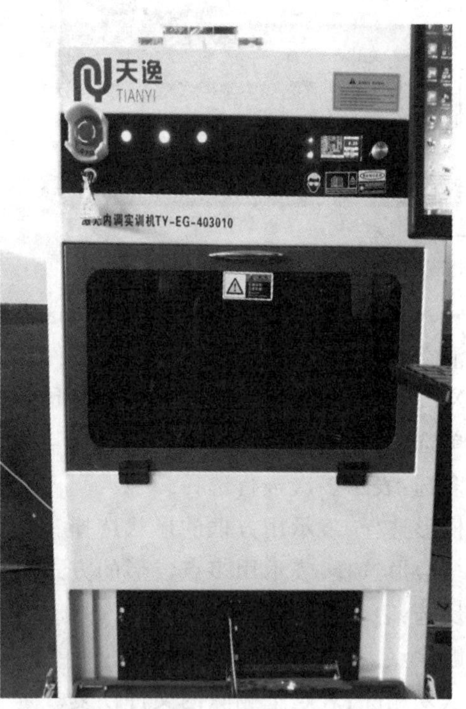

图 8-17　激光内雕辅助成像设备

(1) 用三维激光扫描仪对物体（学生头像）进行扫描，如图 8-18 所示。启动 3D Interpretation 软件并新建相机文件。取参考面照相，获得物体（学生头像）的三维点云数据，为了保证扫描效果，需要对物体进行必要的处理（喷显影剂等），并选择好合适的测量基准和扫描顺序。测量基准和扫描顺序的选择会直接影响到后续操作，正确的选择会大大减少后续操作的难度，从而提高操作效率。

图 8-18 三维激光扫描仪对物体

Get reference(取参考面)的功能为对系统进行内部标定,该操作必须在进行正常拍摄前进行。取参考面操作应在每次程序启动或相机发生移动后进行,该动作只需执行一次。保证在获取参考面时,蓝色的背景面板是平整的,并且背景面板距离扫描仪前面板的距离为1.7 m(误差不要超过 2 cm),否则拍摄出的三维模型可能会发生变形或使数据不能解析。

照片数据格式分为 FSD 格式(可被 PointProcess 软件读取)和 OBJ 格式(方便用户扩展应用)。在拍摄期间不要让被拍摄对象移动,同时拍摄的景深范围为 50 cm,超出范围则无法解析。

(2) 由于光线的干涉,扫描时往往会产生很多无效的杂乱点,需用 Geomagic 软件对三维点云数据进行必要的处理,以获得高质量的三维点云数据,为下一步的激光内雕做好准备(此步是关键步骤,对三维点云数据的处理会直接影响到激光内雕的加工质量)。三维点云数据太多,会导致水晶块爆裂;三维点云数据太少,会导致加工出来的图形的清晰度不高。

(3) 将处理好的三维点云数据(如图 8-19 所示)按照激光内雕软件所能读取的文件格式进行保存,其文件名为 1. obj。文件的格式是基于操作人员使用的激光内雕软件选择的,如要使用其他软件,则按照其他软件的要求修改文件格式。

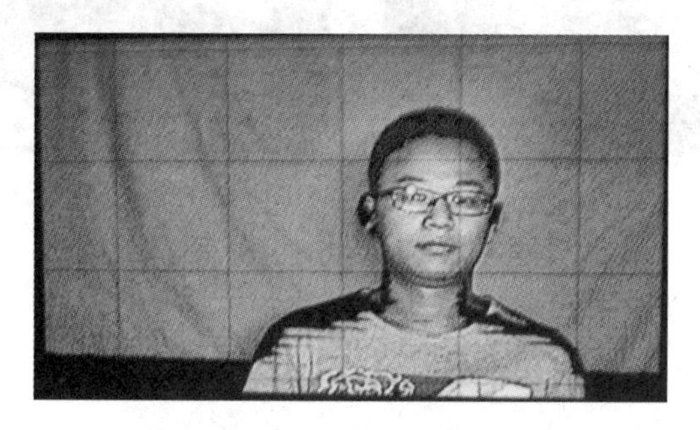

图 8-19 处理好的三维点云数据

(4) 在激光内雕软件中打开处理好的三维点云数据文件 1. obj。如果发现点云数据的大小和位置不符合加工的需求,则需进行相应的调整(移动、旋转、比例缩放等),使得三维点云数据位于水晶块的合适位置。同时在激光内雕软件中进行相应的操作,使得点云数据符合加工需求。

(5) 将处理好的三维点云数据按照激光内雕机所需的文件格式进行保存，文件名为bmy1.dxf。文件的格式是基于操作人员使用的激光内雕机选择的，如要使用其他机器，则按照其他机器的要求修改文件格式。

(6) 在激光内雕机软件中打开 bmy1.dxf 文件，并设置好加工参数。将水晶块放入工作台，调整好水晶块在工作台上的位置，从而保证加工完成后的图形位于水晶块的中央位置。然后合理设置好激光内雕的各项参数，进行加工，最终获得实物。将三维激光扫描与激光内雕结合使用能快速获得需要进行激光内雕的图形的三维数据模型，这大大缩短了激光内雕图形的绘制时间、提高了生产效率、降低了操作难度。

需要复位的 3 种情况为：断电后重开；打点软件关闭后重开；工作台碰触限位开关。水晶应抵住工作台右上角边缘放置，且对应 Z 轴的面应朝上。

8.4 项目实施

(1) 激光内雕设备的操作。

(2) 三维相机的使用。

(3) 激光内雕实训：完成某人物头像及其他三维立体图像的水晶内雕，结果示例如图8-20所示。

(a) (b)

图 8-20 水晶内雕结果示例

项目 9

激光抛光实训

9.1 项目任务要求与目标

(1) 掌握激光抛光设备的操作。
(2) 掌握激光抛光工艺。

9.2 项目任务抛光实训

本激光抛光设备拥有1000 W光纤激光器及20 W紫外激光器，能进行激光抛光、激光标刻等多种功能，使用时请注意防护，注意不要直接观看强光。激光抛光设备的外观如图9-1所示。

1) 开关位置

激光抛光设备开关位置如图9-2所示。

图9-1 激光抛光设备外观

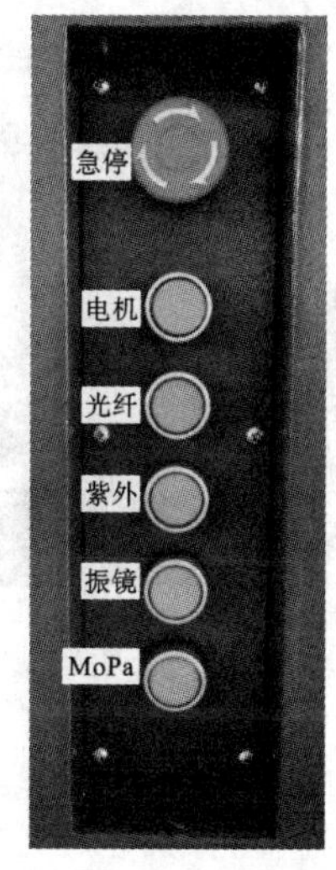

图9-2 激光抛光设备开关位置

- 急停开关：表示紧急情况下按下即可关闭所有电源。
- 电机开关：表示控制双 Z 轴电机和旋转轴 A 轴及偏摆轴 B 轴电源。
- 光纤开关：表示 1000 W 光纤激光器开关。
- 紫外开关：表示 20 W 紫外激光器开关。
- 振镜开关：表示光纤激光振镜及紫外振镜开关。
- MoPa 开关：表示主控振荡器的功率放大器(master oscillator power-amplifier)开关。

激光抛光设备及电脑开关如图 9-3 所示。

出光钥匙及急停按钮，1000 W 光纤激光水冷机和紫外及振镜水冷机分别如图 9-4 至图 9-6 所示。

图 9-3 激光抛光设备及电脑开关

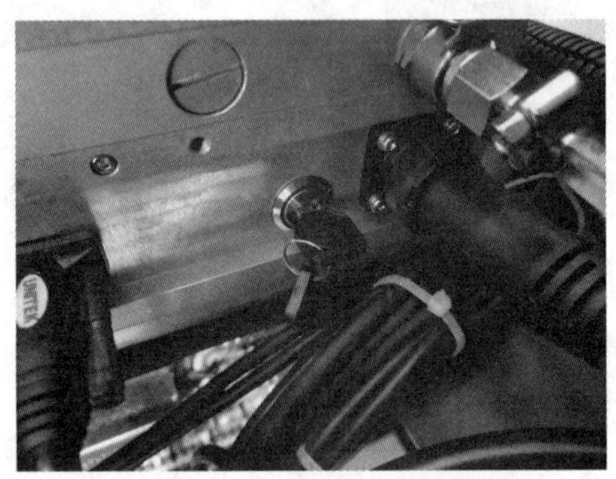

图 9-4 钥匙及急停按钮

(a) 主机

(b) 开关

图 9-5 1000 W 光纤激光水冷机

2) 开机顺序

开机顺序如图 9-7 所示。

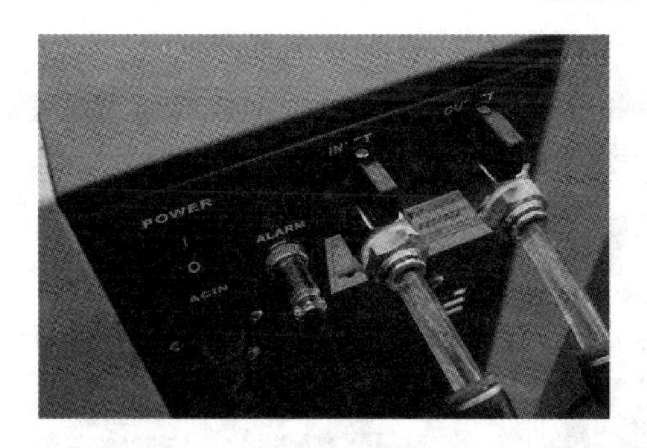

图 9-6　紫外及振镜水冷机(后方为电源开关)

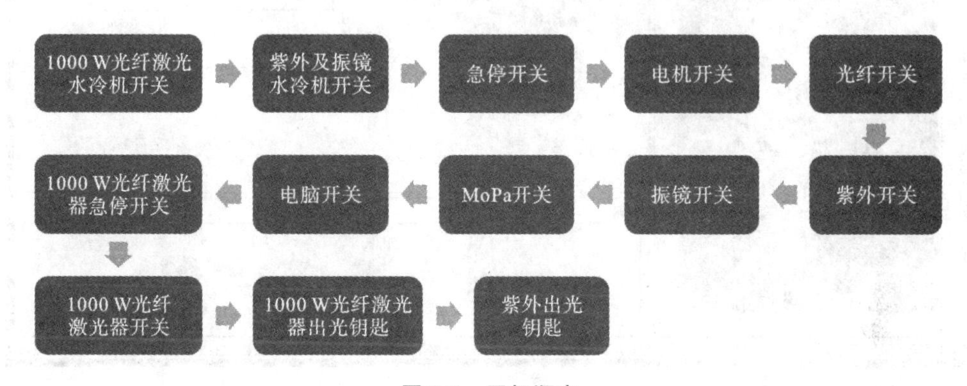

图 9-7　开机顺序

至此，开机操作完成。

3）软件操作

本节涉及两个操作软件，分为 Huaray Laser Control 紫外控制软件和 LenMark_3DS Server 打标控制软件。

首先打开 Huaray Laser Control 紫外控制软件，其图标如图 9-8 所示。

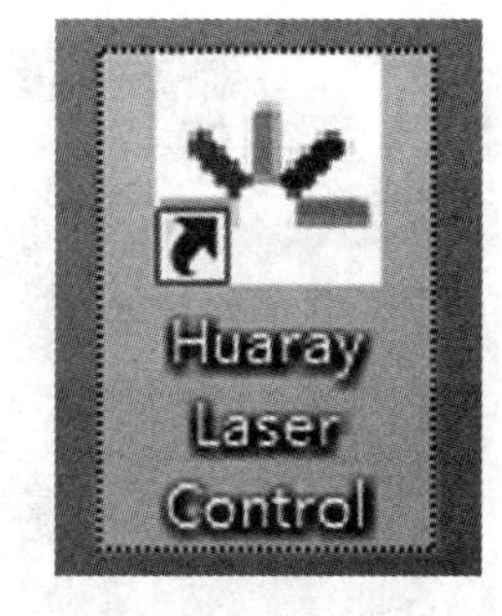

图 9-8　Huaray Laser Control 紫外控制软件图标

打开后出现如图 9-9 所示的界面，并出现 8 分钟的进度条。

务必等待进度条完成，当进度条完成后点击“出光”，并在参数控制栏中选择门限外控及频率外控模式，如图 9-10 所示。

至此，Huaray Laser Control 紫外控制软件配置完成。

现打开 LenMark_3DS Server 打标控制软件，其图标如图 9-11 所示。

打开后，界面如图 9-12 所示。

点击按钮导入模型。受软件限制，仅支持 STL 模型，导入模型文件，如图 9-13 所示。

点击“选取三维模型”按钮，如图 9-14 所示，选取三维模型后对位置进行调整。

图 9-15 所示，4 个按钮从上到下分别为删除模型、移动模型、将模型置于 XY 平面中心、将模型移动至 Z0 平面。

移动模型到合适位置后，将模型放于相应工作位置，如图 9-16 所示。

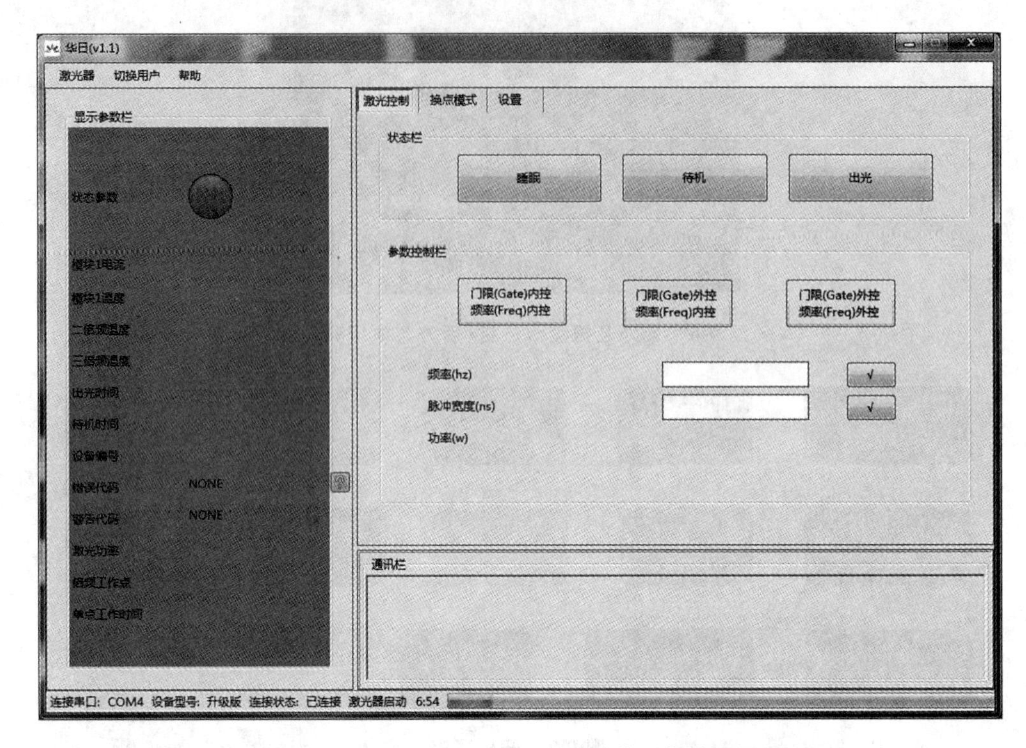

图 9-9　Huaray Laser Control 紫外控制软件主界面

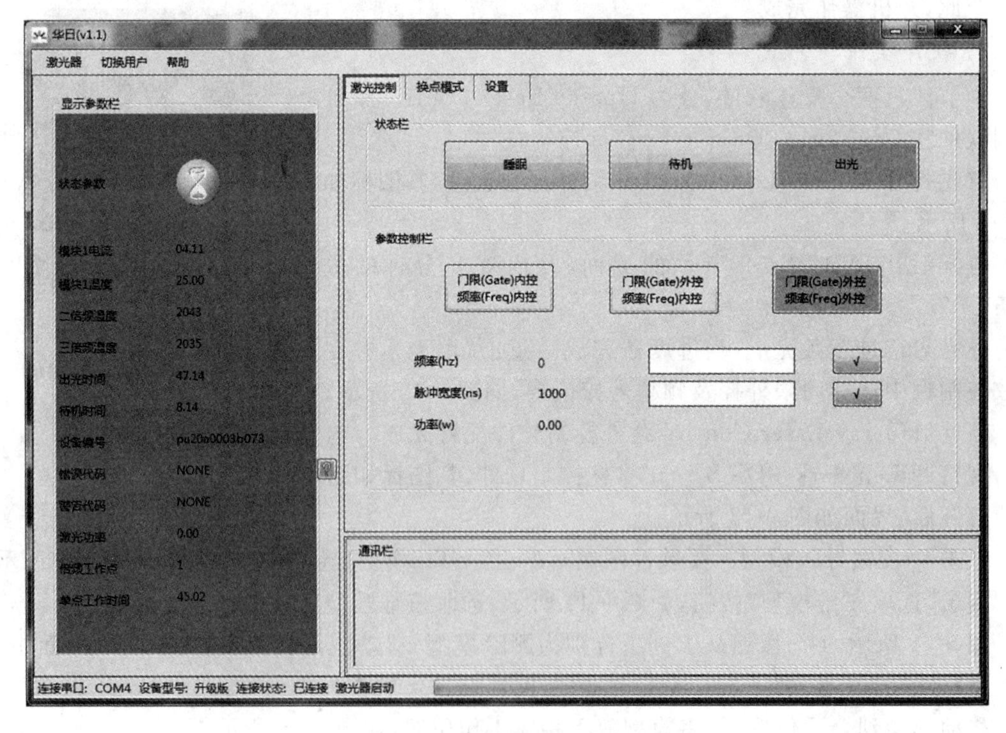

图 9-10　激光控制设置界面

图 9-11　LenMark_3DS Server 打标控制软件

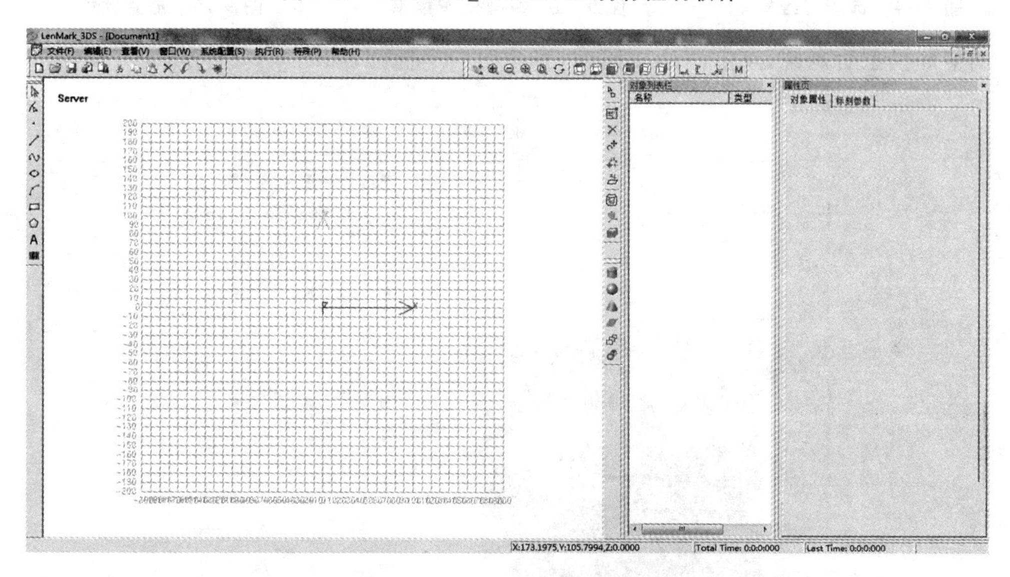

图 9-12　LenMark_3DS Server 打标控制软件主界面

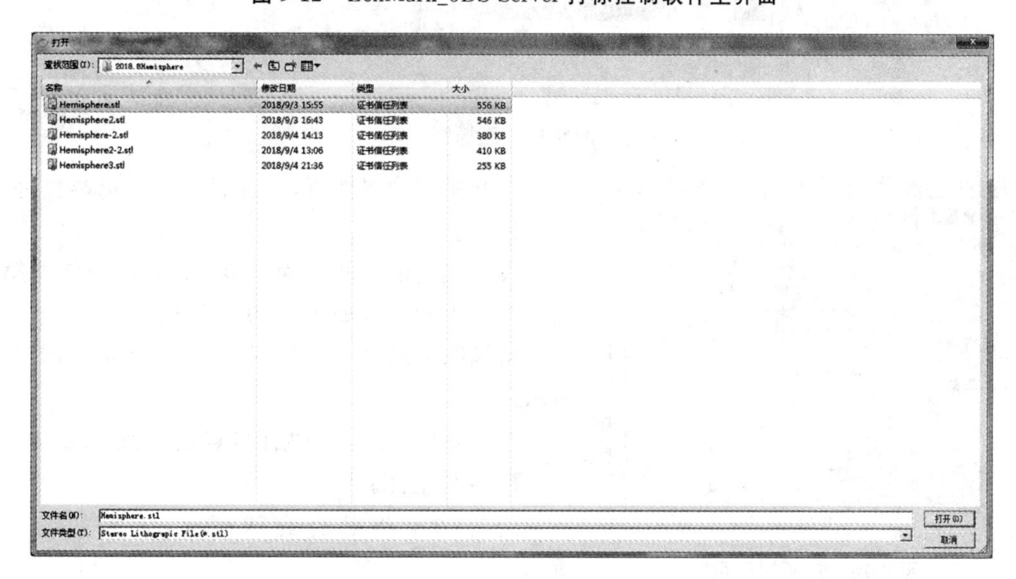

图 9-13　导入模型文件

图 9-14　选取三维模型

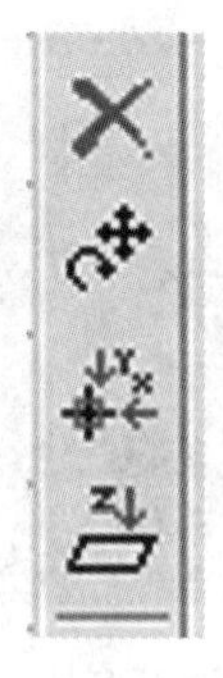

图 9-15　模型操作菜单

图 9-16　放置模型

调整好模型后画圆，点击圆形按钮，先画出一个椭圆，如图 9-17 所示。

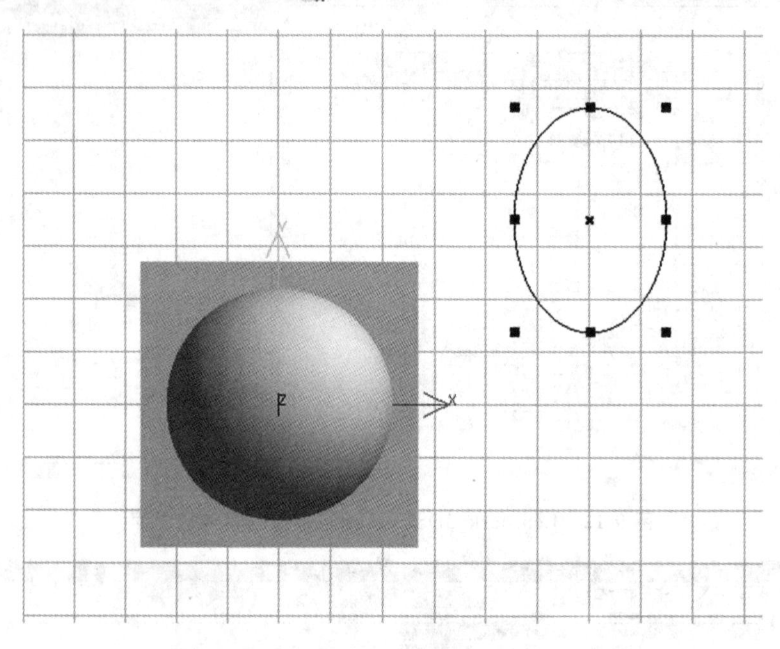

图 9-17　画椭圆

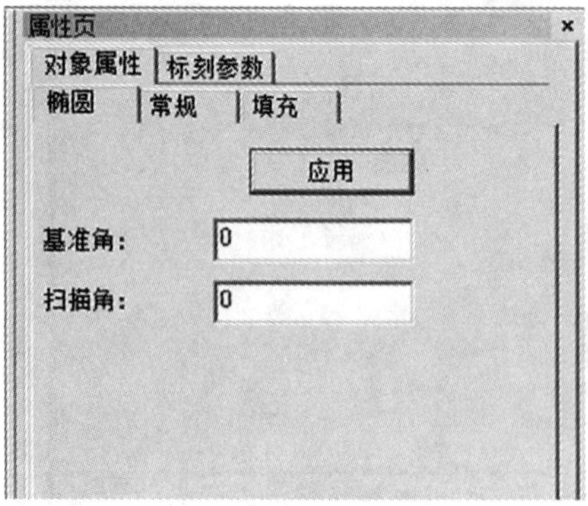

打开椭圆的属性页，通过属性页编辑参数，如图 9-18 所示。

图 9-18　椭圆属性页

设置填充的线间距为 0.02 mm，选择使能第二填充角度为 90 度，如图 9-19 所示。

将椭圆调整到合适位置，并修改尺寸，如图 9-20 所示。

调整好位置后进行贴图，点击二维图形贴图至三维模型按钮。

此时文字将贴合到球面上，效果如图 9-21 所示。

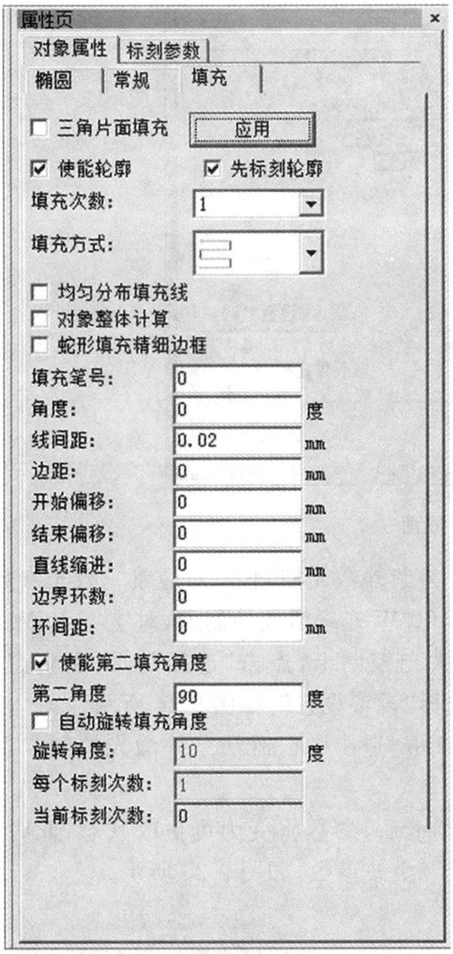

属性页
对象属性 | 标刻参数
椭圆 | 常规 | 填充
三角片面填充 应用
☑ 使能轮廓 ☑ 先标刻轮廓
填充次数：1
填充方式：
均匀分布填充线
对象整体计算
蛇形填充精细边框
填充笔号：0
角度：0 度
线间距：0.02 mm
边距：0 mm
开始偏移：0 mm
结束偏移：0 mm
直线缩进：0 mm
边界环数：0
环间距：0 mm
☑ 使能第二填充角度
第二角度 90 度
自动旋转填充角度
旋转角度：10 度
每个标刻次数：1
当前标刻次数：0

图 9-19 椭圆填充设置方式

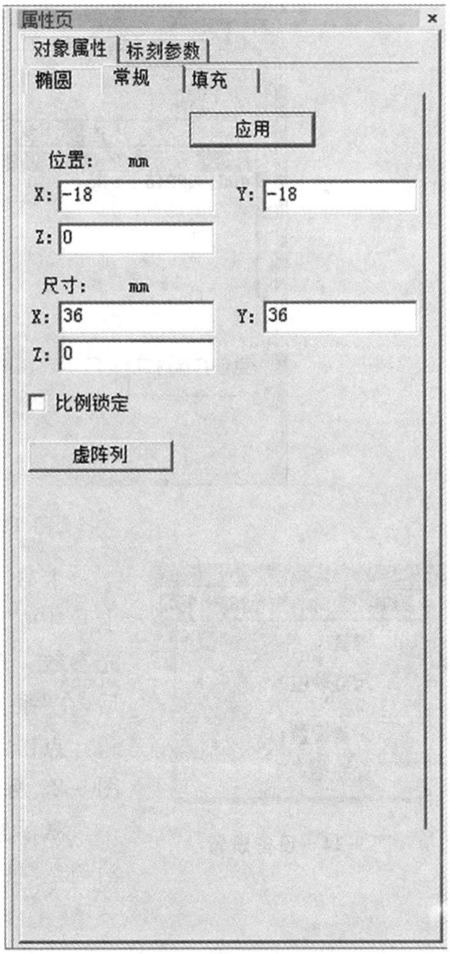

属性页
对象属性 | 标刻参数
椭圆 | 常规 | 填充
应用
位置： mm
X: -18 Y: -18
Z: 0
尺寸： mm
X: 36 Y: 36
Z: 0
比例锁定
虚阵列

图 9-20 修改椭圆尺寸

至此，LenMark_3DS Server 中的图形编辑工作完成。现在分别对紫外及光纤进行标刻参数设置，因为设计特殊，属于双头配合，所以需要用到多卡协同功能，点击“特殊”，在下拉菜单中选择“多卡协同”，如图 9-22 所示，弹出如图 9-23 所示的窗口。

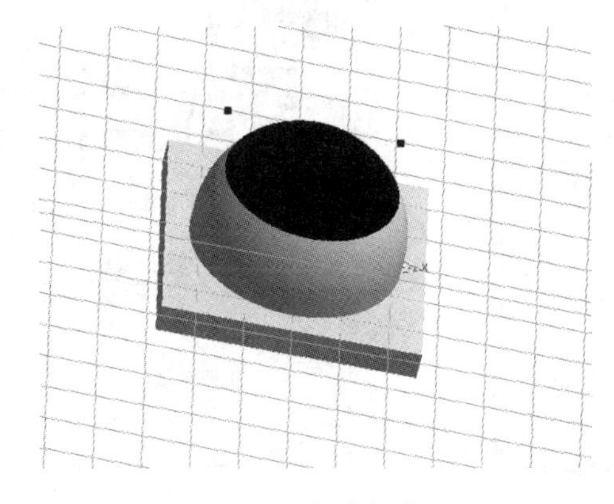

图 9-21 文字贴合球面图

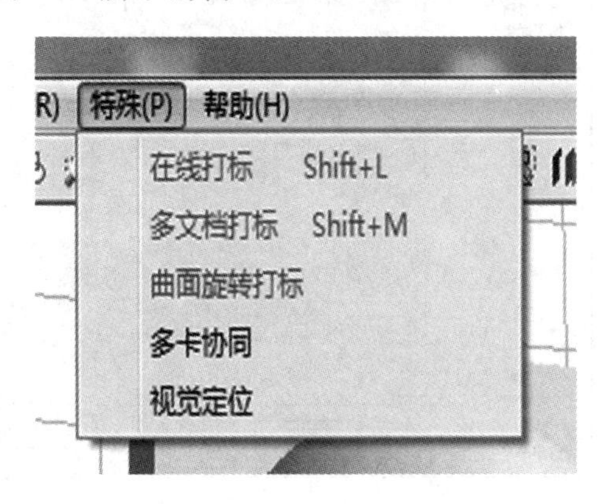

图 9-22 选择“多卡协同”

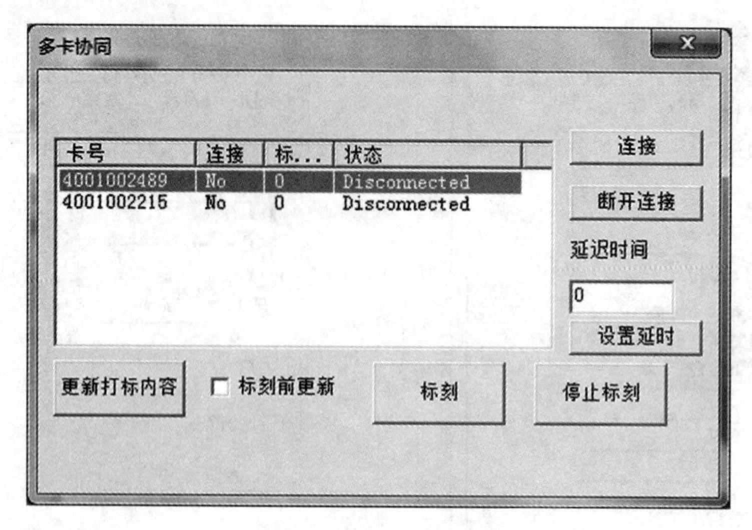

图 9-23　多卡协同界面

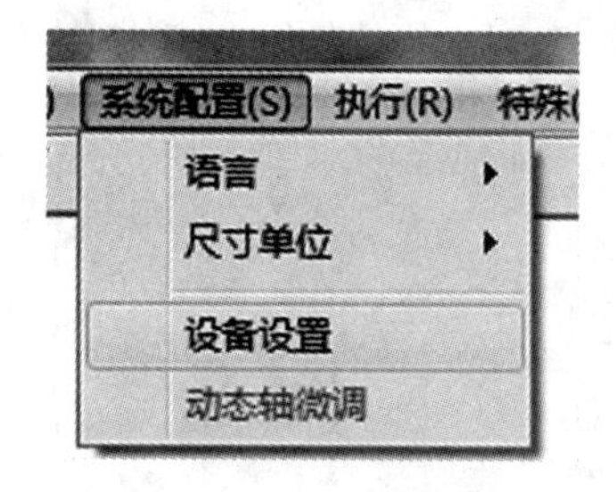

图 9-24　设备设置

卡号 4001002489 为紫外激光控制卡，对应紫光激光参数；卡号 4001002215 为 1000 W 光纤激光控制卡，对应 1000 W 激光参数。现选择紫外激光控制卡，点击“连接”。出现新窗口后，在“系统配置”中选择“设备设置”，如图 9-24 所示。

点击“应用”后再点击“退出”，以激活紫外激光控制卡，如图 9-25 所示。

激活紫外激光控制卡后，参数将变为可更改状态，此时取消勾选“使用默认参数”，更改参数，如图 9-26 所示。

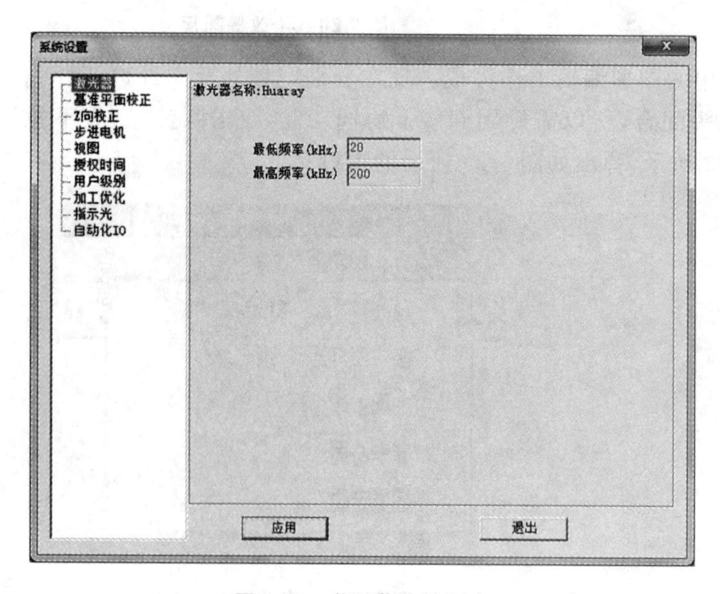

图 9-25　激活紫外控制卡

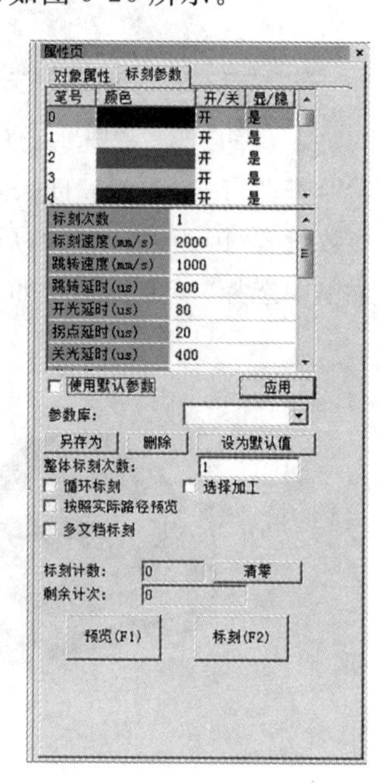

图 9-26　更改参数

调整后点击“应用”，最小化该界面，注意不要关闭界面。

回到菜单栏中再次点击“多卡协同”，会观察到卡号 4001002489 的状态为 Ready。此时再选择卡号为 4001002215 的 1000 W 光纤激光控制卡，点击“连接”，以更改此参数，如图 9-27 所示。

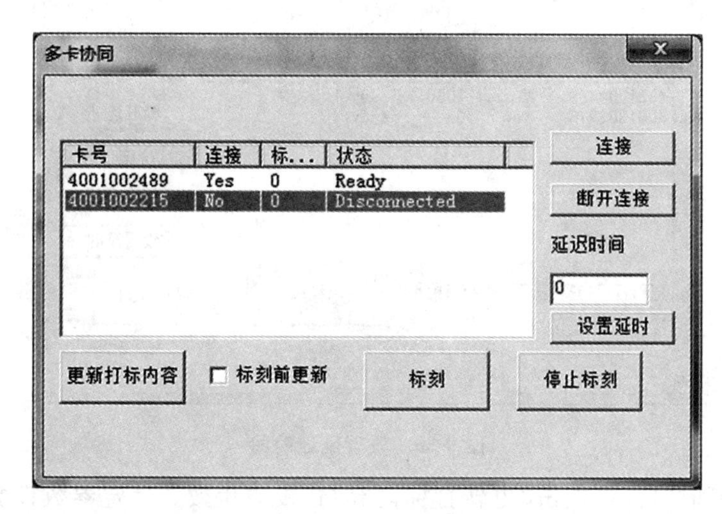

图 9-27　连接 1000 W 光纤激光控制卡

出现新窗口后，在“系统配置”中选择“设备设置”。

点击“应用”后，再点击“退出”以激活 1000 W 光纤激光控制卡，如图 9-28 所示。

激活 1000 W 光纤激光控制卡后，参数将变为可更改状态，此时取消勾选“使用默认参数”，更改参数，如图 9-29 所示。

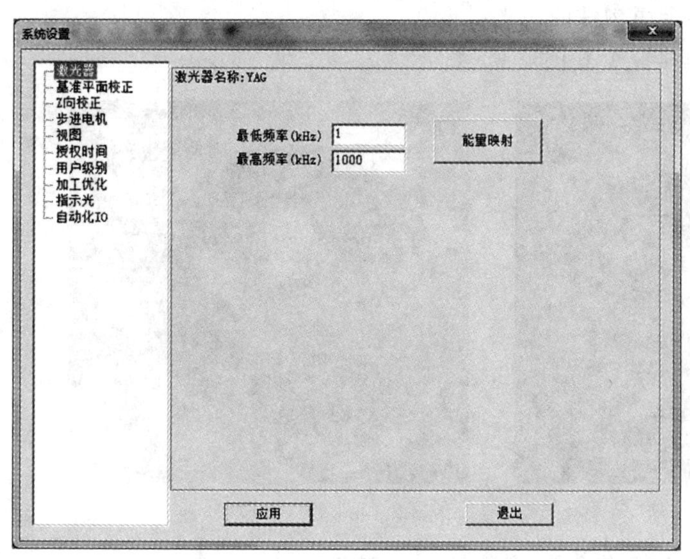

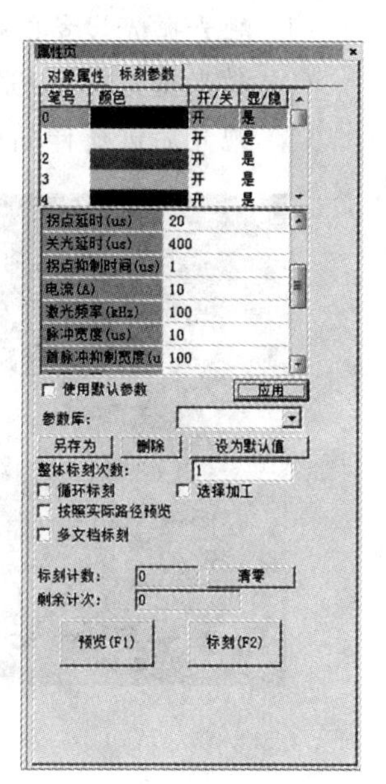

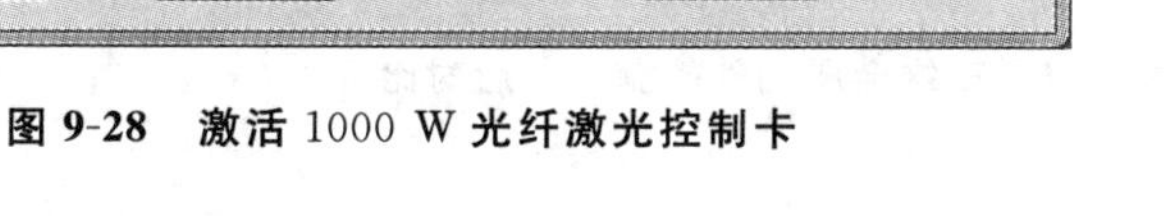
图 9-28　激活 1000 W 光纤激光控制卡

图 9-29　更改参数 2

调整后点击“应用”，最小化该界面，注意不要关闭界面。

回到菜单栏中继续点击“多卡协同”，会观察到两个控制卡的状态都为 Ready。此时将紫外激光器延迟时间设置为 1000 ms，以控制双头打标效果，如图 9-30 所示。

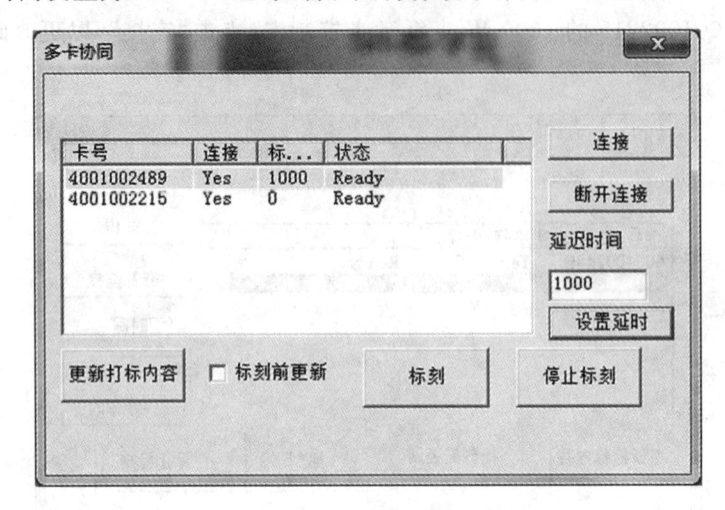

图 9-30 设置延迟时间

点击“设置延时”后，再点击“更新打标内容”让设置生效。确定参数设置正确后，点击“标刻”按钮进行标刻。在激光出光过程中要注意做好防护。

9.3 项目实施

(1) 激光抛光设备的操作。

(2) 激光抛光实训：完成三维金属构件的抛光。

(3) 抛光后进行样品粗糙度检测，如图 9-31 所示。

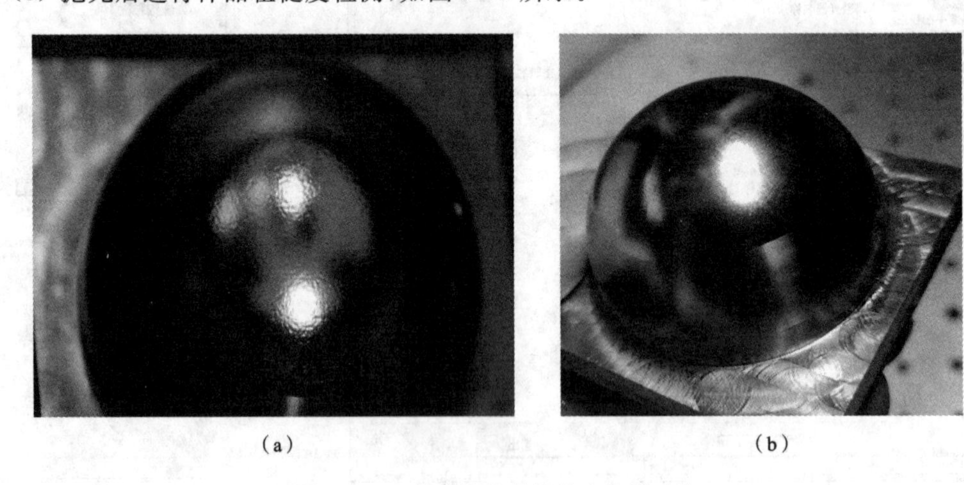

(a) (b)

图 9-31 三维金属构件的抛光前后对比

附录　激光加工实训项目考核评分

1. 考核内容

1）激光加工实训项目考核内容

考核内容由激光加工设备和激光加工工艺两部分组成，各部分分别包含四个方面：项目作品的质量（65%）；学生的实训表现（20%）；实训报告的质量（10%）；学生的职业素养（5%）。激光加工综合实训项目考核指标如附表1所示。

附表1　激光加工综合实训项目考核指标

序号	考核项目（分值）	考核指标	指标说明	分值
01	项目作品的质量（65%）	结构图	激光加工设备结构图设计正确、合理	15
02		激光加工设备的操作	激光加工设备的调试操作准确、规范	20
03		典型激光加工工艺分析	激光加工工艺符合要求	15
04		加工零件	加工零件符合要求	15
05	学生的实训表现（20%）	考勤情况	无迟到、早退、缺课现象	5
06		工作态度	工作踏实、认真、负责	5
07		工作规范	遵守实训室纪律、爱护设备	5
08		团队协作	协作精神强，在规定时间内完成实训任务，无雷同或抄袭现象	5
09	实训报告的质量（10%）	文档格式及内容	工作计划、工作总结和成果评价表书写认真完整，从项目制作中收获较大	5
10		陈述答辩	陈述思路清晰、逻辑性强	5
11	学生的职业素养（5%）	岗位认识	对实际工作岗位要求、企业文化的理解较深刻	3
12		自我发展	定位清晰，对职业生涯的可持续发展有明确认识	2

2）考核指标说明

（1）项目作品的质量评价（65%）。

学生按照实训指导书的要求，按进度完成所分配的任务。该项目的成绩由两部分组成，具体评定标准如下。

① 教师考评：教师根据学生的完成情况及作品的质量进行评价。这部分考核占项目作品的质量评价的70%（45分）。

② 学生互评：学生展示作品，然后进行互评。这部分考核占项目作品的质量评价的30%（20分）。

(2) 学生的实训表现评价(20%)。

由教师根据学生平时的学习态度、考勤情况等进行评价,此项占总成绩的 20%(20 分)。

(3) 实训报告的质量评价(10%)。

由指导教师根据实训小组提交的实训报告的质量进行评分,此项占总成绩的 10%(10 分)。

(4) 学生的职业素养评价(5%)。

根据学生对实际工作岗位要求的了解,对企业文化的理解程度,以及对职业生涯的认识进行评分,此项占总成绩的 5%(5 分)。

(5) 综合评价成绩。

综合评价成绩由上述四部分组成,评定等级分为优、良、中、及格、不及格。

2. 实训的方式与组织

(1) 将综合任务分解为步骤相互衔接、内容又相对独立的项目,按次序完成各个项目的任务。

(2) 各独立项目由多项任务组成,每项任务有具体的评价指标。

(3) 每个学生均需完成各自的任务,同时根据实训项目进行分组,各组由 3～5 位成员组成,小组成员分工合作,共同完成本组的实训任务。

参考文献

[1] 张永康.激光加工技术[M].北京:化学工业出版社,2004.

[2] 李适民.激光器件原理与设计[M].北京:国防工业出版社,1998.

[3] 肖海兵,刘明俊,董彪,等.激光原理及应用项目式教程[M].武汉:华中科技大学出版社,2018.

[4] 施亚齐,戴梦楠.激光原理与技术[M].武汉:华中科技大学出版社,2012.

[5] 王中林,王绍理.激光加工设备与工艺[M].武汉:华中科技大学出版社,2011.

[6] 陈鹤鸣,赵新彦.激光原理及应用[M].北京:电子工业出版社,2009.

[7] 隗东伟.金属材料焊接[M].北京:机械工业出版社,2016.

[8] 曹凤国.激光加工[M].北京:化学工艺出版社,2015.

[9] 张连生.金属材料焊接[M].北京:机械工业出版社,2004.

[10] 关振东.激光加工工艺手册[M].北京:中国计量出版社,2005.

[11] 程亚.超快激光维纳加工:原理、技术与应用[M].北京:科学出版社,2016.

[12] (荷)威廉 M.斯顿.材料激光工艺过程[M].3版.蒙大桥,等译.北京:机械工业出版社,2012.

[13] 李亚江,李嘉宁,等.激光焊接/切割/熔覆技术[M].2版.北京:化学工业出版社,2016.

[14] 钟敏霖,宁国庆,刘文今.激光熔覆快速制造金属零件研究与发展[J].激光技术,2002,26(5):388-391.

[15] 杜羽.激光加工实训[M].北京:科学出版社,2015.

[16] 汤伟杰,李志军.现代金属工艺实用实训丛书:现代激光加工实用实训[M].西安:电子科技大学出版社,2015.

[17] 王秀军,徐永红.激光加工实训技能指导理实一体化教程[M].武汉:华中科技大学出版社,2014.

参考文献